"十三五"国家重点出版物出版规划项目

名校名家基础学科系列

新工科数学基础 三
线性代数及Python实现

王振友 陈学松 李 锋 编

机 械 工 业 出 版 社

本书是为适应新工科背景下教学模式改革以及满足现代科学技术对线性代数的需求而编写的. 主要内容包括：行列式、矩阵及其运算、线性方程组的解、向量组的相关性及向量空间、相似矩阵及二次型. 本书取材广泛，实例丰富，每章都有部分例题采用目前流行的 Python 语言编写程序进行求解，突出了对应用数学能力的培养. 各章均配有习题，书末附有习题参考答案.

本书阐述简明易懂，注重理论联系实际，可作为高等院校各专业线性代数的教材，也可作为相关科技人员和自学者的参考书籍.

图书在版编目（CIP）数据

新工科数学基础. 三，线性代数及 Python 实现/王振友，陈学松，李锋编. —北京：机械工业出版社，2021.8（2026.1 重印）
（名校名家基础学科系列）
“十三五”国家重点出版物出版规划项目
ISBN 978-7-111-69290-4

Ⅰ.①新… Ⅱ.①王… ②陈… ③李… Ⅲ.①线性代数-高等学校-教材 ②软件工具-程序设计-高等学校-教材 Ⅳ.①O13 ②O151.2 ③TP311.561

中国版本图书馆 CIP 数据核字（2021）第 203582 号

机械工业出版社（北京市百万庄大街 22 号 邮政编码 100037）
策划编辑：韩效杰 责任编辑：韩效杰 李 乐
责任校对：王 欣 封面设计：鞠 杨
责任印制：张 博
涿州市京南印刷厂印刷
2026 年 1 月第 1 版第 10 次印刷
184mm×260mm · 14 印张 · 332 千字
标准书号：ISBN 978-7-111-69290-4
定价：42.00 元

电话服务	网络服务
客服电话：010-88361066	机 工 官 网：www.cmpbook.com
010-88379833	机 工 官 博：weibo.com/cmp1952
010-68326294	金 书 网：www.golden-book.com
封底无防伪标均为盗版	机工教育服务网：www.cmpedu.com

前　言

线性代数是理工、经管类专业必修的一门专业基础课程，也是一门学科工具课程．本书主要围绕行列式、矩阵及其运算、线性方程组的解、向量组的相关性及向量空间、相似矩阵及二次型等内容展开．撰写本书的主要出发点是突出线性代数知识的应用以及用 Python 语言进行程序编写，突出了大数据与人工智能背景下，线性代数的重要作用与应用．

本书根据 2014 版教育部高等学校大学数学课程教学指导委员会制定的《大学数学课程教学基本要求》，由多名授课经验丰富的主讲教师编写而成，编写过程中既吸取了国内外优秀教材的优点，也紧密结合了工科学生的特点．本书体现了编者对线性代数的知识体系和蕴含在其中的数学思想方法的理解．

本书若全书讲授大约需要 48 学时，读者可根据实际教学需要进行调整．本书由王振友拟写大纲并负责统稿，具体编写分工如下：李锋负责编写第 1、2 章，陈学松负责编写第 3、4 章，并编写了全部程序代码，王振友负责编写第 5 章．在编写过程中，编者参考了一些文献，在此谨向相关作者表示衷心的感谢．

由于编者水平有限，本书难免有疏漏、不足或错误之处，谨请读者批评指正．最后，真诚地感谢您对本书的关注和使用．

编　者

目录

第 1 章 行列式

历史上，对含有 n 个未知量和 n 个方程的线性方程组，人们在寻求其一般解的公式时，引入了行列式的概念. 如今，行列式在数学的许多分支和包括经济学在内的许多学科中都有着广泛的应用，成了一种常用的数学工具. 在本门课程中，它也是研究线性方程组、矩阵及向量的线性相关性的一个重要基础.

1.1 行列式的定义

本章首先通过二阶、三阶行列式引入 n 阶行列式的概念，然后讨论行列式的基本性质和展开公式，并利用性质和展开公式计算行列式，最后利用行列式来求解满足一定条件的线性方程组.

1.1.1 二阶行列式

定义 1 记号 $\begin{vmatrix} a_{11} & a_{12} \\ a_{21} & a_{22} \end{vmatrix}$ 称为**二阶行列式**，它表示代数和 $a_{11}a_{22}-a_{12}a_{21}$，即

$$\begin{vmatrix} a_{11} & a_{12} \\ a_{21} & a_{22} \end{vmatrix} = a_{11}a_{22}-a_{12}a_{21}.$$

行列式中的横排叫作**行**，竖排叫作**列**. $a_{11},a_{12},a_{21},a_{22}$ 叫作行列式的**元素**，元素 a_{ij} 的第一个下标 i 叫作**行标**，表明该元素位于第 i 行，第二个下标叫作**列标**，表明该元素位于第 j 列. 由上述定义可知，二阶行列式是由 4 个数按一定的规律运算所得的代数和，这个代数和可以利用图 1-1(对角线法则)来表述. 图 1-1 中，把 a_{11} 到 a_{22} 的实连线称为主对角线，把 a_{12} 到 a_{21} 的虚连线称为副对角线，于是二阶行列式便等于主对角线上两元素之积减去副对角线上两元素之积.

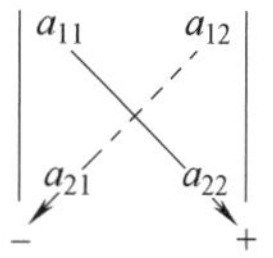

图 1-1

将行列式的概念用于表达线性方程组的解，将会使其形式简化，便于记忆．我们已经知道用消元法解二元线性方程组

$$\begin{cases}a_{11}x_1+a_{12}x_2=b_1, & (1.1)\\ a_{21}x_1+a_{22}x_2=b_2, & (1.2)\end{cases}$$

式(1.1)$\times a_{22}-$式(1.2)$\times a_{12}$得$(a_{11}a_{22}-a_{12}a_{21})x_1=b_1a_{22}-b_2a_{12}$. (1.3)

式(1.2)$\times a_{11}-$式(1.1)$\times a_{21}$得$(a_{11}a_{22}-a_{12}a_{21})x_2=b_2a_{11}-b_1a_{21}$. (1.4)

利用行列式的定义，记

$$D=a_{11}a_{22}-a_{12}a_{21}=\begin{vmatrix}a_{11} & a_{12}\\ a_{21} & a_{22}\end{vmatrix},$$

$$D_1=b_1a_{22}-b_2a_{12}=\begin{vmatrix}b_1 & a_{12}\\ b_2 & a_{22}\end{vmatrix},\quad D_2=b_2a_{11}-b_1a_{21}=\begin{vmatrix}a_{11} & b_1\\ a_{21} & b_2\end{vmatrix},$$

则式(1.3)、式(1.4)可改写为

$$\begin{cases}Dx_1=D_1,\\ Dx_2=D_2.\end{cases}$$

于是，在 $D\neq 0$ 的条件下，方程组有唯一解

$$x_1=\frac{D_1}{D},\quad x_2=\frac{D_2}{D}.$$

注 从形式上看，这里分母 D 是由方程组的系数所确定的二阶行列式(称为系数行列式)，x_1 的分子 D_1 是用常数项 b_1，b_2 替换 D 中 x_1 的系数 a_{11}，a_{21}所得的二阶行列式，x_2 的分子 D_2 是用常数项 b_1，b_2 替换 D 中 x_2 的系数 a_{12}，a_{22}所得的二阶行列式. 后面讨论的三元线性方程组也有类似的规律性，请读者学习时注意.

例 1 解方程组 $\begin{cases}x_1-3x_2=-5,\\ 4x_1+3x_2=-5.\end{cases}$

解 $D=\begin{vmatrix}1 & -3\\ 4 & 3\end{vmatrix}=3-(-3)\times 4=15,$

$$D_1=\begin{vmatrix}-5 & -3\\ -5 & 3\end{vmatrix}=-30,\quad D_2=\begin{vmatrix}1 & -5\\ 4 & -5\end{vmatrix}=15,$$

因 $D\neq 0$，故方程组有唯一解：$x_1=\dfrac{D_1}{D}=\dfrac{-30}{15}=-2$，$x_2=\dfrac{D_2}{D}=\dfrac{15}{15}=1$.

该例题可以用如下 Python 程序来求解.

```
import numpy as np
#使用 det 函数求行列式
arr=np.array([[1,-3],[4,3]])    #创建分母的二维
```

```
                                   数组
arr1=np.array([[-5,-3],[-5,3]])  #创建分子的二维数组
arr2=np.array([[1,-5],[4,-5]])  #创建分子的二维数组
#求解行列式
D=np.linalg.det(arr)
D1=np.linalg.det(arr1)
D2=np.linalg.det(arr2)
print('方程组的解x1为:',D1/D)
print('方程组的解x2为:',D2/D)
```

运行的结果如图 1-2 所示.

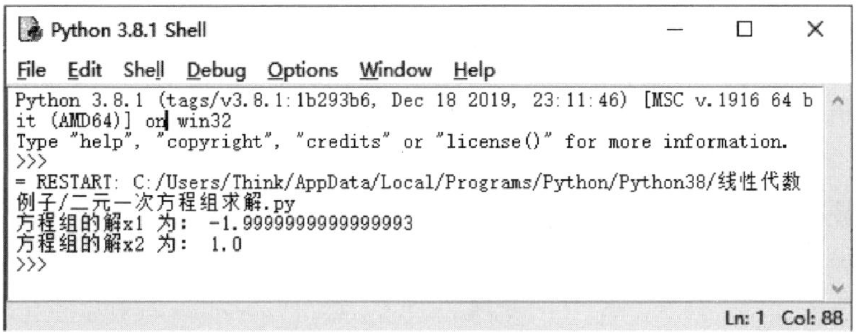

图 1-2

1.1.2 三阶行列式

定义 2 记号 $\begin{vmatrix} a_{11} & a_{12} & a_{13} \\ a_{21} & a_{22} & a_{23} \\ a_{31} & a_{32} & a_{33} \end{vmatrix}$ **称为三阶行列式**，它表示代数和

$$a_{11}a_{22}a_{33}+a_{12}a_{23}a_{31}+a_{13}a_{21}a_{32}-a_{13}a_{22}a_{31}-a_{11}a_{23}a_{32}-a_{12}a_{21}a_{33},$$

即

$$\begin{vmatrix} a_{11} & a_{12} & a_{13} \\ a_{21} & a_{22} & a_{23} \\ a_{31} & a_{32} & a_{33} \end{vmatrix} = a_{11}a_{22}a_{33}+a_{12}a_{23}a_{31}+a_{13}a_{21}a_{32}-a_{13}a_{22}a_{31}-a_{11}a_{23}a_{32}-a_{12}a_{21}a_{33}.$$

由上述定义可见，三阶行列式是由 9 个数按一定的规律运算所得的代数和，这个代数和可利用图 1-3(对角线法则)或图 1-4(沙路法则)来表述.

（1）对角线法则

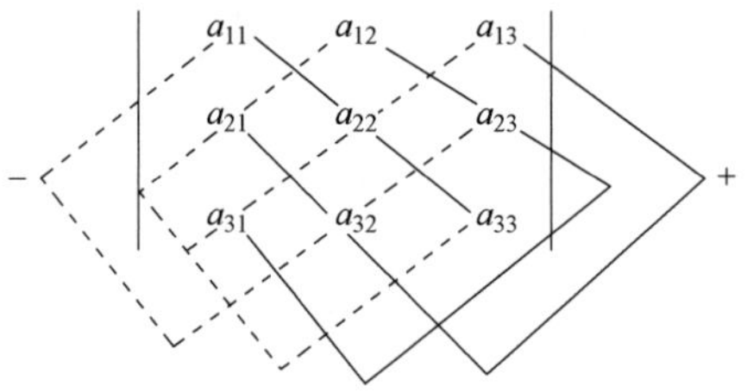

图　1-3

（2）沙路法则

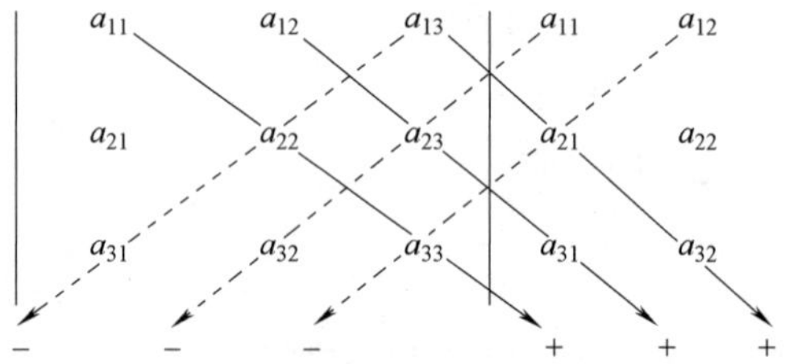

图　1-4

例 2　　计算三阶行列式 $\begin{vmatrix} 2 & -3 & 1 \\ 4 & 1 & -2 \\ 5 & 1 & 3 \end{vmatrix}$.

解　$\begin{vmatrix} 2 & -3 & 1 \\ 4 & 1 & -2 \\ 5 & 1 & 3 \end{vmatrix} = 2\times1\times3+(-3)\times(-2)\times5+1\times4\times1-1\times1\times5-(-3)\times4\times3-2\times(-2)\times1=75.$

该例题用 Python 求解如下：

```
import numpy as np
arr=np.array([[2,-3,1],[4,1,-2],[5,1,3]])
#创建三阶行列式
print('行列式的值为:',np.linalg.det(arr))
```

运行结果如图 1-5 所示.

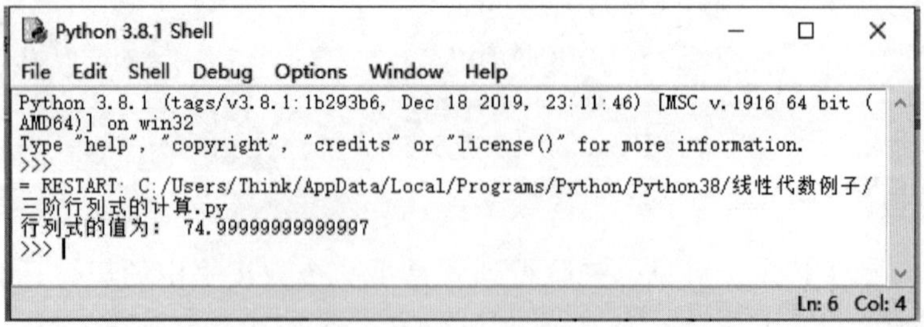

图　1-5

类似于二元线性方程组的讨论，对于三元线性方程组

$$\begin{cases} a_{11}x_1+a_{12}x_2+a_{13}x_3=b_1, \\ a_{21}x_1+a_{22}x_2+a_{23}x_3=b_2, \\ a_{31}x_1+a_{32}x_2+a_{33}x_3=b_3, \end{cases}$$

记$D=\begin{vmatrix} a_{11} & a_{12} & a_{13} \\ a_{21} & a_{22} & a_{23} \\ a_{31} & a_{32} & a_{33} \end{vmatrix}$，$D_1=\begin{vmatrix} b_1 & a_{12} & a_{13} \\ b_2 & a_{22} & a_{23} \\ b_3 & a_{32} & a_{33} \end{vmatrix}$，

$$D_2=\begin{vmatrix} a_{11} & b_1 & a_{13} \\ a_{21} & b_2 & a_{23} \\ a_{31} & b_3 & a_{33} \end{vmatrix}, \quad D_3=\begin{vmatrix} a_{11} & a_{12} & b_1 \\ a_{21} & a_{22} & b_2 \\ a_{31} & a_{32} & b_3 \end{vmatrix}.$$

用消元法求解方程组得

$$\begin{cases} Dx_1=D_1, \\ Dx_2=D_2, \\ Dx_3=D_3. \end{cases}$$

若系数行列式 $D\neq0$，则该方程组有唯一解：

$$x_1=\frac{D_1}{D},\quad x_2=\frac{D_2}{D},\quad x_3=\frac{D_3}{D}.$$

以后我们将证明，在一定的条件下，具有更多未知量的线性方程组也有类似的求解分式.

例 3 解线性方程组

$$\begin{cases} 3x_1-\ x_2+x_3=26, \\ 2x_1-4x_2-x_3=9, \\ \ x_1+2x_2+x_3=16. \end{cases}$$

解 系数行列式 $D=\begin{vmatrix} 3 & -1 & 1 \\ 2 & -4 & -1 \\ 1 & 2 & 1 \end{vmatrix}=5\neq0$,

$$D_1=\begin{vmatrix} 26 & -1 & 1 \\ 9 & -4 & -1 \\ 16 & 2 & 1 \end{vmatrix}=55, \quad D_2=\begin{vmatrix} 3 & 26 & 1 \\ 2 & 9 & -1 \\ 1 & 16 & 1 \end{vmatrix}=20,$$

$$D_3=\begin{vmatrix} 3 & -1 & 26 \\ 2 & -4 & 9 \\ 1 & 2 & 16 \end{vmatrix}=-15,$$

方程组的解为

$$x_1=\frac{D_1}{D}=\frac{55}{5}=11,\quad x_2=\frac{D_2}{D}=\frac{20}{5}=4,\quad x_3=\frac{D_3}{D}=\frac{-15}{5}=-3.$$

该例题用 Python 求解如下：

```
import numpy as np
#使用 det 函数求行列式
arr=np.array([[3,-1,1],[2,-4,-1],[1,2,1]])
                              #创建分母的三维数组
arr1=np.array([[26,-1,1],[9,-4,-1],[16,2,1]])
                              #创建分子的三维数组
arr2=np.array([[3,26,1],[2,9,-1],[1,16,1]])
                              #创建分子的三维数组
arr3=np.array([[3,-1,26],[2,-4,9],[1,2,16]])
                              #创建分子的三维数组
#求解行列式
D=np.linalg.det(arr)
D1=np.linalg.det(arr1)
D2=np.linalg.det(arr2)
D3=np.linalg.det(arr3)
print('系数行列式 D 为:',D)
print('D1 为:',D1)
print('D2 为:',D2)
print('D3 为:',D3)
print('方程组的解 x1 为:',D1 / D)
print('方程组的解 x2 为:',D2 / D)
print('方程组的解 x3 为:',D3 / D)
```

运行结果如图 1-6 所示.

图　1-6

1.1.3 排列及其逆序数

为了把二阶、三阶行列式的概念推广到 n 阶行列式，首先引入排列的概念.

定义 3 把自然数 $1,2,\cdots,n$ 按一定的顺序排成一个数组，称为一个 n **级排列**，简称为排列，并把这个排列记为 $i_1i_2\cdots i_n$.

例如，1234 和 4321 都是 4 级排列，而 21354 是一个 5 级排列.

一般地，自然数 $1,2,\cdots,n$ 可组成 $n!$ 个不同的 n 级排列，即 n 级排列的总数为 $n!$ 个.

定义 4 在一个 n 级排列 $i_1i_2\cdots i_t\cdots i_s\cdots i_n$ 中，若 $i_t>i_s$(表明较大的数 i_t 排在较小的数 i_s 前面)，则称数 i_t 与 i_s 构成一个**逆序**. 一个 n 级排列中逆序的总数称为该排列的**逆序数**，记为 $\tau(i_1i_2\cdots i_n)$.

根据上述定义，可按如下方法计算排列的逆序数：

若在一个 n 级排列 $i_1i_2\cdots i_t\cdots i_n$ 中，比 $i_t(t=1,2,\cdots,n)$ 小且排在 i_t 后面的数共有 t_i 个，则 i_t 与该排列中其他数之间构成 t_i 个逆序，而该排列中所有数的逆序数之和就是这个排列的逆序数．即

$$\tau(i_1i_2\cdots i_n)=t_1+t_2+\cdots+t_n.$$

例 4 计算排列 3 2 5 1 4 的逆序数.

解 $\tau(3\ 2\ 5\ 1\ 4)=1+0+3+1=5.$

该例题用 Python 求解如下：

```
import numpy as np

def amount(b):
# 计算 b 中大于第 i 个元素的总个数
    counts=[np.sum(b[:i] > bb) for i,bb in enu-
merate(b)]
    return np.sum(counts)
a=np.array([3,2,5,1,4])
print('逆序数为:',amount(a))
```

运行结果如图 1-7 所示.

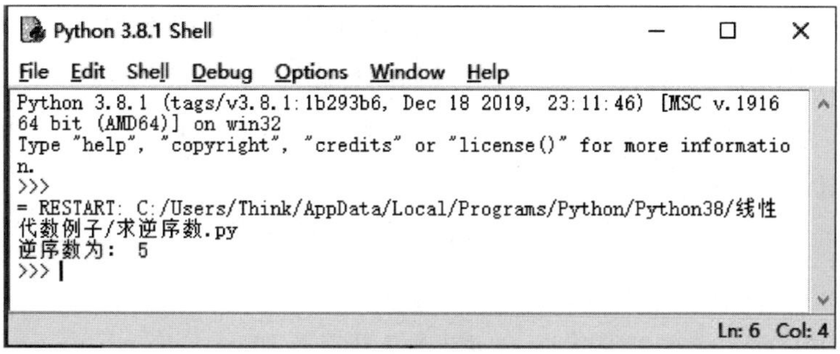

图 1-7

定义 5　逆序数为奇数的排列称为**奇排列**；逆序数为偶数的排列称为**偶排列**.

例 5　求排列 $1\ 2\ 3\ \cdots\ n$ 和 $n(n-1)\cdots 2\ 1$ 的逆序数，并指出其奇偶性.

解　因为 $\tau(1\ 2\ 3\ \cdots\ n)=0$ 所以 $12\cdots n$ 为偶排列.

又因为 $\tau(n(n-1)\cdots 21)=1+2+\cdots+n-2+n-1=\dfrac{n(n-1)}{2}$,

易见：当 $n=4k$，$4k+1$ 时，该排列为偶排列，当 $n=4k+2$，$4k+3$ 时，该排列为奇排列.

我们也称 $12\ \cdots\ n$ 为自然序排列.

在 n 级排列 $i_1\cdots i_s\cdots i_t\cdots i_n$ 中，将其中两个数 i_s 和 i_t 互换位置，其余各数位置不变而得到另一个排列 $i_1\cdots i_t\cdots i_s\cdots i_n$，这样的做法叫作一个**对换**，记为$(i_s,i_t)$.

例如，$3\ 1\ 5\ 2\ 4 \xrightarrow{(5,2)} 3\ 1\ 2\ 5\ 4$ 表示排列 $3\ 1\ 5\ 2\ 4$ 经过$(5,2)$对换后变成了 $3\ 1\ 2\ 5\ 4$.

定理 1　每一个对换都改变排列的奇偶性.

证明　首先考虑对换两个相邻的数的情形. 设某一 n 级排列为

$$\cdots i\ j\cdots,$$

经过对换(i,j)得到另一个排列

$$\cdots j\ i\cdots.$$

在这两个排列中，其一，除 i，j 以外的其他任何两个数的相对顺序均未改变，其二，i，j 以外的任何一个数与 i(或 j)的相对顺序也未改变，而改变的只有 i 与 j 的相对顺序，因此，新排列比原排列或增加了一个逆序(当 $i<j$ 时)，或减少一个逆序(当 $i>j$ 时)，无论是哪一种情形，原排列与新排列的奇偶性都相反．即对换相邻的两个数，一定会改变排列的奇偶性.

一般地，设对换的两个数 i，j 之间还有 s 个数 $k_1,k_2,\cdots,k_s$，即设原排列为

$$\cdots ik_1k_2\cdots k_sj\cdots,$$

经过对换(i,j)后得新排列

$$\cdots jk_1k_2\cdots k_si\cdots.$$

对于上述两排列的关系，我们也可以这样理解：在原排列中

先把 i 依次与 $k_1,k_2,\cdots,k_s$，j 作相邻对换(共 $s+1$ 次)，则原排列化为

$$\cdots k_1k_2\cdots k_sji\cdots,$$

再把所得排列中的数 j 依次与 $k_s,\cdots,k_2,k_1$ 作相邻对换(共 s 次)，就得到新排列

$$\cdots jk_1k_2\cdots k_si\cdots.$$

这样原排列共经过 $2s+1$ 次相邻对换后得到了新排列，因此排列的奇偶性发生了改变.

利用定理 1 我们得到：

定理 2 当 $n\geqslant 2$ 时，在 $n!$ 个 n 级排列中，奇排列与偶排列的个数相等，各为$\dfrac{n!}{2}$个.

证明 设有 p 个不同的 n 级偶排列，q 个不同的 n 级奇排列，则 $p+q=n!$. 对这 p 个偶排列施行同一个对换(i,j)，那么由定理 1 我们得到 p 个奇排列，且 $p\leqslant q$. 同理，对 q 个奇排列施行同一个对换(i,j)，由定理 1 我们得到 q 个偶排列，且 $q\leqslant p$，故 $q=p=\dfrac{n!}{2}$.

1.1.4 *n* 阶行列式的定义

观察三阶行列式

$$\begin{vmatrix} a_{11} & a_{12} & a_{13} \\ a_{21} & a_{22} & a_{23} \\ a_{31} & a_{32} & a_{33} \end{vmatrix}=a_{11}a_{22}a_{33}+a_{12}a_{23}a_{31}+a_{13}a_{21}a_{32}-a_{11}a_{23}a_{32}-a_{12}a_{21}a_{33}-a_{13}a_{22}a_{31},$$

易见：

(1) 三阶行列式共有 $3!=6$ 项；

(2) 每项都是取自不同行不同列的 3 个元素的乘积；

(3) 每项的符号是：当该项元素的行标按自然序排列后，若对应的列标构成的排列是偶排列则取正号，是奇排列则取负号.

故三阶行列式可定义为

$$\begin{vmatrix} a_{11} & a_{12} & a_{13} \\ a_{21} & a_{22} & a_{23} \\ a_{31} & a_{32} & a_{33} \end{vmatrix}=\sum_{j_1j_2j_3}(-1)^{\tau(j_1j_2j_3)}a_{1j_1}a_{2j_2}a_{3j_3},$$

其中 $\sum\limits_{j_1j_2j_3}$ 为对所有三级排列 $j_1j_2j_3$ 求和.

定义 6 由 n^2 个元素 $a_{ij}(i,j=1,2,\cdots,n)$ 组成的记号 $\begin{vmatrix} a_{11} & a_{12} & \cdots & a_{1n} \\ a_{21} & a_{22} & \cdots & a_{2n} \\ \vdots & \vdots & & \vdots \\ a_{n1} & a_{n2} & \cdots & a_{nn} \end{vmatrix}$ 称为 ***n* 阶行列式**，它表示所有取自不同行、不同列的 n 个元素乘积 $a_{1j_1}\cdots a_{nj_n}$ 的代数和，各项的符号是：当该项各元素的行标按自然序排列后，若对应的列标构成的排列是偶排列则取正号，是奇排列则取负号．即

$$\begin{vmatrix} a_{11} & a_{12} & \cdots & a_{1n} \\ a_{21} & a_{22} & \cdots & a_{2n} \\ \vdots & \vdots & & \vdots \\ a_{n1} & a_{n2} & \cdots & a_{nn} \end{vmatrix} = \sum_{j_1j_2\cdots j_n}(-1)^{\tau(j_1j_2\cdots j_n)}a_{1j_1}a_{2j_2}\cdots a_{nj_n},$$

其中 $\sum\limits_{j_1j_2\cdots j_n}$ 表示对所有的 n 级排列求和.

为方便起见，有时把 n 阶行列式简记为 $\det(a_{ij})$ 或 $|a_{ij}|_{n\times n}$，有时也简记为 D. 当 $n=1$ 时，一阶行列式 $|a_{11}|_{1\times 1}=a_{11}$. 我们也称代数和 $\sum\limits_{j_1j_2\cdots j_n}(-1)^{\tau(j_1j_2\cdots j_n)}a_{1j_1}a_{2j_2}\cdots a_{nj_n}$ 为行列式 $|a_{ij}|_{n\times n}$ 的展开式.

注：(1) 由于所有 n 级排列的总数有 $n!$ 个，故 n 阶行列式是 $n!$ 项的代数和.

(2) 由于在所有的 n 级排列中，奇排列和偶排列的个数相同，故在代数和 $\sum\limits_{j_1j_2\cdots j_n}(-1)^{\tau(j_1j_2\cdots j_n)}a_{1j_1}a_{2j_2}\cdots a_{nj_n}$ 中正负项各占一半.

(3) 由于乘积 $a_{1j_1}a_{2j_2}\cdots a_{nj_n}$ 中各因子的相对顺序可以改变，因此当乘积中各因子列标按自然序排列时，一般表示为 $a_{i_11}a_{i_22}\cdots a_{i_nn}$，这样的乘积项仍然是行列式 $|a_{ij}|_{n\times n}$ 展开式中的一项，而且可以证明，项前的符号为 $(-1)^{\tau(i_1i_2\cdots i_n)}$，于是 n 阶行列式又可以定义为

$$D=|a_{ij}|_{n\times n}=\sum_{i_1i_2\cdots i_n}(-1)^{\tau(i_1i_2\cdots i_n)}a_{i_11}a_{i_22}\cdots a_{i_nn}.$$

我们还可以证明，当乘积 $a_{1j_1}a_{2j_2}\cdots a_{nj_n}$ 中各因子的相对顺序随意改变时，一般表示为 $a_{i_1j_1}a_{i_2j_2}\cdots a_{i_nj_n}$，这样的乘积仍然是行列式 $|a_{ij}|_{n\times n}$ 的展开式中的一项，而且项前的符号为 $(-1)^{\tau(i_1i_2\cdots i_n)+\tau(j_1j_2\cdots j_n)}$，于是 n 阶行列式又可以定义为

$$D=|a_{ij}|_{n\times n}=\sum_{\substack{i_1i_2\cdots i_n \\ (\text{或} j_1j_2\cdots j_n)}}(-1)^{\tau(i_1i_2\cdots i_n)+\tau(j_1j_2\cdots j_n)}a_{i_1j_1}a_{i_2j_2}\cdots a_{i_nj_n}.$$

例 6 计算 n 阶行列式 $D=\begin{vmatrix} a_{11} & 0 & \cdots & 0 \\ a_{21} & a_{22} & \cdots & 0 \\ \vdots & \vdots & & \vdots \\ a_{n1} & a_{n2} & \cdots & a_{nn} \end{vmatrix}$.

解 一般项为 $(-1)^{\tau(j_1j_2\cdots j_n)}a_{1j_1}a_{2j_2}\cdots a_{nj_n}$，现考察不为零的项. a_{1j_1}取自第一行，但第一行中只有 $a_{11}\neq 0$，故只可能取 $a_{1j_1}=a_{11}$(其中 $j_1=1$). 又 a_{2j_2}取自第二行，而该行只有 a_{21}及 a_{22}不为零. 因 $a_{1j_1}=a_{11}$取自第一列，故 a_{2j_2}不能取自第一列，从而 $a_{2j_2}=a_{22}$(其中 $j_2=2$)，同理可得 $a_{3j_3}=a_{33}$，$a_{4j_4}=a_{44}$，…，$a_{nj_n}=a_{nn}$，因此

$$\begin{vmatrix} a_{11} & 0 & \cdots & 0 \\ a_{21} & a_{22} & \cdots & 0 \\ \vdots & \vdots & & \vdots \\ a_{n1} & a_{n2} & \cdots & a_{nn} \end{vmatrix}=(-1)^{\tau(1\,2\cdots n)}a_{11}a_{22}\cdots a_{nn}=a_{11}a_{22}\cdots a_{nn}.$$

具有这种从主对角线以上(下)各元素都为零的特征的行列式称为**下(上)三角形行列式**. 此例说明下三角形行列式的值等于对角线上各元素的乘积. 同理可得，上三角形行列式的值也等于主对角线上各元素的乘积，即

$$\begin{vmatrix} a_{11} & a_{12} & \cdots & a_{1n} \\ 0 & a_{22} & \cdots & a_{2n} \\ \vdots & \vdots & & \vdots \\ 0 & 0 & \cdots & a_{nn} \end{vmatrix}=a_{11}a_{22}\cdots a_{nn}.$$

特别地，对角形行列式(主对角线以外的元素均为零的行列式)的值等于主对角线上各元素的乘积，即

$$\begin{vmatrix} a_{11} & 0 & \cdots & 0 \\ 0 & a_{22} & \cdots & 0 \\ \vdots & \vdots & & \vdots \\ 0 & 0 & \cdots & a_{nn} \end{vmatrix}=a_{11}a_{22}\cdots a_{nn}.$$

我们也不难得到

$$\begin{vmatrix} 0 & \cdots & 0 & a_{1n} \\ 0 & \cdots & a_{2,n-1} & 0 \\ \vdots & & \vdots & \vdots \\ a_{n1} & \cdots & 0 & 0 \end{vmatrix}=(-1)^{\tau(n(n-1)\cdots 2\,1)}a_{1n}a_{2,n-1}\cdots a_{n1}$$

$$=(-1)^{\frac{n(n-1)}{2}}a_{1n}a_{2,n-1}\cdots a_{n1}.$$

例 7

$$\text{计算行列式}\quad D=\begin{vmatrix} a & 0 & 0 & b \\ 0 & c & d & 0 \\ 0 & e & f & 0 \\ g & 0 & 0 & h \end{vmatrix}.$$

解 根据定义，D 是 $4!=24$ 项的代数和，然而在这个代数和里，除了 $acfh$，$adeh$，$bdeg$，$bcfg$ 这 4 项外，其余项都至少含有一个因子 0，因而等于 0；当上述 4 项中各因子的行标按自然序排列后，其对应的列标依次是 1 2 3 4，1 3 2 4，4 3 2 1，4 2 3 1，因此

$$\begin{aligned} D &= (-1)^{\tau(1234)}acfh+(-1)^{\tau(1324)}adeh+(-1)^{\tau(4321)}bdeg+(-1)^{\tau(4231)}bcfg \\ &= acfh-adeh+bdeg-bcfg. \end{aligned}$$

1.2 行列式的性质及应用

1.2.1 行列式的性质

利用行列式的定义来计算较高阶的行列式，计算量是相当大的，因此有必要研究行列式的性质，以简化行列式的计算，此外，这些性质在理论上也具有重要意义.

定义 7 将行列式 D 的行与列互换后所得到的行列式，称为 D 的**转置行列式**，记为 D^{T} 或 D'，即若

$$D=\begin{vmatrix} a_{11} & a_{12} & \cdots & a_{1n} \\ a_{21} & a_{22} & \cdots & a_{2n} \\ \vdots & \vdots & & \vdots \\ a_{n1} & a_{n2} & \cdots & a_{nn} \end{vmatrix},$$

则

$$D^{\mathrm{T}}=\begin{vmatrix} a_{11} & a_{21} & \cdots & a_{n1} \\ a_{12} & a_{22} & \cdots & a_{n2} \\ \vdots & \vdots & & \vdots \\ a_{1n} & a_{2n} & \cdots & a_{nn} \end{vmatrix}.$$

性质 1 行列式与它的转置行列式相等，即 $D=D^{\mathrm{T}}$.

证明 设 D^{T} 中位于第 i 行第 j 列的元素为 b_{ij}，显然有 $b_{ij}=a_{ji}(i,j=1,2,\cdots,n)$，根据 n 阶行列式的定义，有

$$\begin{aligned} D^{\mathrm{T}} &= \sum_{j_1j_2\cdots j_n}(-1)^{\tau(j_1j_2\cdots j_n)}b_{1j_1}b_{2j_2}\cdots b_{nj_n} \\ &= \sum_{j_1j_2\cdots j_n}(-1)^{\tau(j_1j_2\cdots j_n)}a_{j_11}a_{j_22}\cdots a_{j_nn} \\ &= D. \end{aligned}$$

由性质 1 知，行列式中的行与列具有相同的地位，行列式的行具有的性质，它的列也同样具有.

性质 2 交换行列式的两行(列)，行列式变号.

证明 设交换行列式

$$D=\begin{vmatrix} a_{11} & a_{12} & \cdots & a_{1n} \\ \vdots & \vdots & & \vdots \\ a_{i1} & a_{i2} & \cdots & a_{in} \\ \vdots & \vdots & & \vdots \\ a_{s1} & a_{s2} & \cdots & a_{sn} \\ \vdots & \vdots & & \vdots \\ a_{n1} & a_{n2} & \cdots & a_{nn} \end{vmatrix}\begin{matrix} \\ \\ \text{第 } i \text{ 行} \\ \\ \text{第 } s \text{ 行} \\ \\ \\ \end{matrix}$$

的第 i 行和第 s 行$(1\leqslant i<s\leqslant n)$，得行列式

$$D_1=\begin{vmatrix} a_{11} & a_{12} & \cdots & a_{1n} \\ \vdots & \vdots & & \vdots \\ a_{s1} & a_{s2} & \cdots & a_{sn} \\ \vdots & \vdots & & \vdots \\ a_{i1} & a_{i2} & \cdots & a_{in} \\ \vdots & \vdots & & \vdots \\ a_{n1} & a_{n2} & \cdots & a_{nn} \end{vmatrix}\begin{matrix} \\ \\ \text{第 } i \text{ 行} \\ \\ \text{第 } s \text{ 行} \\ \\ \\ \end{matrix}.$$

显然 $a_{1j_1}\cdots a_{ij_i}\cdots a_{sj_s}\cdots a_{nj_n}$ 既是 D 中的项，也是 D_1 中的项，在 D 中，该项前的符号由

$$\tau(1\cdots i\cdots s\cdots n)+\tau(j_1\cdots j_i\cdots j_s\cdots j_n)$$

所确定，在 D_1 中该项前的符号由

$$\tau(1\cdots s\cdots i\cdots n)+\tau(j_1\cdots j_i\cdots j_s\cdots j_n)$$

所确定，而排列 $1\cdots i\cdots s\cdots n$ 和排列 $1\cdots s\cdots i\cdots n$ 的奇偶性相反，因此，D_1 中的每一项都是 D 中对应项的相反数，于是 $D_1=-D$.

注： 交换 D 的 i，j 两行(列)，记为 $r_i\leftrightarrow r_j(c_i\leftrightarrow c_j)$.

推论 若行列式有两行(列)对应元素完全相同，则行列式为零.

证明 互换相同的两行(列)，有 $D=-D$，故 $D=0$.

性质 3 行列式某一行(列)的所有元素都乘以数 k，等于用数 k 乘以此行列式. 即

$$D_1=\begin{vmatrix} a_{11} & a_{12} & \cdots & a_{1n} \\ \vdots & \vdots & & \vdots \\ ka_{i1} & ka_{i2} & \cdots & ka_{in} \\ \vdots & \vdots & & \vdots \\ a_{n1} & a_{n2} & \cdots & a_{nn} \end{vmatrix}=k\begin{vmatrix} a_{11} & a_{12} & \cdots & a_{1n} \\ \vdots & \vdots & & \vdots \\ a_{i1} & a_{i2} & \cdots & a_{in} \\ \vdots & \vdots & & \vdots \\ a_{n1} & a_{n2} & \cdots & a_{nn} \end{vmatrix}=kD.$$

证明 根据行列式的定义，有

$$\begin{aligned} D_1 &= \sum_{j_1j_2\cdots j_n}(-1)^{\tau(j_1j_2\cdots j_n)}a_{1j_1}\cdots(ka_{ij_i})\cdots a_{nj_n} \\ &= k\sum_{j_1j_2\cdots j_n}(-1)^{\tau(j_1j_2\cdots j_n)}a_{1j_1}\cdots a_{ij_i}\cdots a_{nj_n} \\ &= kD. \end{aligned}$$

注：D 的第 i 行(列)乘以数 k，记为 $kr_i(kc_i)$.

推论 1 行列式的某一行(列)中所有元素的公因子可以提到行列式的外面.

结合性质 2 的推论可得到：

推论 2 行列式中若有两行(列)对应元素成比例，则此行列式为零.

性质 4 若行列式的某一行(列)的元素都是两数之和，例如，

$$D=\begin{vmatrix} a_{11} & a_{12} & \cdots & a_{1n} \\ \vdots & \vdots & & \vdots \\ b_{i1}+c_{i1} & b_{i2}+c_{i2} & \cdots & b_{in}+c_{in} \\ \vdots & \vdots & & \vdots \\ a_{n1} & a_{n2} & \cdots & a_{nn} \end{vmatrix},$$

则

$$D=\begin{vmatrix} a_{11} & a_{12} & \cdots & a_{1n} \\ \vdots & \vdots & & \vdots \\ b_{i1} & b_{i2} & \cdots & b_{in} \\ \vdots & \vdots & & \vdots \\ a_{n1} & a_{n2} & \cdots & a_{nn} \end{vmatrix}+\begin{vmatrix} a_{11} & a_{12} & \cdots & a_{1n} \\ \vdots & \vdots & & \vdots \\ c_{i1} & c_{i2} & \cdots & c_{in} \\ \vdots & \vdots & & \vdots \\ a_{n1} & a_{n2} & \cdots & a_{nn} \end{vmatrix}=D_1+D_2.$$

证明

$$\begin{aligned} D &= \sum_{j_1j_2\cdots j_n}(-1)^{\tau(j_1j_2\cdots j_n)}a_{1j_1}\cdots(b_{ij_i}+c_{ij_i})\cdots a_{nj_n} \\ &= \sum_{j_1j_2\cdots j_n}(-1)^{\tau(j_1j_2\cdots j_n)}a_{1j_1}\cdots b_{ij_i}\cdots a_{nj_n}+ \end{aligned}$$

$$\sum_{j_1j_2\cdots j_n}(-1)^{\tau(j_1j_2\cdots j_n)}a_{1j_1}\cdots c_{ij_i}\cdots a_{nj_n}$$
$$=D_1+D_2.$$

性质5　将行列式某一行(列)的所有元素都乘以数 k 后加到另一行(列)对应位置的元素上，行列式的值不变.

例如，以数 k 乘以第 i 行加到第 j 行上，则有

$$D=\begin{vmatrix} a_{11} & a_{12} & \cdots & a_{1n} \\ \vdots & \vdots & & \vdots \\ a_{i1} & a_{i2} & \cdots & a_{in} \\ \vdots & \vdots & & \vdots \\ a_{j1} & a_{j2} & \cdots & a_{jn} \\ \vdots & \vdots & & \vdots \\ a_{n1} & a_{n2} & \cdots & a_{nn} \end{vmatrix}$$

$$=\begin{vmatrix} a_{11} & a_{12} & \cdots & a_{1n} \\ \vdots & \vdots & & \vdots \\ a_{i1} & a_{i2} & \cdots & a_{in} \\ \vdots & \vdots & & \vdots \\ a_{j1}+ka_{i1} & a_{j2}+ka_{i2} & \cdots & a_{jn}+ka_{in} \\ \vdots & \vdots & & \vdots \\ a_{n1} & a_{n2} & \cdots & a_{nn} \end{vmatrix}=D_1\quad (i\neq j).$$

证明　$$D_1\xlongequal{\text{性质4}}\begin{vmatrix} a_{11} & a_{12} & \cdots & a_{1n} \\ \vdots & \vdots & & \vdots \\ a_{i1} & a_{i2} & \cdots & a_{in} \\ \vdots & \vdots & & \vdots \\ a_{j1} & a_{j2} & \cdots & a_{jn} \\ \vdots & \vdots & & \vdots \\ a_{n1} & a_{n2} & \cdots & a_{nn} \end{vmatrix}+$$

$$\begin{vmatrix} a_{11} & a_{12} & \cdots & a_{1n} \\ \vdots & \vdots & & \vdots \\ a_{i1} & a_{i2} & \cdots & a_{in} \\ \vdots & \vdots & & \vdots \\ ka_{i1} & ka_{i2} & \cdots & ka_{in} \\ \vdots & \vdots & & \vdots \\ a_{n1} & a_{n2} & \cdots & a_{nn} \end{vmatrix}\xlongequal{\text{性质3推论2}}D+0=D.$$

注：以数 k 乘 D 的第 j 行(列)加到第 i 行(列)上，记为 $r_i+kr_j(c_i+kc_j)$.

1.2.2 利用行列式的性质计算行列式

计算行列式时，常利用行列式的性质，把它化为上(下)三角形行列式来计算．计算步骤是：

如果第一行(列)第一个元素为 0，则先将第一行(列)与其他行(列)交换使得第一行(列)第一个元素不为 0；然后把第一行(列)分别乘以适当的数加到其他各行(列)，使得第一列(行)除第一个元素外其余元素全为零；再用同样的方法处理除去第一行(列)和第一列(行)后余下的低一阶的行列式，如此下去，直至使它成为上(下)三角形行列式. 这时主对角线上元素的乘积就是行列式的值.

例 1　计算行列式

$$D=\begin{vmatrix} 0 & -1 & -1 & 2 \\ 1 & -1 & 0 & 2 \\ -1 & 2 & -1 & 0 \\ 2 & 1 & 1 & 0 \end{vmatrix}.$$

解

$$D=\begin{vmatrix} 0 & -1 & -1 & 2 \\ 1 & -1 & 0 & 2 \\ -1 & 2 & -1 & 0 \\ 2 & 1 & 1 & 0 \end{vmatrix} \xlongequal{r_1\leftrightarrow r_2} -\begin{vmatrix} 1 & -1 & 0 & 2 \\ 0 & -1 & -1 & 2 \\ -1 & 2 & -1 & 0 \\ 2 & 1 & 1 & 0 \end{vmatrix}$$

$$\xlongequal[r_4-2r_1]{r_3+r_1} -\begin{vmatrix} 1 & -1 & 0 & 2 \\ 0 & -1 & -1 & 2 \\ 0 & 1 & -1 & 2 \\ 0 & 3 & 1 & -4 \end{vmatrix} \xlongequal[r_4+3r_2]{r_3+r_2} -\begin{vmatrix} 1 & -1 & 0 & 2 \\ 0 & -1 & -1 & 2 \\ 0 & 0 & -2 & 4 \\ 0 & 0 & -2 & 2 \end{vmatrix}$$

$$\xlongequal{r_4-r_3} -\begin{vmatrix} 1 & -1 & 0 & 2 \\ 0 & -1 & -1 & 2 \\ 0 & 0 & -2 & 4 \\ 0 & 0 & 0 & -2 \end{vmatrix} =4.$$

例 2　计算行列式

$$D_n=\begin{vmatrix} x-a & a & a & \cdots & a \\ a & x-a & a & \cdots & a \\ a & a & x-a & \cdots & a \\ \vdots & \vdots & \vdots & & \vdots \\ a & a & a & \cdots & x-a \end{vmatrix}.$$

解 注意到行列式中各行(列)所有元素之和都为 $x+(n-2)a$. 故可把第 2,3,…,n 列同时加到第一列并提出公因子 $x+(n-2)a$，然后第一行乘以-1 加到其余各行化为上三角形行列式：

$$D_n=[x+(n-2)a]\begin{vmatrix}1 & a & a & \cdots & a\\ 1 & x-a & a & \cdots & a\\ 1 & a & x-a & \cdots & a\\ \vdots & \vdots & \vdots & & \vdots\\ 1 & a & a & \cdots & a\end{vmatrix}$$

$$=[x+(n-2)a]\begin{vmatrix}1 & a & a & \cdots & a\\ 0 & x-2a & 0 & \cdots & 0\\ 0 & 0 & x-2a & \cdots & 0\\ \vdots & \vdots & \vdots & & \vdots\\ 0 & 0 & 0 & \cdots & x-2a\end{vmatrix}$$

$$=[x+(n-2)a](x-2a)^{n-1}.$$

例 3 设

$$D=\begin{vmatrix}a_{11} & \cdots & a_{1k} & 0 & \cdots & 0\\ \vdots & & \vdots & \vdots & & \vdots\\ a_{k1} & \cdots & a_{kk} & 0 & \cdots & 0\\ c_{11} & \cdots & c_{1k} & b_{11} & \cdots & b_{1n}\\ \vdots & & \vdots & \vdots & & \vdots\\ c_{n1} & \cdots & c_{nk} & b_{n1} & \cdots & b_{nn}\end{vmatrix},$$

$$D_1=\begin{vmatrix}a_{11} & \cdots & a_{1k}\\ \vdots & & \vdots\\ a_{k1} & \cdots & a_{kk}\end{vmatrix},\quad D_2=\begin{vmatrix}b_{11} & \cdots & b_{1n}\\ \vdots & & \vdots\\ b_{n1} & \cdots & b_{nn}\end{vmatrix},$$

证明 $D=D_1D_2$.

证明 对 D_1 作运算 r_i+kr_j，把 D_1 化为下三角形行列式，记为

$$D_1=\begin{vmatrix}p_{11} & & \boldsymbol{O}\\ \vdots & \ddots & \\ p_{k1} & \cdots & p_{kk}\end{vmatrix}=p_{11}p_{22}\cdots p_{kk}.$$

对 D_2 作运算 c_i+kc_j，把 D_2 化为下三角形行列式，记为

$$D_2=\begin{vmatrix}q_{11} & & \boldsymbol{O}\\ \vdots & \ddots & \\ q_{n1} & \cdots & q_{nn}\end{vmatrix}=q_{11}q_{22}\cdots q_{nn}.$$

这样，对 D 的前 k 行作运算 r_i+kr_j，再对后 n 列作运算 c_i+kc_j，就把 D 化成了下三角形行列式

$$D=\begin{vmatrix} p_{11} & & & & & \\ \vdots & \ddots & & & \boldsymbol{O} & \\ p_{k1} & \cdots & p_{kk} & & & \\ c_{11} & \cdots & c_{1k} & q_{11} & & \\ \vdots & & \vdots & \vdots & \ddots & \\ c_{n1} & \cdots & c_{nk} & q_{n1} & \cdots & q_{nn} \end{vmatrix},$$

故 $$D=p_{11}p_{22}\cdots p_{kk}q_{11}q_{22}\cdots q_{nn}=D_1D_2.$$

下面介绍一类特殊的行列式：

定义 8 在 n 阶行列式 $D=|a_{ij}|_{n\times n}$ 中，若有 $a_{ij}=a_{ji}(i,j=1,2,\cdots,n)$，则称 D 为**对称行列式**；若有 $a_{ij}=-a_{ji}(i,j=1,2,\cdots,n)$，则称 D 为**反对称行列式**. 例如，

$$\begin{vmatrix} 1 & -3 & 5 \\ -3 & -7 & 4 \\ 5 & 4 & 0 \end{vmatrix},\quad \begin{vmatrix} 0 & -3 & 5 \\ 3 & 0 & 4 \\ -5 & -4 & 0 \end{vmatrix}$$

分别为对称行列式和反对称行列式.

例 4 试证奇数阶反对称行列式的值等于零.

证明 设反对称行列式为

$$D=\begin{vmatrix} 0 & a_{12} & \cdots & a_{1n} \\ -a_{12} & 0 & \cdots & a_{2n} \\ \vdots & \vdots & & \vdots \\ -a_{1n} & -a_{2n} & \cdots & 0 \end{vmatrix},$$

其阶数 n 是奇数，根据性质 1 及性质 3 有

$$D=D^{\mathrm{T}}=\begin{vmatrix} 0 & -a_{12} & \cdots & -a_{1n} \\ a_{12} & 0 & \cdots & -a_{2n} \\ \vdots & \vdots & & \vdots \\ a_{1n} & a_{2n} & \cdots & 0 \end{vmatrix}$$

$$=(-1)^n\begin{vmatrix} 0 & a_{12} & \cdots & a_{1n} \\ -a_{12} & 0 & \cdots & a_{2n} \\ \vdots & \vdots & & \vdots \\ -a_{1n} & -a_{2n} & \cdots & 0 \end{vmatrix}$$

$$=(-1)^nD=-D,$$

于是 $D=0$.

1.3 行列式按行(列)展开

1.3.1 行列式按一行(列)展开

引例 对于三阶行列式来说，我们不难验证：

$$D=\begin{vmatrix} a_{11} & a_{12} & a_{13} \\ a_{21} & a_{22} & a_{23} \\ a_{31} & a_{32} & a_{33} \end{vmatrix}=a_{11}\begin{vmatrix} a_{22} & a_{23} \\ a_{32} & a_{33} \end{vmatrix}-a_{12}\begin{vmatrix} a_{21} & a_{23} \\ a_{31} & a_{33} \end{vmatrix}+a_{13}\begin{vmatrix} a_{21} & a_{22} \\ a_{31} & a_{32} \end{vmatrix},$$

这就表明，我们可将三阶行列式的计算转化成二阶行列式来计算，于是人们自然会想到，一般地阶数较高的行列式与阶数较低的行列式之间有没有一定的联系呢？如果这种联系存在并且为人们所把握，那么就提供了一种把高阶行列式转化为低阶行列式的计算方法. 为此，先引入余子式和代数余子式的概念.

定义9 在 n 阶行列式 D 中，去掉元素 a_{ij} 所在的第 i 行和第 j 列后，余下的 $n-1$ 阶行列式，称为 D 中元素 a_{ij} 的**余子式**，记为 M_{ij}，再记 $N_{ij}=(-1)^{i+j}M_{ij}$，称 N_{ij} 为元素 a_{ij} 的**代数余子式**.

若记 $D=\begin{vmatrix} a_{11} & a_{12} & a_{13} \\ a_{21} & a_{22} & a_{23} \\ a_{31} & a_{32} & a_{33} \end{vmatrix}$，则 D 中元素 a_{11} 的余子式和代数余子式分别为 $M_{11}=\begin{vmatrix} a_{22} & a_{23} \\ a_{32} & a_{33} \end{vmatrix}$，$N_{11}=(-1)^{1+1}\begin{vmatrix} a_{22} & a_{23} \\ a_{32} & a_{33} \end{vmatrix}=M_{11}$，并且引例的结果可表示为

$$D=a_{11}N_{11}+a_{12}N_{12}+a_{13}N_{13}.$$

为了对更一般的情形进行讨论，先证明一个引理：

引理 n 阶行列式 D，如果其中第 i 行元素除 a_{ij} 外全部为零，那么行列式等于 a_{ij} 与它的代数余子式的乘积，即 $D=a_{ij}N_{ij}$.

证明 先证 $i=j=1$ 的情形，即

$$D=\begin{vmatrix} a_{11} & 0 & 0 & \cdots & 0 \\ a_{21} & a_{22} & a_{23} & \cdots & a_{2n} \\ \vdots & \vdots & \vdots & & \vdots \\ a_{n1} & a_{n2} & a_{n3} & \cdots & a_{nn} \end{vmatrix}$$

$$=\sum_{j_2j_3\cdots j_n}(-1)^{\tau(j_2j_3\cdots j_n)}a_{11}a_{2j_2}a_{3j_3}\cdots a_{nj_n}$$

$$= a_{11}\sum_{j_2j_3\cdots j_n}(-1)^{\tau(j_2j_3\cdots j_n)}a_{2j_2}a_{3j_3}\cdots a_{nj_n}$$

$$= a_{11}M_{11} = a_{11}\times(-1)^{1+1}M_{11} = a_{11}N_{11}.$$

对一般情形，只要适当交换 D 的行与列的位置，即可得到结论.

定理 3 行列式等于它的任一行(列)的各元素与其对应的代数余子式乘积之和，即

$$D=a_{i1}N_{i1}+a_{i2}N_{i2}+\cdots+a_{in}N_{in}\ (i=1,2,\cdots,n),$$

或

$$D=a_{1j}N_{1j}+a_{2j}N_{2j}+\cdots+a_{nj}N_{nj}\ (j=1,2,\cdots,n).$$

证明

$$D=\begin{vmatrix} a_{11} & a_{12} & \cdots & a_{1n} \\ \vdots & \vdots & & \vdots \\ a_{i1}+0+\cdots+0 & 0+a_{i2}+\cdots+0 & \cdots & 0+\cdots+0+a_{in} \\ \vdots & \vdots & & \vdots \\ a_{n1} & a_{n2} & \cdots & a_{nn} \end{vmatrix}$$

$$=\begin{vmatrix} a_{11} & a_{12} & \cdots & a_{1n} \\ \vdots & \vdots & & \vdots \\ a_{i1} & 0 & \cdots & 0 \\ \vdots & \vdots & & \vdots \\ a_{n1} & a_{n2} & \cdots & a_{nn} \end{vmatrix}+\begin{vmatrix} a_{11} & a_{12} & \cdots & a_{1n} \\ \vdots & \vdots & & \vdots \\ 0 & a_{i2} & \cdots & 0 \\ \vdots & \vdots & & \vdots \\ a_{n1} & a_{n2} & \cdots & a_{nn} \end{vmatrix}+\cdots+$$

$$\begin{vmatrix} a_{11} & a_{12} & \cdots & a_{1n} \\ \vdots & \vdots & & \vdots \\ 0 & 0 & \cdots & a_{in} \\ \vdots & \vdots & & \vdots \\ a_{n1} & a_{n2} & \cdots & a_{nn} \end{vmatrix}$$

$$=a_{i1}N_{i1}+a_{i2}N_{i2}+\cdots+a_{in}N_{in}.$$

同理可得 D 按列展开的公式.

推论 行列式某一行(列)的各元素与另一行(列)对应元素的代数余子式乘积之和等于零.即

$$a_{i1}N_{j1}+a_{i2}N_{j2}+\cdots+a_{in}N_{jn}=0 \quad (i\neq j),$$

或

$$a_{1i}N_{1j}+a_{2i}N_{2j}+\cdots+a_{ni}N_{nj}=0 \quad (i\neq j).$$

证明

$$a_{j1}N_{j1}+a_{j2}N_{j2}+\cdots+a_{jn}N_{jn}=\begin{vmatrix} a_{11} & a_{12} & \cdots & a_{1n} \\ \vdots & \vdots & & \vdots \\ a_{i1} & a_{i2} & \cdots & a_{in} \\ \vdots & \vdots & & \vdots \\ a_{j1} & a_{j2} & \cdots & a_{jn} \\ \vdots & \vdots & & \vdots \\ a_{n1} & a_{n2} & \cdots & a_{nn} \end{vmatrix},$$

当 $i\neq j$ 时,将上式中的 a_{jk} 换成 $a_{ik}(k=1,2,\cdots,n)$，可得

$$a_{i1}N_{j1}+a_{i2}N_{j2}+\cdots+a_{in}N_{jn}=\begin{vmatrix} a_{11} & a_{12} & \cdots & a_{1n} \\ \vdots & \vdots & & \vdots \\ a_{i1} & a_{i2} & \cdots & a_{in} \\ \vdots & \vdots & & \vdots \\ a_{i1} & a_{i2} & \cdots & a_{in} \\ \vdots & \vdots & & \vdots \\ a_{n1} & a_{n2} & \cdots & a_{nn} \end{vmatrix}=0.$$

同理可证

$$a_{1i}N_{1j}+a_{2i}N_{2j}+\cdots+a_{ni}N_{nj}=0 \quad (i\neq j).$$

综上所述，可得到有关代数余子式的一个重要性质：

$$a_{i1}N_{j1}+a_{i2}N_{j2}+\cdots+a_{in}N_{jn}=\begin{cases} D, & i=j, \\ 0, & i\neq j; \end{cases}$$

或

$$a_{1i}N_{1j}+a_{2i}N_{2j}+\cdots+a_{ni}N_{nj}=\begin{cases} D, & i=j, \\ 0, & i\neq j. \end{cases}$$

直接利用定理 3 展开计算行列式，运算量较大，尤其是高阶行列式. 因此计算行列式时，一般可先用行列式的性质将其某一行(列)化为仅含一个非零元素，再按此行(列)展开，化为低一阶的行列式，如此下去，直到化为三阶或二阶，或三角形行列式.

例 1 计算行列式

$$D=\begin{vmatrix} 1 & 2 & 3 & 4 \\ 1 & 0 & 1 & 2 \\ 3 & -1 & -1 & 0 \\ 1 & 2 & 0 & -5 \end{vmatrix}.$$

解 $$D=\begin{vmatrix} 1 & 2 & 3 & 4 \\ 1 & 0 & 1 & 2 \\ 3 & -1 & -1 & 0 \\ 1 & 2 & 0 & -5 \end{vmatrix} \xlongequal[c_3+(-1)c_1]{c_4+(-2)c_1} \begin{vmatrix} 1 & 2 & 2 & 2 \\ 1 & 0 & 0 & 0 \\ 3 & -1 & -4 & -6 \\ 1 & 2 & -1 & -7 \end{vmatrix}$$

$$=1\times(-1)^{2+1}\begin{vmatrix}2&2&2\\-1&-4&-6\\2&-1&-7\end{vmatrix}$$

$$=2\begin{vmatrix}1&1&1\\1&4&6\\2&-1&-7\end{vmatrix}\xlongequal[c_2+(-1)c_1]{c_3+(-1)c_1}2\begin{vmatrix}1&0&0\\1&3&5\\2&-3&-9\end{vmatrix}$$

$$=2\times1\times(-1)^{1+1}\begin{vmatrix}3&5\\-3&-9\end{vmatrix}$$

$$=2\times(-27+15)$$

$$=-24.$$

例 2 计算行列式

$$D=\begin{vmatrix}1+x&1&1&1\\1&1-x&1&1\\1&1&1+y&1\\1&1&1&1-y\end{vmatrix}.$$

解 (加边法)当 $x=0$ 或 $y=0$ 时，显然 $D=0$，现假设 $x\neq0$，且 $y\neq0$，由引理知

$$D=\begin{vmatrix}1&1&1&1&1\\0&1+x&1&1&1\\0&1&1-x&1&1\\0&1&1&1+y&1\\0&1&1&1&1-y\end{vmatrix}\xlongequal[\substack{r_3+(-1)r_1\\r_2+(-1)r_1}]{\substack{r_5+(-1)r_1\\r_4+(-1)r_1}}\begin{vmatrix}1&1&1&1&1\\-1&x&0&0&0\\-1&0&-x&0&0\\-1&0&0&y&0\\-1&0&0&0&-y\end{vmatrix}$$

$$\xlongequal[\substack{c_1+\left(-\frac{1}{x}\right)\times c_3\\c_1+\left(\frac{1}{x}\right)\times c_2}]{\substack{c_1+\left(-\frac{1}{y}\right)\times c_5\\c_1+\frac{1}{y}\times c_4}}\begin{vmatrix}1&1&1&1&1\\0&x&0&0&0\\0&0&-x&0&0\\0&0&0&y&0\\0&0&0&0&-y\end{vmatrix}=x^2y^2.$$

例 3 计算行列式

$$D_n=\begin{vmatrix}x&-1&0&\cdots&0&0\\0&x&-1&\cdots&0&0\\0&0&x&\cdots&0&0\\\vdots&\vdots&\vdots&&\vdots&\vdots\\0&0&0&\cdots&x&-1\\a_n&a_{n-1}&a_{n-2}&\cdots&a_2&x+a_1\end{vmatrix}.$$

解 按第一列展开，得

$$D_n=x\begin{vmatrix} x & -1 & 0 & \cdots & 0 & 0 \\ 0 & x & -1 & \cdots & 0 & 0 \\ 0 & 0 & x & \cdots & 0 & 0 \\ \vdots & \vdots & \vdots & & \vdots & \vdots \\ 0 & 0 & 0 & \cdots & x & -1 \\ a_{n-1} & a_{n-2} & a_{n-3} & \cdots & a_2 & x+a_1 \end{vmatrix}+(-1)^{n+1}a_n\begin{vmatrix} -1 & 0 & \cdots & 0 & 0 \\ x & -1 & \cdots & 0 & 0 \\ 0 & x & \cdots & 0 & 0 \\ \vdots & \vdots & & \vdots & \vdots \\ 0 & 0 & \cdots & x & -1 \end{vmatrix},$$

这里的第一个 $n-1$ 阶行列式和 D_n 有相同的形式，把它记作 D_{n-1}，第二个 $n-1$ 阶行列式等于$(-1)^{n-1}$，所以 $D_n=xD_{n-1}+a_n$，这个式子对于任何 $n(n\geqslant 2)$都成立，因此有

$$\begin{aligned} D_n &= xD_{n-1}+a_n \\ &= x(xD_{n-2}+a_{n-1})+a_n=x^2D_{n-2}+a_{n-1}x+a_n \\ &\quad\vdots \\ &= x^{n-1}D_1+a_2x^{n-2}+\cdots+a_{n-1}x+a_n, \end{aligned}$$

而 $D_1=|x+a_1|=x+a_1$，所以

$$D_n=x^n+a_1x^{n-1}+\cdots+a_n.$$

像例 3 这种把行列式的计算归结为形式相同而阶数较低的行列式的计算，是一种常用的方法．我们再利用这种方法计算一个重要的行列式.

例 4 计算行列式

$$D_n=\begin{vmatrix} 1 & 1 & \cdots & 1 \\ a_1 & a_2 & \cdots & a_n \\ a_1^2 & a_2^2 & \cdots & a_n^2 \\ \vdots & \vdots & & \vdots \\ a_1^{n-1} & a_2^{n-1} & \cdots & a_n^{n-1} \end{vmatrix},$$

这个行列式叫作 ***n* 阶范德蒙德**(Vandermonde)**行列式**.

解 从最后一行开始，每一行减去它的相邻的前一行乘以 a_1，得

$$D_n=\begin{vmatrix} 1 & 1 & 1 & \cdots & 1 \\ 0 & a_2-a_1 & a_3-a_1 & \cdots & a_n-a_1 \\ 0 & a_2(a_2-a_1) & a_3(a_3-a_1) & \cdots & a_n(a_n-a_1) \\ \vdots & \vdots & \vdots & & \vdots \\ 0 & a_2^{n-2}(a_2-a_1) & a_3^{n-2}(a_3-a_1) & \cdots & a_n^{n-2}(a_n-a_1) \end{vmatrix}.$$

提出每一列的公因子后，得

$$D_n=(a_2-a_1)(a_3-a_1)\cdots(a_n-a_1)\begin{vmatrix}1&1&\cdots&1\\a_2&a_3&\cdots&a_n\\a_2^2&a_3^2&\cdots&a_n^2\\\vdots&\vdots&&\vdots\\a_2^{n-2}&a_3^{n-2}&\cdots&a_n^{n-2}\end{vmatrix},$$

最后的因子是一个 $n-1$ 阶范德蒙德行列式，我们用 D_{n-1} 来表示，则有

$$D_n=(a_2-a_1)(a_3-a_1)\cdots(a_n-a_1)D_{n-1}.$$

同样得

$$D_{n-1}=(a_3-a_2)(a_4-a_2)\cdots(a_n-a_2)D_{n-2}.$$

此处 D_{n-2} 是一个 $n-2$ 阶范德蒙德行列式，如此继续下去，最后得

$$\begin{aligned}D_n&=(a_2-a_1)(a_3-a_1)\cdots(a_n-a_1)\cdot(a_3-a_2)\cdots(a_n-a_2)\cdot\cdots\cdot(a_n-a_{n-1})\\&=\prod_{1\leqslant j<i\leqslant n}(a_i-a_j).\end{aligned}$$

*1.3.2 拉普拉斯(Laplace)定理

定义 10 在 n 阶行列式 D 中，任意选定 k 行 k 列 $(1\leqslant k\leqslant n)$，位于这些行和列交叉处的 k^2 个元素，按原来的顺序排列构成的一个 k 阶行列式，称为 D 的一个 **k 阶子式**；划去这 k 行 k 列后，余下的元素按原来的顺序排列构成的一个 $n-k$ 阶行列式 M，称为 k 阶子式 L 的**余子式**，在 M 前面冠以符号 $(-1)^{i_1+\cdots+i_k+j_1+\cdots+j_k}$ 后，所得到的一个 $n-k$ 阶行列式 $N=(-1)^{i_1+\cdots+i_k+j_1+\cdots+j_k}M$，称为 k 阶子式 L 的**代数余子式**，其中 $i_1,\cdots,i_k$ 为 k 阶子式 L 在 D 中的行的标号，$j_1,\cdots,j_k$ 为 L 在 D 中的列的标号.

显然当 $k=1$ 时，定义 10 中的余子式和代数余子式就是定义 9 中的余子式和代数余子式，因此，定义 10 是定义 9 的推广.

定理 4(拉普拉斯定理) 在 n 阶行列式 D 中，任意取定 k 行(列)$(1\leqslant k\leqslant n-1)$，由这 k 行(列)组成的所有 k 阶子式与它们的代数余子式的乘积之和等于行列式 D.

证明略.

注：行列式按一行(列)展开是该定理中 $k=1$ 时的特殊情况.

例 5 利用拉普拉斯定理求下列行列式的值：

$$D=\begin{vmatrix}2&3&0&0\\1&2&3&0\\0&1&2&3\\0&0&1&2\end{vmatrix}.$$

解 按第一行和第二行展开，得

$$D=\begin{vmatrix}2&3&0&0\\1&2&3&0\\0&1&2&3\\0&0&1&2\end{vmatrix}=\begin{vmatrix}2&3\\1&2\end{vmatrix}\times(-1)^{1+2+1+2}\begin{vmatrix}2&3\\1&2\end{vmatrix}+$$

$$\begin{vmatrix}2&0\\1&3\end{vmatrix}\times(-1)^{1+2+1+3}\begin{vmatrix}1&3\\0&2\end{vmatrix}+\begin{vmatrix}3&0\\2&3\end{vmatrix}\times(-1)^{1+2+2+3}\begin{vmatrix}0&3\\0&2\end{vmatrix}$$

$$=1-12+0=-11.$$

例 6 利用拉普拉斯定理重证 1.2 节例 3，即证明

$$\begin{vmatrix}a_{11}&\cdots&a_{1k}&0&\cdots&0\\\vdots&&\vdots&\vdots&&\vdots\\a_{k1}&\cdots&a_{kk}&0&\cdots&0\\c_{11}&\cdots&c_{1k}&b_{11}&\cdots&b_{1n}\\\vdots&&\vdots&\vdots&&\vdots\\c_{n1}&\cdots&c_{nk}&b_{n1}&\cdots&b_{nn}\end{vmatrix}=\begin{vmatrix}a_{11}&\cdots&a_{1k}\\\vdots&&\vdots\\a_{k1}&\cdots&a_{kk}\end{vmatrix}\cdot\begin{vmatrix}b_{11}&\cdots&b_{1n}\\\vdots&&\vdots\\b_{n1}&\cdots&b_{nn}\end{vmatrix}.$$

证明 在等式左端的 $k+n$ 阶行列式中，取定前 k 行，由这 k 行元素组成的所有 k 阶子式中，只有取前 k 列时的子式不等于零．根据拉普拉斯定理，得

$$左边=\begin{vmatrix}a_{11}&\cdots&a_{1k}\\\vdots&&\vdots\\a_{k1}&\cdots&a_{kk}\end{vmatrix}\times(-1)^{(1+2+\cdots+k)+(1+2+\cdots+k)}\begin{vmatrix}b_{11}&\cdots&b_{1n}\\\vdots&&\vdots\\b_{n1}&\cdots&b_{nn}\end{vmatrix}$$

$$=\begin{vmatrix}a_{11}&\cdots&a_{1k}\\\vdots&&\vdots\\a_{k1}&\cdots&a_{kk}\end{vmatrix}\cdot\begin{vmatrix}b_{11}&\cdots&b_{1n}\\\vdots&&\vdots\\b_{n1}&\cdots&b_{nn}\end{vmatrix}=右边.$$

1.4 克拉默法则

在 1.1 节中我们曾经指出，三元线性方程组

$$\begin{cases}a_{11}x_1+a_{12}x_2+a_{13}x_3=b_1,\\a_{21}x_1+a_{22}x_2+a_{23}x_3=b_2,\\a_{31}x_1+a_{32}x_2+a_{33}x_3=b_3,\end{cases}$$

在系数行列式 $D\neq 0$ 的条件下，有唯一解

$$x_1=\frac{D_1}{D},\ x_2=\frac{D_2}{D},\ x_3=\frac{D_3}{D}.$$

对于更一般的线性方程组是否有类似的结果呢？答案是肯定的. 在引入克拉默法则之前，我们先介绍有关 n 元线性方程组的概念. 含有 n 个未知数 $x_1,x_2,\cdots,x_n$ 的线性方程组

$$\begin{cases}a_{11}x_1+a_{12}x_2+\cdots+a_{1n}x_n=b_1,\\ a_{21}x_1+a_{22}x_2+\cdots+a_{2n}x_n=b_2,\\ \quad\vdots\\ a_{n1}x_1+a_{n2}x_2+\cdots+a_{nn}x_n=b_n\end{cases}\tag{1.5}$$

称为 ***n* 元线性方程组**. 当其右端的常数项 $b_1,b_2,\cdots,b_n$ 不全为零时，线性方程组(1.5)称为**非齐次线性方程组**，当 $b_1,b_2,\cdots,b_n$ 全为零时，方程组(1.5)为

$$\begin{cases}a_{11}x_1+a_{12}x_2+\cdots+a_{1n}x_n=0,\\ a_{21}x_1+a_{22}x_2+\cdots+a_{2n}x_n=0,\\ \quad\vdots\\ a_{n1}x_1+a_{n2}x_2+\cdots+a_{nn}x_n=0,\end{cases}\tag{1.6}$$

称线性方程组(1.6)为**齐次线性方程组**. 方程组(1.5)或方程组(1.6)的系数构成行列式

$$D=\begin{vmatrix}a_{11}&a_{12}&\cdots&a_{1n}\\ a_{21}&a_{22}&\cdots&a_{2n}\\ \vdots&\vdots&&\vdots\\ a_{n1}&a_{n2}&\cdots&a_{nn}\end{vmatrix},$$

称 D 为相应方程组的**系数行列式**.

定理 5(克拉默(Cramer)法则) 如果线性方程组(1.5)的系数行列式 $D\neq 0$ 时，则方程组(1.5)有唯一解

$$x_1=\frac{D_1}{D},\ x_2=\frac{D_2}{D},\ \cdots,\ x_n=\frac{D_n}{D}.\tag{1.7}$$

此处 $D_j(j=1,2,\cdots,n)$ 是把行列式 D 的第 j 列的元素换成方程组(1.5)的常数项 $b_1,b_2,\cdots,b_n$ 而得到的 n 阶行列式.

证明 $n=1$ 时是显然成立的. 设 $n>1$，现分别以 $N_{1j},N_{2j},\cdots,N_{nj}(1\leqslant j\leqslant n)$ 乘以方程组(1.5)的第一，第二，…，第 n 个方程，然后相加，得

$$(a_{11}N_{1j}+a_{21}N_{2j}+\cdots+a_{n1}N_{nj})x_1+\cdots+$$
$$(a_{1j}N_{1j}+a_{2j}N_{2j}+\cdots+a_{nj}N_{nj})x_j+\cdots+$$

$$(a_{1n}N_{1j}+a_{2n}N_{2j}+\cdots+a_{nn}N_{nj})x_n$$
$$=b_1N_{1j}+b_2N_{2j}+\cdots+b_nN_{nj},$$

由定理 3 和定理 4 得

$$Dx_j=D_j.$$

当 j 分别取 $1,2,\cdots,n$ 时，得方程组

$$Dx_1=D_1,Dx_2=D_2,\cdots,Dx_n=D_n. \tag{1.8}$$

因此，如果方程组(1.5)有解，则其解必满足方程组(1.8)，而当 $D\neq 0$ 时，方程组(1.8)只有形式为式(1.7)的解．另一方面，容易验证式(1.7)是方程组(1.5)的解．因此，当方程组(1.5)的系数行列式 $D\neq 0$ 时，有唯一解

$$x_1=\frac{D_1}{D},\ x_2=\frac{D_2}{D},\ \cdots,\ x_n=\frac{D_n}{D}.$$

例 1　用克拉默法则解线性方程组

$$\begin{cases}2x_1-3x_2+2x_4=8,\\ x_1+5x_2+2x_3+x_4=2,\\ 3x_1-x_2+x_3-x_4=7,\\ 4x_1+x_2+2x_3+2x_4=12.\end{cases}$$

解　因为

$$D=\begin{vmatrix}2&-3&0&2\\1&5&2&1\\3&-1&1&-1\\4&1&2&2\end{vmatrix}=-6\neq 0,$$

所以方程组有唯一解，而

$$D_1=\begin{vmatrix}8&-3&0&2\\2&5&2&1\\7&-1&1&-1\\12&1&2&2\end{vmatrix}=-18,\quad D_2=\begin{vmatrix}2&8&0&2\\1&2&2&1\\3&7&1&-1\\4&12&2&2\end{vmatrix}=0,$$

$$D_3=\begin{vmatrix}2&-3&8&2\\1&5&2&1\\3&-1&7&-1\\4&1&12&2\end{vmatrix}=6,\quad D_4=\begin{vmatrix}2&-3&0&8\\1&5&2&2\\3&-1&1&7\\4&1&2&12\end{vmatrix}=-6,$$

故

$$x_1=\frac{D_1}{D}=3,\ x_2=\frac{D_2}{D}=0,\ x_3=\frac{D_3}{D}=-1,\ x_4=\frac{D_4}{D}=1.$$

一般来讲，用克拉默法则求线性方程组的解时，计算量是比较大的．对具体的数字系数的线性方程组，往往可用计算机来求

解. 用计算机解线性方程组目前已经有了一整套成熟的方法.

克拉默法则在一定条件下给出了线性方程组解的存在性、唯一性，与其在计算方面的作用相比，克拉默法则更具有重大的理论价值. 撇开求解公式(1.7)，克拉默法则可叙述为下面的定理.

定理 6 如果线性方程组(1.5)的系数行列式 $D\neq 0$，则它一定有解，且解是唯一的.

在解题或证明中，常用到定理 6 的逆否命题：

定理 6′ 如果线性方程组(1.5)无解或有两个不同的解，则它的系数行列式 D 必为零.

对齐次方程组(1.6)，易见 $x_1=x_2=\cdots=x_n=0$ 一定是它的解，称其为齐次方程组(1.6)的零解 . 把定理 6 应用于齐次方程组(1.6)，可得到下列结论.

定理 7 如果齐次线性方程组(1.6)的系数行列式 $D\neq 0$，则它只有零解.

定理 7′ 如果齐次线性方程组(1.6)有非零解，则它的系数行列式 D 必为零.

注： 在第 4 章中还将进一步证明，如果齐次线性方程组的系数行列式 $D=0$，则它必有非零解，从而得知，齐次线性方程组(1.6)有非零解的充分必要条件是系数行列式 $D=0$.

例 2 当 k 取何值时，方程组

$$\begin{cases} x_1+(k^2+1)x_2+2x_3=0,\\ x_1+(2k+1)x_2+2x_3=0,\\ kx_1+kx_2+(2k+1)x_3=0 \end{cases}$$

有非零解?

解 因为

$$D=\begin{vmatrix} 1 & k^2+1 & 2\\ 1 & 2k+1 & 2\\ k & k & 2k+1 \end{vmatrix}=\begin{vmatrix} 1 & k^2+1 & 2\\ 0 & k(2-k) & 0\\ 0 & -k^3 & 1 \end{vmatrix}=\begin{vmatrix} k(2-k) & 0\\ -k^3 & 1 \end{vmatrix}=k(2-k),$$

要使方程组有非零解，必须满足 $D=0$，即 $k=1$ 或 $k=2$.

例 3 求 4 个平面 $a_ix+b_iy+c_iz+d_i=0\quad(i=1,2,3,4)$ 相交于一点 (x_0,y_0,z_0) 的充分必要条件.

解 我们把平面方程改写成

$$a_ix+b_iy+c_iz+d_it=0 \quad (\text{其中 } t=1),$$

于是4个平面交于一点等价于 x，y，z，t 的齐次线性方程组

$$\begin{cases} a_1x+b_1y+c_1z+d_1t=0, \\ a_2x+b_2y+c_2z+d_2t=0, \\ a_3x+b_3y+c_3z+d_3t=0, \\ a_4x+b_4y+c_4z+d_4t=0 \end{cases}$$

有唯一的一组非零解 $(x_0,y_0,z_0,1)$，根据齐次方程组有非零解的充分必要条件，得

$$\begin{vmatrix} a_1 & b_1 & c_1 & d_1 \\ a_2 & b_2 & c_2 & d_2 \\ a_3 & b_3 & c_3 & d_3 \\ a_4 & b_4 & c_4 & d_4 \end{vmatrix}=0.$$

习题一

1. 计算下列行列式：

(1) $\begin{vmatrix} 1 & 0 \\ -1 & 2 \end{vmatrix}$；　　(2) $\begin{vmatrix} a & b \\ a^2 & b^2 \end{vmatrix}$；

(3) $\begin{vmatrix} 1 & -1 & 3 \\ 2 & -1 & 1 \\ 1 & 2 & 3 \end{vmatrix}$；　　(4) $\begin{vmatrix} 1 & -c & b \\ c & 1 & -a \\ b & a & 1 \end{vmatrix}$.

2. 问当 k 取何值时

$$\begin{vmatrix} k & 3 & 4 \\ -1 & k & 0 \\ 0 & k & 1 \end{vmatrix}=0?$$

3. 求下列排列的逆序数：

(1) 2413；

(2) 3712456；

(3) $13\cdots(2n-1)24\cdots(2n)$；

(4) $13\cdots(2n-1)(2n)(2n-2)\cdots2$.

4. 确定 i 和 j 的值，使得9级排列

(1) $1274i56j9$ 为偶排列；

(2) $39i2815j4$ 为奇排列.

5. 在六阶行列式 $|a_{ij}|$ 中，下列各乘积项前应取什么符号？

(1) $a_{15}a_{23}a_{32}a_{44}a_{51}a_{66}$；

(2) $a_{32}a_{53}a_{26}a_{11}a_{44}a_{65}$.

6. 利用行列式的定义计算下列行列式：

(1) $\begin{vmatrix} 0 & 1 & 0 & 0 & \cdots & 0 & 0 \\ 0 & 0 & 2 & 0 & \cdots & 0 & 0 \\ \vdots & \vdots & \vdots & \vdots & & \vdots & \vdots \\ 0 & 0 & 0 & 0 & \cdots & 0 & n-1 \\ n & 0 & 0 & 0 & \cdots & 0 & 0 \end{vmatrix}$；

(2) $\begin{vmatrix} 0 & 0 & \cdots & 0 & 0 & 1 & 0 \\ 0 & 0 & \cdots & 0 & 2 & 0 & 0 \\ \vdots & \vdots & & \vdots & \vdots & \vdots & \vdots \\ n-1 & 0 & \cdots & 0 & 0 & 0 & 0 \\ 0 & 0 & \cdots & 0 & 0 & 0 & n \end{vmatrix}$；

(3) $\begin{vmatrix} 0 & 0 & \cdots & 0 & a_{1n} \\ 0 & 0 & \cdots & a_{2,n-1} & a_{2n} \\ \vdots & \vdots & & \vdots & \vdots \\ 0 & a_{n-1,2} & \cdots & a_{n-1,n-1} & a_{n-1,n} \\ a_{n1} & a_{n2} & \cdots & a_{n,n-1} & a_{nn} \end{vmatrix}$；

(4) $\begin{vmatrix} a_{11} & a_{12} & a_{13} & a_{14} & a_{15} \\ a_{21} & a_{22} & a_{23} & a_{24} & a_{25} \\ a_{31} & a_{32} & 0 & 0 & 0 \\ a_{41} & a_{42} & 0 & 0 & 0 \\ a_{51} & a_{52} & 0 & 0 & 0 \end{vmatrix}$；

(5) $\begin{vmatrix} 0 & 0 & 1 & 0 \\ 0 & 1 & 0 & 0 \\ 0 & 0 & 0 & 1 \\ 1 & 0 & 0 & 0 \end{vmatrix}$;　(6) $\begin{vmatrix} 1 & 1 & 1 & 0 \\ 0 & 1 & 0 & 1 \\ 0 & 1 & 1 & 1 \\ 0 & 0 & 1 & 0 \end{vmatrix}$.

7. 证明下列各式：

(1) $\begin{vmatrix} a^2 & ab & b^2 \\ 2a & a+b & 2b \\ 1 & 1 & 1 \end{vmatrix}=(a-b)^3$;

(2) $\begin{vmatrix} by+az & bz+ax & bx+ay \\ bx+ay & by+az & bz+ax \\ bz+ax & bx+ay & by+az \end{vmatrix}=(a^3+b^3)\begin{vmatrix} x & y & z \\ z & x & y \\ y & z & x \end{vmatrix}$.

8. 计算下列行列式：

(1) $\begin{vmatrix} 1 & 2 & 3 & 4 \\ 2 & 3 & 4 & 1 \\ 3 & 4 & 1 & 2 \\ 4 & 1 & 2 & 3 \end{vmatrix}$;

(2) $\begin{vmatrix} 2 & 4 & -1 & -2 \\ -3 & 7 & -1 & 4 \\ 5 & -9 & 2 & 7 \\ 2 & -5 & 1 & 2 \end{vmatrix}$;

(3) $\begin{vmatrix} 2 & 1 & -5 & 8 \\ 1 & -3 & 0 & 9 \\ 0 & 2 & -1 & -5 \\ 1 & 4 & -7 & 0 \end{vmatrix}$;

(4) $\begin{vmatrix} 1 & 2 & -1 & 1 \\ 3 & 0 & 1 & 2 \\ 1 & -1 & 2 & 1 \\ 1 & 0 & 3 & -2 \end{vmatrix}$.

9. 已知四阶行列式 D 中第一行元素分别为 1，2，0，-4，第三行各元素的余子式依次为 6，x，19，2，试求 x 的值.

10. 计算下列行列式：

(1) $\begin{vmatrix} x & 1 & \cdots & 1 \\ 1 & x & \cdots & 1 \\ \vdots & \vdots & & \vdots \\ 1 & 1 & \cdots & x \end{vmatrix}$;

(2) $\begin{vmatrix} x & y & 0 & \cdots & 0 & 0 \\ 0 & x & y & \cdots & 0 & 0 \\ \vdots & \vdots & \vdots & & \vdots & \vdots \\ 0 & 0 & 0 & \cdots & x & y \\ y & 0 & 0 & \cdots & 0 & x \end{vmatrix}$;

(3) $\begin{vmatrix} 1 & 2 & 3 & \cdots & n \\ 2 & 3 & 4 & \cdots & 1 \\ 3 & 4 & 5 & \cdots & 2 \\ \vdots & \vdots & \vdots & & \vdots \\ n & 1 & 2 & \cdots & n-1 \end{vmatrix}$.

11. 用克拉默法则解下列线性方程组：

(1) $\begin{cases} x_1+x_2+x_3+x_4=5, \\ x_1+2x_2-x_3+4x_4=-2, \\ 2x_1-3x_2-x_3-5x_4=-2, \\ 3x_1+x_2+2x_3+11x_4=0; \end{cases}$

(2) $\begin{cases} x_1-2x_2+3x_3-4x_4=4, \\ x_2-x_3+x_4=-3, \\ x_1+3x_2+x_4=1, \\ -7x_2+3x_3+x_4=-3; \end{cases}$

(3) $\begin{cases} x_2-3x_3+4x_4=-5, \\ x_1-2x_3+3x_4=-4, \\ 3x_1+2x_2-5x_4=12, \\ 4x_1+3x_2-5x_3=5; \end{cases}$

(4) $\begin{cases} 5x_1+6x_2=1, \\ x_1+5x_2+6x_3=0, \\ x_2+5x_3+6x_4=0, \\ x_3+5x_4+6x_5=0, \\ x_4+5x_5=1; \end{cases}$

(5) $\begin{cases} bx-ay+2ab=0, \\ -2cy+3bz-bc=0, \\ cx+az=0, \end{cases}$ 其中 $abc\neq0$.

12. 试问 k 取何值时，齐次线性方程组 $\begin{cases} kx+y+z=0, \\ x+ky-z=0, \\ 2x-y+z=0 \end{cases}$ 仅有零解？

13. 试问当 λ，μ 取何值时，齐次线性方程组 $\begin{cases} \lambda x_1+x_2+x_3=0, \\ x_1+\mu x_2+x_3=0, \\ x_1+2\mu x_2+x_3=0 \end{cases}$ 有非零解？

14. 设 $f(x)=a_3x^3+a_2x^2+a_1x+a_0$，当 $x=1,2,3,-1$ 时，$f(x)$ 的值分别为-3，5，35，5，试求 $f(4)$.

Python 安装方法及第 1 章程序代码汇总

1. Python 安装方法

（1）进入 Python 官方网站 https://www.python.org/，单击 Downloads，下载最新版本（此处以 Windows 版的 Python3.8.2 为例）. 64 位的系统下载 Windows x86-64 executable installer 版本，32 位的系统下载 Windows x86 executable installer 版本.

（2）下载好 Python 对应版本，找到可执行文件 python-3.8.2-amd64.exe 开始安装.

（3）单击开始菜单，进入运行选项，输入命令 cmd，进入到自己的安装目录下，运行语句：python-V，若显示出 Python 对应版本，则表示安装成功.

（4）使用 pip 命令安装常用库：数据计算库 numpy、科学计算库 scipy、绘图库 matplotlib，机器学习 sklearn. 具体步骤如下：

1）运行 cmd，进入命令模式，利用 cd 命令切换到 python 安装目录下的 scripts 目录；

2）依次输入以下命令：

```
>pip install-i https://pypi.tuna.tsinghua.edu.cn/simple numpy
>pip install-i https://pypi.tuna.tsinghua.edu.cn/simple scipy
>pip install-i https://pypi.tuna.tsinghua.edu.cn/simple matplotlib
>pip install-i https://pypi.tuna.tsinghua.edu.cn/simple sklearn
```

注：该命令使用清华大学镜像安装速度较快，建议使用该方法.

2. 第 1 章 Python 程序代码汇总

（1）1.1 节例 1

```
import numpy as np
#使用 det 函数求行列式
arr=np.array([[1,-3],[4,3]])  #创建分母的二维数组
arr1=np.array([[-5,-3],[-5,3]])
                              #创建分子的二维数组
arr2=np.array([[1,-5],[4,-5]])
                              #创建分子的二维数组
```

```
# 求解行列式
D=np.linalg.det(arr)
D1=np.linalg.det(arr1)
D2=np.linalg.det(arr2)
print('方程组的解 x1 为:',D1 / D)
print('方程组的解 x2 为:',D2 / D)
```

(2) 1.1 节例 2

```
import numpy as np
arr=np.array([[2,-3,1],[4,1,-2],[5,1,3]])
                                        # 创建三阶行列式
print('行列式的值为:',np.linalg.det(arr))
```

(3) 1.1 节例 3

```
import numpy as np
# 使用 det 函数求行列式
arr=np.array([[3,-1,1],[2,-4,-1],[1,2,1]])
                                        # 创建分母的三维数组
arr1=np.array([[26,-1,1],[9,-4,-1],[16,2,1]])
                                        # 创建分子的三维数组
arr2=np.array([[3,26,1],[2,9,-1],[1,16,1]])
                                        # 创建分子的三维数组
arr3=np.array([[3,-1,26],[2,-4,9],[1,2,16]])
                                        # 创建分子的三维数组
# 求解行列式
D=np.linalg.det(arr)
D1=np.linalg.det(arr1)
D2=np.linalg.det(arr2)
D3=np.linalg.det(arr3)
print('系数行列式 D 为:',D)
print('D1 为:',D1)
print('D2 为:',D2)
print('D3 为:',D3)
print('方程组的解 x1 为:',D1 / D)
print('方程组的解 x2 为:',D2 / D)
print('方程组的解 x3 为:',D3 / D)
```

(4) 1.1 节例 4

```
import numpy as np
```

```
def amount(b):
# 计算b中大于第i个元素的总个数
    counts=[np.sum(b[:i] > bb) for i,bb in enu-
    merate(b)]
    return np.sum(counts)
a=np.array([3,2,5,1,4])
print('逆序数为:',amount(a))
```

第2章 矩阵及其运算

矩阵是代数研究的主要对象和工具，它在数学的其他分支以及自然科学、现代经济学、管理学和工程技术领域等方面具有广泛的应用．在本书中，矩阵是研究线性变换、向量的线性相关性及线性方程组求解等方面有力且不可替代的工具，在线性代数中具有重要的地位.

2.1 矩阵的概念

1. 矩阵及其相关定义

引例 1 线性方程组

$$\begin{cases} a_{11}x_1+a_{12}x_2+\cdots+a_{1n}x_n=b_1, \\ a_{21}x_1+a_{22}x_2+\cdots+a_{2n}x_n=b_2, \\ \qquad\vdots \\ a_{n1}x_1+a_{n2}x_2+\cdots+a_{nn}x_n=b_n \end{cases}$$

的系数 $a_{ij}(i, j=1,2,\cdots,n)$ 按原来位置排序构成一张数表：

$$\begin{pmatrix} a_{11} & a_{12} & \cdots & a_{1n} \\ a_{21} & a_{22} & \cdots & a_{2n} \\ \vdots & \vdots & & \vdots \\ a_{n1} & a_{n2} & \cdots & a_{nn} \end{pmatrix}.$$

根据克拉默法则，线性方程组的解与该系数表有着密切的关系，因而研究这个数表就很有必要.

引例 2 在讨论国民经济中的数学问题时也常常用到这样的数表，例如，假设某一物质(比如说粮食)有 m 个产地 $A_1,A_2,\cdots,A_m$ 和 n 个销地 $B_1,B_2,\cdots,B_n$，那么一个调运方案就可以编制成一张数表：

$$\begin{pmatrix} a_{11} & a_{12} & \cdots & a_{1n} \\ a_{21} & a_{22} & \cdots & a_{2n} \\ \vdots & \vdots & & \vdots \\ a_{m1} & a_{m2} & \cdots & a_{mn} \end{pmatrix},$$

其中 a_{ij}表示由产地 A_i 运往销地 B_j 的调运量.

一般情况下，有定义如下：

定义 1　由 $m\times n$ 个数 $a_{ij}(i=1,2,\cdots,m;\ j=1,2,\cdots,n)$ 排成的 m 行 n 列的数表

$$\boldsymbol{A}=\begin{pmatrix} a_{11} & a_{12} & \cdots & a_{1n} \\ a_{21} & a_{22} & \cdots & a_{2n} \\ \vdots & \vdots & & \vdots \\ a_{m1} & a_{m2} & \cdots & a_{mn} \end{pmatrix}$$

称为 ***m* 行 *n* 列矩阵**，简称为 $m\times n$ 矩阵．矩阵的横排称为**行**，竖排称为**列**，数 a_{ij}称为矩阵的第 i 行第 j 列的元素.

为方便起见，习惯上用大写黑体英文字母 $\boldsymbol{A}$、$\boldsymbol{B}$、$\boldsymbol{C}$ 等表示矩阵，用小写字母 a、b、c 等添加下标表示矩阵的元素，一般情形下，元素 a_{ij}的第一个下标 i 表示该元素处于第 i 行，第 2 个下标 j 表示该元素处于第 j 列，因而有时可将矩阵记为 $(a_{ij})_{m\times n}$ 或 $\boldsymbol{A}=(a_{ij})$.

所有元素都是实数的矩阵称为**实矩阵**，而元素是复数的矩阵称为**复矩阵**，本书中的矩阵均指实矩阵.

所有元素均为零的矩阵称为**零矩阵**，记为 $\boldsymbol{O}$.

若矩阵 $\boldsymbol{A}=(a_{ij})$的行数与列数都等于 n，则称 $\boldsymbol{A}$ 为 ***n* 阶方阵**，记为 $\boldsymbol{A}_n$.

如果两个矩阵具有相同的行数和相同的列数，则称这两个矩阵为**同型矩阵**.

如果两个同型矩阵 $\boldsymbol{A}=(a_{ij})_{m\times n}$ 与 $\boldsymbol{B}=(b_{ij})_{m\times n}$ 的对应元素相等，即

$$a_{ij}=b_{ij}(i=1,2,\cdots,m;\ j=1,2,\cdots,n)$$

则称矩阵 $\boldsymbol{A}$ 与 $\boldsymbol{B}$ 相等，记为 $\boldsymbol{A}=\boldsymbol{B}$.

2. 几种特殊的矩阵

(1) 只有一行的矩阵 $\boldsymbol{A}=(a_1,a_2,\cdots,a_n)$称为**行矩阵**或**行向量**.

(2) 只有一列的矩阵 $\boldsymbol{B}=\begin{pmatrix} b_1 \\ b_2 \\ \vdots \\ b_m \end{pmatrix}$称为**列矩阵**或**列向量**.

(3) n 阶方阵$\begin{pmatrix} 1 & 0 & \cdots & 0 \\ 0 & 1 & \cdots & 0 \\ \vdots & \vdots & & \vdots \\ 0 & 0 & \cdots & 1 \end{pmatrix}$称为 n 阶**单位矩阵**，一般用字母 $\boldsymbol{E}$ 或 $\boldsymbol{I}$ 表示.

(4) 形如 $\begin{pmatrix} k & 0 & \cdots & 0 \\ 0 & k & \cdots & 0 \\ \vdots & \vdots & & \vdots \\ 0 & 0 & \cdots & k \end{pmatrix}$ 的方阵称为 n 阶**数量矩阵**，一般用字母 $\boldsymbol{K}$ 表示.

(5) 形如 $\begin{pmatrix} d_1 & 0 & \cdots & 0 \\ 0 & d_2 & \cdots & 0 \\ \vdots & \vdots & & \vdots \\ 0 & 0 & \cdots & d_n \end{pmatrix}$ 的方阵称为 n 阶(主)**对角矩阵**，一般记为 $\mathbf{diag}(d_1,d_2,\cdots,d_n)$.

类似地可定义副对角阵.

(6) 形如 $\begin{pmatrix} a_{11} & a_{12} & \cdots & a_{1n} \\ 0 & a_{22} & \cdots & a_{2n} \\ \vdots & \vdots & & \vdots \\ 0 & 0 & \cdots & a_{nn} \end{pmatrix}$ 或 $\begin{pmatrix} a_{11} & 0 & \cdots & 0 \\ a_{21} & a_{22} & \cdots & 0 \\ \vdots & \vdots & & \vdots \\ a_{n1} & a_{n2} & \cdots & a_{nn} \end{pmatrix}$ 的方阵称为 n 阶上(或下)三角矩阵，上(下)三角矩阵统称为**三角矩阵**.

(7) 如果 n 阶方阵 $\boldsymbol{A}=(a_{ij})_{n\times n}$ 满足

1) $a_{ij}=a_{ji}(i, j=1,2,\cdots,n)$，则称 $\boldsymbol{A}$ 为**对称矩阵**；

2) $a_{ij}=-a_{ji}(i, j=1,2,\cdots,n)$，则称 $\boldsymbol{A}$ 为**反对称矩阵**.

由定义知，对称矩阵的元素关于主对角线对称，反对称矩阵的主对角线上的元素全为零.

例如，$\boldsymbol{A}=\begin{pmatrix} 1 & 2 & -2 \\ 2 & 3 & 0 \\ -2 & 0 & -4 \end{pmatrix}$ 与 $\boldsymbol{B}=\begin{pmatrix} 0 & -1 & 1 \\ 1 & 0 & 2 \\ -1 & -2 & 0 \end{pmatrix}$ 分别为对称矩阵与反对称矩阵.

2.2 矩阵的运算

2.2.1 矩阵的线性运算

定义 2 给定矩阵 $\boldsymbol{A}=(a_{ij})_{m\times n}$ 与 $\boldsymbol{B}=(b_{ij})_{m\times n}$，称矩阵 $(a_{ij}+b_{ij})_{m\times n}$ 为矩阵 $\boldsymbol{A}$ 与 $\boldsymbol{B}$ 的和，记作 $\boldsymbol{A}+\boldsymbol{B}$. 即

$$\boldsymbol{A}+\boldsymbol{B}=(a_{ij}+b_{ij})_{m\times n}=\begin{pmatrix} a_{11}+b_{11} & \cdots & a_{1n}+b_{1n} \\ a_{21}+b_{21} & \cdots & a_{2n}+b_{2n} \\ \vdots & & \vdots \\ a_{m1}+b_{m1} & \cdots & a_{mn}+b_{mn} \end{pmatrix}.$$

给定矩阵 $\boldsymbol{A}=(a_{ij})_{m\times n}$，记 $-\boldsymbol{A}=(-a_{ij})_{m\times n}$，称 $-\boldsymbol{A}$ 为矩阵 $\boldsymbol{A}$ 的负矩阵，显然有

$$\boldsymbol{A}+(-\boldsymbol{A})=\boldsymbol{O}.$$

由此规定矩阵的减法为 $\boldsymbol{A}-\boldsymbol{B}=\boldsymbol{A}+(-\boldsymbol{B})$.

定义 3　给定矩阵 $\boldsymbol{A}=(a_{ij})_{m\times n}$ 及数 k，称矩阵 $(ka_{ij})_{m\times n}$ 为**数 k 与矩阵 $\boldsymbol{A}$ 的乘积**，记作 $k\boldsymbol{A}$，即

$$k\boldsymbol{A}=(ka_{ij})_{m\times n}=\begin{pmatrix} ka_{11} & ka_{12} & \cdots & ka_{1n} \\ ka_{21} & ka_{22} & \cdots & ka_{2n} \\ \vdots & \vdots & & \vdots \\ ka_{m1} & ka_{m2} & \cdots & ka_{mn} \end{pmatrix}.$$

数与矩阵的乘积运算称为数乘运算.

矩阵的加法与数乘运算统称为矩阵的线性运算．不难验证，矩阵的线性运算满足下列运算规律：

设 $\boldsymbol{A}$、$\boldsymbol{B}$、$\boldsymbol{C}$、$\boldsymbol{O}$ 都是同型矩阵，k、l 是常数，则

(1) $\boldsymbol{A}+\boldsymbol{B}=\boldsymbol{B}+\boldsymbol{A}$;　　(2) $(\boldsymbol{A}+\boldsymbol{B})+\boldsymbol{C}=\boldsymbol{A}+(\boldsymbol{B}+\boldsymbol{C})$;

(3) $\boldsymbol{A}+\boldsymbol{O}=\boldsymbol{A}$;　　(4) $\boldsymbol{A}+(-\boldsymbol{A})=\boldsymbol{O}$;

(5) $1\boldsymbol{A}=\boldsymbol{A}$;　　(6) $(kl)\boldsymbol{A}=k(l\boldsymbol{A})$;

(7) $(k+l)\boldsymbol{A}=k\boldsymbol{A}+l\boldsymbol{A}$;　　(8) $k(\boldsymbol{A}+\boldsymbol{B})=k\boldsymbol{A}+k\boldsymbol{B}$.

例 1　设矩阵 $\boldsymbol{A}$ 与 $\boldsymbol{B}$ 分别为

$$\boldsymbol{A}=\begin{pmatrix} 3 & 5 & 7 & 2 \\ 2 & 0 & 4 & 3 \\ 0 & 1 & 2 & 3 \end{pmatrix},\ \boldsymbol{B}=\begin{pmatrix} 1 & 3 & 2 & 0 \\ 2 & 1 & 5 & 7 \\ 0 & 6 & 4 & 8 \end{pmatrix},$$

则矩阵 $\boldsymbol{A}+\boldsymbol{B}$ 为

$$\boldsymbol{A}+\boldsymbol{B}=\begin{pmatrix} 3+1 & 5+3 & 7+2 & 2+0 \\ 2+2 & 0+1 & 4+5 & 3+7 \\ 0+0 & 1+6 & 2+4 & 3+8 \end{pmatrix}=\begin{pmatrix} 4 & 8 & 9 & 2 \\ 4 & 1 & 9 & 10 \\ 0 & 7 & 6 & 11 \end{pmatrix}.$$

该例题用 Python 求解如下：

```
import numpy as np
A=np.matrix([[3,5,7,2],[2,0,4,3],[0,1,2,3]])
B=np.matrix([[1,3,2,0],[2,1,5,7],[0,6,4,8]])
print('矩阵 A 与矩阵 B 的和为:\n',A+B)
```

运行结果如图 2-1 所示.

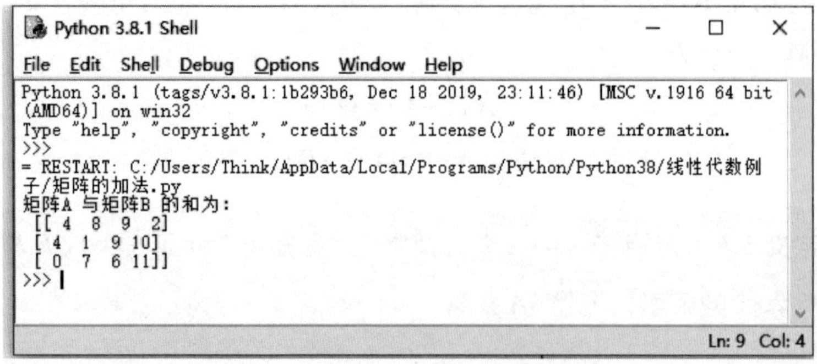

图　2-1

例 2　设 $\boldsymbol{A}+4\boldsymbol{X}=\boldsymbol{B}$，且 $\boldsymbol{A}=\begin{pmatrix}1&1&-1&0\\-1&2&2&3\\3&-2&0&1\end{pmatrix}$，$\boldsymbol{B}=\begin{pmatrix}-2&-2&2&4\\2&0&0&2\\-2&4&0&-6\end{pmatrix}$，求 $\boldsymbol{X}$.

解
$$\boldsymbol{X}=\frac{1}{4}(\boldsymbol{B}-\boldsymbol{A})=\frac{1}{4}\begin{pmatrix}-2-1&-2-1&2-(-1)&4-0\\2-(-1)&0-2&0-2&2-3\\-2-3&4-(-2)&0-0&-6-1\end{pmatrix}$$
$$=\frac{1}{4}\begin{pmatrix}-3&-3&3&4\\3&-2&-2&-1\\-5&6&0&-7\end{pmatrix}=\begin{pmatrix}-\frac{3}{4}&-\frac{3}{4}&\frac{3}{4}&1\\\frac{3}{4}&-\frac{1}{2}&-\frac{1}{2}&-\frac{1}{4}\\-\frac{5}{4}&\frac{3}{2}&0&-\frac{7}{4}\end{pmatrix}.$$

2.2.2　矩阵的乘法

定义 4　给定矩阵 $\boldsymbol{A}=(a_{ij})_{m\times l}$ 及 $\boldsymbol{B}=(b_{ij})_{l\times n}$，记 $c_{ij}=a_{i1}b_{1j}+a_{i2}b_{2j}+\cdots+a_{il}b_{lj}(i=1,2,\cdots,m;j=1,2,\cdots,n)$. 称矩阵 $(c_{ij})_{m\times n}$ 为矩阵 $\boldsymbol{A}$ 与 $\boldsymbol{B}$ 的积，记作 $\boldsymbol{AB}$，即 $\boldsymbol{AB}=(c_{ij})_{m\times n}=\left(\sum\limits_{k=1}^{l}a_{ik}b_{kj}\right)_{m\times n}$，记号 $\boldsymbol{AB}$ 常读作 $\boldsymbol{A}$ 左乘 $\boldsymbol{B}$ 或 $\boldsymbol{B}$ 右乘 $\boldsymbol{A}$.

注：(1) 只有左边矩阵的列数等于右边矩阵的行数时，两个矩阵才能进行乘法运算，并且矩阵 $\boldsymbol{AB}$ 的行数与 $\boldsymbol{A}$ 的行数相同，$\boldsymbol{AB}$ 的列数与 $\boldsymbol{B}$ 的列数相同.

(2) $\boldsymbol{AB}=(c_{ij})_{m\times n}$ 中元素 c_{ij} 为矩阵 $\boldsymbol{A}$ 的第 i 行的元素与矩阵 $\boldsymbol{B}$

的第 j 列对应元素的乘积之和. 即 $c_{ij}=(a_{i1},a_{i2},\cdots,a_{il})\begin{pmatrix}b_{1j}\\b_{2j}\\\vdots\\b_{lj}\end{pmatrix}=a_{i1}b_{1j}+a_{i2}b_{2j}+\cdots+a_{il}b_{lj}$,

例 3　设 $\boldsymbol{A}=\begin{pmatrix}2&1&-1\\0&1&2\end{pmatrix}$, $\boldsymbol{B}=\begin{pmatrix}1&-1&2\\2&1&4\\-1&2&0\end{pmatrix}$, 求 $\boldsymbol{AB}$.

解

$$\boldsymbol{AB}=\begin{pmatrix}2&1&-1\\0&1&2\end{pmatrix}\begin{pmatrix}1&-1&2\\2&1&4\\-1&2&0\end{pmatrix}$$

$$=\begin{pmatrix}2\times1+1\times2+(-1)\times(-1)&2\times(-1)+1\times1+(-1)\times2&2\times2+1\times4+(-1)\times0\\0\times1+1\times2+2\times(-1)&0\times(-1)+1\times1+2\times2&0\times2+1\times4+2\times0\end{pmatrix}$$

$$=\begin{pmatrix}5&-3&8\\0&5&4\end{pmatrix}.$$

该例题用 Python 求解如下:

```
import numpy as np
A=np.matrix([[2,1,-1],[0,1,2]])
B=np.matrix([[1,-1,2],[2,1,4],[-1,2,0]])
print('矩阵 AB 为:\n',A * B) # 方法一
```

或

```
import numpy as np
A=np.matrix([[2,1,-1],[0,1,2]])
B=np.matrix([[1,-1,2],[2,1,4],[-1,2,0]])
print('矩阵 AB 为:\n',np.dot(A,B)) # 方法二
```

运行结果都如图 2-2 所示.

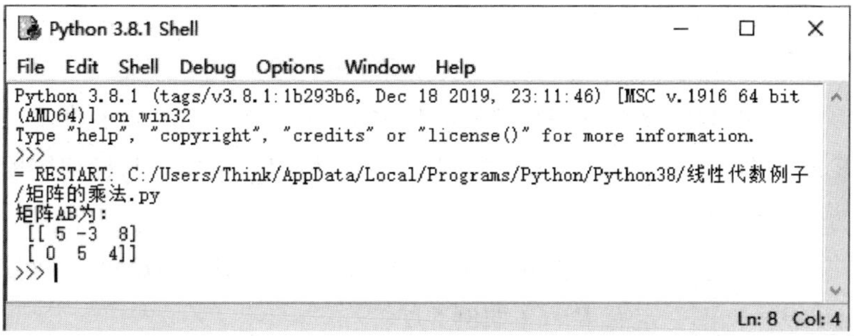

图　2-2

例 4

已知 $\boldsymbol{A}=\begin{pmatrix}a_1\\a_2\\\vdots\\a_n\end{pmatrix}$，$\boldsymbol{B}=(b_1,b_2,\cdots,b_n)$，求 $\boldsymbol{AB}$，$\boldsymbol{BA}$.

解 $$\boldsymbol{AB}=\begin{pmatrix}a_1\\a_2\\\vdots\\a_n\end{pmatrix}(b_1,b_2,\cdots,b_n)=\begin{pmatrix}a_1b_1 & a_1b_2 & \cdots & a_1b_n\\a_2b_1 & a_2b_2 & \cdots & a_2b_n\\\vdots & \vdots & & \vdots\\a_nb_1 & a_nb_2 & \cdots & a_nb_n\end{pmatrix},$$

$$\boldsymbol{BA}=(b_1,b_2,\cdots,b_n)\begin{pmatrix}a_1\\a_2\\\vdots\\a_n\end{pmatrix}=a_1b_1+a_2b_2+\cdots+a_nb_n.$$

例 5

设 $\boldsymbol{A}=\begin{pmatrix}1&0&1\\0&1&0\end{pmatrix}$，$\boldsymbol{B}=\begin{pmatrix}1\\1\\1\end{pmatrix}$，$\boldsymbol{C}=\begin{pmatrix}0\\1\\2\end{pmatrix}$，求 $\boldsymbol{AB}$，$\boldsymbol{AC}$.

解 $$\boldsymbol{AB}=\begin{pmatrix}1&0&1\\0&1&0\end{pmatrix}\begin{pmatrix}1\\1\\1\end{pmatrix}=\begin{pmatrix}2\\1\end{pmatrix},$$

$$\boldsymbol{AC}=\begin{pmatrix}1&0&1\\0&1&0\end{pmatrix}\begin{pmatrix}0\\1\\2\end{pmatrix}=\begin{pmatrix}2\\1\end{pmatrix}.$$

例 6

设 $\boldsymbol{A}=\begin{pmatrix}1&-2\\-3&6\end{pmatrix}$，$\boldsymbol{B}=\begin{pmatrix}4&6\\2&3\end{pmatrix}$，求 $\boldsymbol{AB}$.

解 $$\boldsymbol{AB}=\begin{pmatrix}1&-2\\-3&6\end{pmatrix}\begin{pmatrix}4&6\\2&3\end{pmatrix}=\begin{pmatrix}0&0\\0&0\end{pmatrix}.$$

从以上例子可以看出，矩阵乘法与数的乘法有很大的差异，主要表现在以下几个方面.

(1) 矩阵乘法一般不满足交换律，即 $\boldsymbol{AB}\neq\boldsymbol{BA}$.

如果 $\boldsymbol{AB}=\boldsymbol{BA}$，则称矩阵 $\boldsymbol{A}$ 与 $\boldsymbol{B}$ 是可交换的，比如不难验证 $\boldsymbol{K}_n\boldsymbol{A}_n=\boldsymbol{A}_n\boldsymbol{K}_n$(其中 $\boldsymbol{K}_n$ 为 n 阶数量矩阵)，所以数量矩阵与任何同阶方阵相乘可交换.

(2) 矩阵乘法一般不满足消去律，即当 $\boldsymbol{AB}=\boldsymbol{AC}$ 时，即使 $\boldsymbol{A}\neq\boldsymbol{O}$，也不一定有 $\boldsymbol{B}=\boldsymbol{C}$(如例 5).

(3) 两个非零的矩阵相乘，其结果可能是零矩阵(如例 6). 因此 $\boldsymbol{AB}=\boldsymbol{O}$ 不能断定 $\boldsymbol{A}=\boldsymbol{O}$ 或 $\boldsymbol{B}=\boldsymbol{O}$ 成立.

但矩阵的乘法还是满足下列运算规律的(假定运算都是可行的)：

(1) $(AB)C=A(BC)$；　　(2) $(A+B)C=AC+BC$；

(3) $C(A+B)=CA+CB$；　　(4) $k(AB)=(kA)B=A(kB)$.

证明　(2)设 $A=(a_{ij})_{m\times s}$，$B=(b_{ij})_{m\times s}$，$C=(c_{ij})_{s\times n}$，则 $A+B=(a_{ij}+b_{ij})_{m\times s}$，

$$\begin{aligned}(A+B)C&=\left(\sum_{k=1}^{s}(a_{ik}+b_{ik})c_{kj}\right)_{m\times n}\\&=\left(\sum_{k=1}^{s}a_{ik}c_{kj}\right)_{m\times n}+\left(\sum_{k=1}^{s}b_{ik}c_{kj}\right)_{m\times n}\\&=AC+BC.\end{aligned}$$

同理可证(1)，(3)，(4)成立.

有了矩阵的乘法，我们可以定义方阵的乘方(或幂).

定义 5　设 A 为 n 阶方阵，k 为正整数，则把 k 个 A 的连乘积称为**方阵 A 的 k 次幂**，并记为 A^k，即

$$A^k=\overbrace{A\cdot A\cdot A\cdot\cdots\cdot A}^{k个}.$$

方阵的幂满足以下运算规律：

设 A 为方阵，k，l 为正整数，则

(1) $A^k\cdot A^l=A^{k+l}$；　　(2) $(A^k)^l=A^{kl}$.

例 7　设 $A=\begin{pmatrix}1&2&3\\2&4&6\\3&6&9\end{pmatrix}$，求 A^n(n 为正整数).

解　设 $B=\begin{pmatrix}1\\2\\3\end{pmatrix}$，$C=(1,2,3)$，则 $BC=A$，且 $CB=14$，因此

$$\begin{aligned}A^n&=(BC)^n=\overbrace{(BC)(BC)\cdots(BC)}^{n个}\\&=B\overbrace{(CB)(CB)\cdots(CB)}^{n-1个}C\\&=B(CB)^{n-1}C=B14^{n-1}C=14^{n-1}BC=14^{n-1}A\\&=14^{n-1}\begin{pmatrix}1&2&3\\2&4&6\\3&6&9\end{pmatrix}.\end{aligned}$$

利用矩阵的乘法运算，可以使很多问题的表述得到简化，例如线性方程组

$$\begin{cases} a_{11}x_1+a_{12}x_2+\cdots+a_{1n}x_n=b_1, \\ a_{21}x_1+a_{22}x_2+\cdots+a_{2n}x_n=b_2, \\ \quad\quad\vdots \\ a_{m1}x_1+a_{m2}x_2+\cdots+a_{mn}x_n=b_m, \end{cases} \tag{2.1}$$

若记

$$\boldsymbol{A}=\begin{pmatrix} a_{11} & a_{12} & \cdots & a_{1n} \\ a_{21} & a_{22} & \cdots & a_{2n} \\ \vdots & \vdots & & \vdots \\ a_{m1} & a_{m2} & \cdots & a_{mn} \end{pmatrix},\ \boldsymbol{x}=\begin{pmatrix} x_1 \\ x_2 \\ \vdots \\ x_n \end{pmatrix},\ \boldsymbol{b}=\begin{pmatrix} b_1 \\ b_2 \\ \vdots \\ b_m \end{pmatrix},$$

则方程组(2.1)可以表示为矩阵形式

$$\boldsymbol{Ax}=\boldsymbol{b}, \tag{2.2}$$

其中 $\boldsymbol{A}$ 称为方程组(2.1)的系数矩阵，将线性方程组写成式(2.2)形式的矩阵方程，不仅书写方便，而且可以把线性方程组的理论与矩阵理论联系起来，这给线性方程组的讨论带来了很大的方便.

又如，变量 $x_1,x_2,\cdots,x_n$ 与变量 $y_1,y_2,\cdots,y_m$ 之间的关系式

$$\begin{cases} y_1=a_{11}x_1+a_{12}x_2+\cdots+a_{1n}x_n, \\ y_2=a_{21}x_1+a_{22}x_2+\cdots+a_{2n}x_n, \\ \quad\quad\vdots \\ y_m=a_{m1}x_1+a_{m2}x_2+\cdots+a_{mn}x_n \end{cases} \tag{2.3}$$

称为由变量 $x_1,x_2,\cdots,x_n$ 到变量 $y_1,y_2,\cdots,y_m$ 的线性变换，其中 $a_{ij}(i=1,2,\cdots,m;j=1,2,\cdots,n)$ 为常数，线性变换的系数 a_{ij} 构成的矩阵 $\boldsymbol{A}=(a_{ij})_{m\times n}$ 称为线性变换的系数矩阵，易见线性变换与其系数矩阵之间存在一一对应关系. 因而可利用矩阵来研究线性变换.

如果我们记 $\boldsymbol{x}=\begin{pmatrix} x_1 \\ x_2 \\ \vdots \\ x_n \end{pmatrix}$，$\boldsymbol{y}=\begin{pmatrix} y_1 \\ y_2 \\ \vdots \\ y_m \end{pmatrix}$，则线性变换式(2.3)又可以表达成矩阵方程的形式

$$\boldsymbol{y}=\boldsymbol{Ax}.$$

2.2.3 矩阵的转置

定义 6　把矩阵 $\boldsymbol{A}$ 的行与列互换后所得到的矩阵，称为 $\boldsymbol{A}$ 的**转置矩阵**，记为 $\boldsymbol{A}^{\mathrm{T}}$(或 $\boldsymbol{A}'$)，即若

$$A=\begin{pmatrix} a_{11} & a_{12} & \cdots & a_{1n} \\ a_{21} & a_{22} & \cdots & a_{2n} \\ \vdots & \vdots & & \vdots \\ a_{m1} & a_{m2} & \cdots & a_{mn} \end{pmatrix},$$

则

$$A^{\mathrm{T}}=\begin{pmatrix} a_{11} & a_{21} & \cdots & a_{m1} \\ a_{12} & a_{22} & \cdots & a_{m2} \\ \vdots & \vdots & & \vdots \\ a_{1n} & a_{2n} & \cdots & a_{mn} \end{pmatrix}.$$

由定义知，若记 $A=(a_{ij})_{m\times n}$，$A^{\mathrm{T}}=(b_{ij})_{n\times m}$，则 $b_{ij}=a_{ji}$.

矩阵的转置满足以下运算规律(假设运算都是可行的，k 为常数)：

(1) $(A^{\mathrm{T}})^{\mathrm{T}}=A$；　　(2) $(A+B)^{\mathrm{T}}=A^{\mathrm{T}}+B^{\mathrm{T}}$；

(3) $(kA)^{\mathrm{T}}=kA^{\mathrm{T}}$；　　(4) $(AB)^{\mathrm{T}}=B^{\mathrm{T}}A^{\mathrm{T}}$.

前面(1)~(3)的成立是显然的，下面证明(4)成立.

证明　设 $A=(a_{ij})_{m\times l}$，$B=(b_{ij})_{l\times n}$，则

$A^{\mathrm{T}}=(c_{ij})_{l\times m}$，$B^{\mathrm{T}}=(d_{ij})_{n\times l}$，$AB=(e_{ij})_{m\times n}$.

$(AB)^{\mathrm{T}}=(f_{ij})_{n\times m}$，$B^{\mathrm{T}}A^{\mathrm{T}}=(g_{ij})_{n\times m}$.

下证 $f_{ij}=g_{ij}$.

由矩阵转置及乘法定义知

$$c_{ij}=a_{ji},\ d_{ij}=b_{ji},\ e_{ij}=a_{i1}b_{1j}+a_{i2}b_{2j}+\cdots+a_{il}b_{lj},$$

所以

$$\begin{aligned} f_{ij}&=e_{ji}=a_{j1}b_{1i}+a_{j2}b_{2i}+\cdots+a_{jl}b_{li}, \\ g_{ij}&=d_{i1}c_{1j}+d_{i2}c_{2j}+\cdots+d_{il}c_{lj} \\ &=b_{1i}a_{j1}+b_{2i}a_{j2}+\cdots+b_{li}a_{jl} \\ &=f_{ij}. \end{aligned}$$

由矩阵转置定义及对称矩阵与反对称矩阵定义易知，下面结论成立：

定理 1　方阵 A 为对称矩阵的充要条件是 $A^{\mathrm{T}}=A$；方阵 A 为反对称矩阵的充要条件是 $A^{\mathrm{T}}=-A$.

例 8　设列矩阵 $X=(x_1,x_2,\cdots,x_n)^{\mathrm{T}}$ 满足 $X^{\mathrm{T}}X=1$，E 为 n 阶单位矩阵，$H=E-2XX^{\mathrm{T}}$，证明 H 是对称矩阵，且 $HH^{\mathrm{T}}=E$.

证明　因

$$H^{\mathrm{T}}=(E-2XX^{\mathrm{T}})^{\mathrm{T}}=E^{\mathrm{T}}-2(XX^{\mathrm{T}})^{\mathrm{T}}=E-2XX^{\mathrm{T}}=H.$$

故 $\boldsymbol{H}$ 是对称矩阵，而

$$\begin{aligned}\boldsymbol{H}\boldsymbol{H}^{\mathrm{T}} &= \boldsymbol{H}^2=(\boldsymbol{E}-2\boldsymbol{X}\boldsymbol{X}^{\mathrm{T}})^2\\ &=\boldsymbol{E}-4\boldsymbol{X}\boldsymbol{X}^{\mathrm{T}}+4(\boldsymbol{X}\boldsymbol{X}^{\mathrm{T}})(\boldsymbol{X}\boldsymbol{X}^{\mathrm{T}})\\ &=\boldsymbol{E}-4\boldsymbol{X}\boldsymbol{X}^{\mathrm{T}}+4\boldsymbol{X}(\boldsymbol{X}^{\mathrm{T}}\boldsymbol{X})\boldsymbol{X}^{\mathrm{T}}=\boldsymbol{E}.\end{aligned}$$

2.2.4 方阵的行列式

定义 7 由 n 阶方阵 $\boldsymbol{A}$ 的所有元素构成的行列式(各元素的位置不变)，称为**方阵 $\boldsymbol{A}$ 的行列式**，记为 $|\boldsymbol{A}|$ 或 $\det\boldsymbol{A}$.

例如，若 $\boldsymbol{A}=\begin{pmatrix}1&1&1\\1&2&2\\1&2&3\end{pmatrix}$，则 $|\boldsymbol{A}|=\begin{vmatrix}1&1&1\\1&2&2\\1&2&3\end{vmatrix}=1.$

定义 8 如果 n 阶方阵 $\boldsymbol{A}$ 的行列式不等于零，即 $|\boldsymbol{A}|\neq 0$，则称 $\boldsymbol{A}$ 为**非奇异的**(或非退化的)，否则称 $\boldsymbol{A}$ 为**奇异的**(或退化的).

方阵 $\boldsymbol{A}$ 的行列式 $|\boldsymbol{A}|$ 满足以下运算规律(设 $\boldsymbol{A}$、$\boldsymbol{B}$ 为 n 阶方阵，k 为常数)：

(1) $|\boldsymbol{A}^{\mathrm{T}}|=|\boldsymbol{A}|$； (2) $|k\boldsymbol{A}|=k^n|\boldsymbol{A}|$；

(3) $|\boldsymbol{A}\boldsymbol{B}|=|\boldsymbol{A}|\cdot|\boldsymbol{B}|$.

性质(1)、性质(2)可由行列式的性质及矩阵运算的定义直接得证，性质(3)可利用拉普拉斯定理来证明，这里从略.

2.3 逆矩阵

2.3.1 逆矩阵的概念

在数的运算中，对于数 $a\neq 0$，总存在唯一一个数 a^{-1}，使得 $a\cdot a^{-1}=a^{-1}\cdot a=1$.

数的逆在解方程中起着非常重要的作用，例如，解一元线性方程 $ax=b$，当 $a\neq 0$ 时，其解为 $x=a^{-1}b$.

对于一个矩阵 $\boldsymbol{A}$，是否也存在类似的 $\boldsymbol{A}^{-1}$？在回答这个问题之前，我们先引入可逆矩阵及逆矩阵的概念.

定义 9 对于 n 阶方阵 $\boldsymbol{A}$，如果存在一个 n 阶方阵 $\boldsymbol{B}$，使得 $\boldsymbol{A}\boldsymbol{B}=\boldsymbol{B}\boldsymbol{A}=\boldsymbol{E}$，则称方阵 $\boldsymbol{A}$ 为**可逆矩阵**，并把方阵 $\boldsymbol{B}$ 称为 $\boldsymbol{A}$ 的**逆矩阵**.

如果 $\boldsymbol{A}$ 是可逆的，则 $\boldsymbol{A}$ 的逆矩阵是唯一的.

事实上，设 $\boldsymbol{B}$、$\boldsymbol{C}$ 都是 $\boldsymbol{A}$ 的逆矩阵，则一定有

$$\boldsymbol{B}=\boldsymbol{BE}=\boldsymbol{B}(\boldsymbol{AC})=(\boldsymbol{BA})\boldsymbol{C}=\boldsymbol{EC}=\boldsymbol{C},$$

故 $\boldsymbol{A}$ 的逆矩阵唯一，并记为 $\boldsymbol{A}^{-1}$，从而有 $\boldsymbol{AA}^{-1}=\boldsymbol{A}^{-1}\boldsymbol{A}=\boldsymbol{E}$.

2.3.2 矩阵可逆的条件

定义 10　给定 n 阶方阵 $\boldsymbol{A}=(a_{ij})_{n\times n}$，设 N_{ij} 是 $|\boldsymbol{A}|$ 中元素 $a_{ij}(i,j=1,2,\cdots,n)$ 的代数余子式，称矩阵

$$\begin{pmatrix} N_{11} & N_{21} & \cdots & N_{n1} \\ N_{12} & N_{22} & \cdots & N_{n2} \\ \vdots & \vdots & & \vdots \\ N_{1n} & N_{2n} & \cdots & N_{nn} \end{pmatrix}$$

为 $\boldsymbol{A}$ 的**伴随矩阵**，记为 $\boldsymbol{A}^*$（注意余子式的位置）.

例 1

设矩阵 $\boldsymbol{A}=\begin{pmatrix} 1 & 0 & 1 \\ 2 & 1 & 0 \\ -3 & 2 & -5 \end{pmatrix}$，求 $\boldsymbol{A}^*$.

解　因为

$$N_{11}=\begin{vmatrix} 1 & 0 \\ 2 & -5 \end{vmatrix}=-5,\quad N_{12}=-\begin{vmatrix} 2 & 0 \\ -3 & -5 \end{vmatrix}=10,\quad N_{13}=\begin{vmatrix} 2 & 1 \\ -3 & 2 \end{vmatrix}=7,$$

$$N_{21}=-\begin{vmatrix} 0 & 1 \\ 2 & -5 \end{vmatrix}=2,\quad N_{22}=\begin{vmatrix} 1 & 1 \\ -3 & -5 \end{vmatrix}=-2,\quad N_{23}=-\begin{vmatrix} 1 & 0 \\ -3 & 2 \end{vmatrix}=-2,$$

$$N_{31}=\begin{vmatrix} 0 & 1 \\ 1 & 0 \end{vmatrix}=-1,\quad N_{32}=-\begin{vmatrix} 1 & 1 \\ 2 & 0 \end{vmatrix}=2,\quad N_{33}=\begin{vmatrix} 1 & 0 \\ 2 & 1 \end{vmatrix}=1,$$

所以

$$\boldsymbol{A}^*=\begin{pmatrix} -5 & 2 & -1 \\ 10 & -2 & 2 \\ 7 & -2 & 1 \end{pmatrix}.$$

定理 2　n 阶方阵 $\boldsymbol{A}$ 可逆的充分必要条件是 $|\boldsymbol{A}|\neq 0$，且当 $\boldsymbol{A}$ 可逆时，有

$$\boldsymbol{A}^{-1}=\frac{1}{|\boldsymbol{A}|}\boldsymbol{A}^*.$$

证明　必要性　由 A 可逆知，存在 n 阶矩阵 $\boldsymbol{B}$，满足 $\boldsymbol{AB}=\boldsymbol{E}$，从而

$$|\boldsymbol{A}||\boldsymbol{B}|=|\boldsymbol{AB}|=|\boldsymbol{E}|=1\neq 0,$$

因此 $|\boldsymbol{A}|\neq 0$，同时 $|\boldsymbol{B}|\neq 0$.

充分性　设 $\boldsymbol{A}=(a_{ij})_{n\times n}$，则

$$AA^* = \begin{pmatrix} a_{11} & a_{12} & \cdots & a_{1n} \\ a_{21} & a_{22} & \cdots & a_{2n} \\ \vdots & \vdots & & \vdots \\ a_{n1} & a_{n2} & \cdots & a_{nn} \end{pmatrix} \begin{pmatrix} N_{11} & N_{21} & \cdots & N_{n1} \\ N_{12} & N_{22} & \cdots & N_{n2} \\ \vdots & \vdots & & \vdots \\ N_{1n} & N_{2n} & \cdots & N_{nn} \end{pmatrix}$$

$$= \begin{pmatrix} |A| & 0 & \cdots & 0 \\ 0 & |A| & \cdots & 0 \\ \vdots & \vdots & & \vdots \\ 0 & 0 & \cdots & |A| \end{pmatrix} = |A|E.$$

且当 $|A| \neq 0$ 时，有 $A\left(\frac{1}{|A|}A^*\right) = E$.

类似地，可得 $A^*A = |A|E$，且当 $|A| \neq 0$ 时，有 $\left(\frac{1}{|A|}A^*\right)A = E$，由定义 9 知，矩阵 A 可逆，且 $A^{-1} = \frac{1}{|A|}A^*$.

由定理的证明过程得到伴随矩阵的一个重要性质：

$$AA^* = A^*A = |A|E.$$

推论　设 A，B 为同阶方阵，若 $AB = E$，则 $B = A^{-1}$.

证明　由 $AB = E$，得 $|A||B| = 1$，故 A^{-1} 存在，且

$$B = EB = (A^{-1}A)B = A^{-1}(AB) = A^{-1}E = A^{-1}.$$

由推论及其证明过程知，如果同阶方阵 A、B 满足 $AB = E$，则一定有 $BA = E$，且 $A^{-1} = B$，$B^{-1} = A$. 即 A、B 互为逆矩阵.

例 2　求例 1 中矩阵 A 的逆矩阵 A^{-1}.

解　因 $|A| = \begin{vmatrix} 1 & 0 & 1 \\ 2 & 1 & 0 \\ -3 & 2 & -5 \end{vmatrix} = 2 \neq 0$，故 A 可逆，由例 1 的结果知

$$A^* = \begin{pmatrix} -5 & 2 & -1 \\ 10 & -2 & 2 \\ 7 & -2 & 1 \end{pmatrix},$$

于是

$$A^{-1} = \frac{1}{|A|}A^* = \frac{1}{2}\begin{pmatrix} -5 & 2 & -1 \\ 10 & -2 & 2 \\ 7 & -2 & 1 \end{pmatrix} = \begin{pmatrix} -\frac{5}{2} & 1 & -\frac{1}{2} \\ 5 & -1 & 1 \\ \frac{7}{2} & -1 & \frac{1}{2} \end{pmatrix}.$$

该例题用 Python 求解如下：

```
import numpy as np
```

```
A=np.matrix([[1,0,1],[2,1,0],[-3,2,-5]])
print('矩阵 A 的逆矩阵为:\n',np.linalg.inv(A))
```

运行结果如图 2-3 所示.

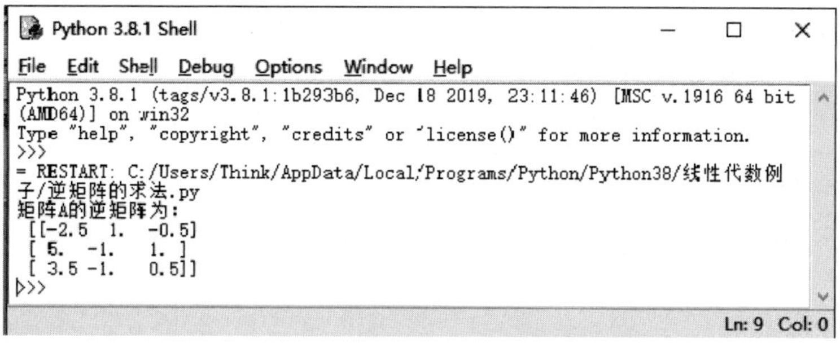

图　2-3

2.3.3 逆矩阵的运算性质

设 $\boldsymbol{A}$、$\boldsymbol{B}$ 为同阶可逆矩阵，k 为非零常数，则

(1) $\boldsymbol{A}^{-1}$可逆，且$(\boldsymbol{A}^{-1})^{-1}=\boldsymbol{A}$；

(2) $\boldsymbol{A}^{\mathrm{T}}$ 可逆，且$(\boldsymbol{A}^{\mathrm{T}})^{-1}=(\boldsymbol{A}^{-1})^{\mathrm{T}}$；

(3) $k\boldsymbol{A}$ 可逆，且$(k\boldsymbol{A})^{-1}=\dfrac{1}{k}\boldsymbol{A}^{-1}$；

(4) $\boldsymbol{AB}$ 可逆，且$(\boldsymbol{AB})^{-1}=\boldsymbol{B}^{-1}\boldsymbol{A}^{-1}$；

(5) $|\boldsymbol{A}^{-1}|=\dfrac{1}{|\boldsymbol{A}|}=|\boldsymbol{A}|^{-1}$.

证明　(1) 因 $\boldsymbol{A}^{-1}\boldsymbol{A}=\boldsymbol{E}$，由定理 2 的推论知$(\boldsymbol{A}^{-1})^{-1}=\boldsymbol{A}$.

(2) 因 $\boldsymbol{A}^{\mathrm{T}}(\boldsymbol{A}^{-1})^{\mathrm{T}}=(\boldsymbol{A}^{-1}\boldsymbol{A})^{\mathrm{T}}=\boldsymbol{E}$，由定理 2 的推论知$(\boldsymbol{A}^{\mathrm{T}})^{-1}=(\boldsymbol{A}^{-1})^{\mathrm{T}}$. 同理可证得(3)，(4)成立.

(5) 因 $\boldsymbol{AA}^{-1}=\boldsymbol{E}$，所以$|\boldsymbol{A}|\cdot|\boldsymbol{A}^{-1}|=1$，于是$|\boldsymbol{A}^{-1}|=\dfrac{1}{|\boldsymbol{A}|}=|\boldsymbol{A}|^{-1}$.

性质(4)可以推广到任意有限个同阶可逆矩阵的情形，即若 $\boldsymbol{A}_1,\boldsymbol{A}_2,\cdots,\boldsymbol{A}_n$ 均为同阶可逆矩阵，则 $\boldsymbol{A}_1\boldsymbol{A}_2\cdots\boldsymbol{A}_n$ 也可逆，且

$$(\boldsymbol{A}_1\boldsymbol{A}_2\cdots\boldsymbol{A}_n)^{-1}=\boldsymbol{A}_n^{-1}\boldsymbol{A}_{n-1}^{-1}\cdots\boldsymbol{A}_2^{-1}\boldsymbol{A}_1^{-1}.$$

因而，当 $\boldsymbol{A}$ 为可逆矩阵，k 为正整数时有

$$(\boldsymbol{A}^k)^{-1}=(\underbrace{\boldsymbol{A}\cdot\boldsymbol{A}\cdot\cdots\cdot\boldsymbol{A}}_{k个})^{-1}=\underbrace{\boldsymbol{A}^{-1}\cdot\boldsymbol{A}^{-1}\cdot\cdots\cdot\boldsymbol{A}^{-1}}_{k个}=(\boldsymbol{A}^{-1})^k.$$

为此，我们定义可逆方阵的负整数次幂及零次幂：

若 $\boldsymbol{A}$ 为可逆方阵，则 $\boldsymbol{A}$ 的负整数次幂为

$$\boldsymbol{A}^{-k}=(\boldsymbol{A}^{-1})^k\quad(k\ 为正整数).$$

这样，如果 $\boldsymbol{A}$ 为可逆方阵，则前面讲到的方阵的幂的性质对于负整数次幂也成立.

如果在 $A^k \cdot A^l = A^{k+l}$ 中取 $k=1$，$l=-1$，则有

$$A^1 \cdot A^{-1} = A^{1+(-1)} = A^0 = E.$$

一般地，我们规定对于任意 n 阶方阵 A，都有 $A^0 = E$.

例 3 设矩阵 $A=\begin{pmatrix}1&2&3\\0&1&-1\\0&0&2\end{pmatrix}$，求 $(A^*)^{-1}$.

解 因 $|A|=2\neq 0$，所以 A 可逆. 且 A^* 也可逆，由 $AA^*=|A|E$ 得

$$(A^*)^{-1}=\frac{1}{|A|}A=\frac{1}{2}A=\begin{pmatrix}\frac{1}{2}&1&\frac{3}{2}\\0&\frac{1}{2}&-\frac{1}{2}\\0&0&1\end{pmatrix}.$$

例 4 设 A 可逆，且 $A^*B=A^{-1}+B$，证明 B 可逆，当 $A=\begin{pmatrix}2&6&0\\0&2&6\\0&0&2\end{pmatrix}$ 时，求 B.

解 由 $A^*B=A^{-1}+B=A^{-1}+EB$，得

$$(A^*-E)B=A^{-1}.$$

于是 $|A^*-E||B|=|A^{-1}|\neq 0$，所以 B 可逆，再由上式得

$$B=(A^*-E)^{-1}A^{-1}=[A(A^*-E)]^{-1}=(|A|E-A)^{-1}.$$

又

$$|A|E-A=\begin{pmatrix}8&&\\&8&\\&&8\end{pmatrix}-\begin{pmatrix}2&6&0\\0&2&6\\0&0&2\end{pmatrix}=6\begin{pmatrix}1&-1&0\\0&1&-1\\0&0&1\end{pmatrix},$$

于是，由逆矩阵的运算性质及求逆公式得

$$B=\frac{1}{6}\begin{pmatrix}1&-1&0\\0&1&-1\\0&0&1\end{pmatrix}^{-1}=\frac{1}{6}\begin{pmatrix}1&1&1\\0&1&1\\0&0&1\end{pmatrix}.$$

例 5 设方阵 A 满足方程 $A^2-A-2E=O$. 证明 A 为可逆矩阵，并求 A^{-1}.

证明 由 $A^2-A-2E=O$，得 $A^2-A=2E$，即

$$A\left[\frac{1}{2}(A-E)\right]=E.$$

由定理 2 的推论知，A 可逆，且

$$A^{-1}=\frac{1}{2}(A-E).$$

2.3.4 矩阵方程

对于矩阵方程

$$\boldsymbol{AX}=\boldsymbol{C},\ \boldsymbol{XA}=\boldsymbol{C},\ \boldsymbol{AXB}=\boldsymbol{C},$$

如果 $\boldsymbol{A}$、$\boldsymbol{B}$ 可逆，则通过在方程两边左乘或右乘对应矩阵的逆矩阵，可求出其解分别为

$$\boldsymbol{X}=\boldsymbol{A}^{-1}\boldsymbol{C},\ \boldsymbol{X}=\boldsymbol{C}\boldsymbol{A}^{-1},\ \boldsymbol{X}=\boldsymbol{A}^{-1}\boldsymbol{C}\boldsymbol{B}^{-1}.$$

其他形式的矩阵方程，则可通过矩阵的有关运算性质转化为上述三种形式之一.

例 6 设 $\boldsymbol{P}=\begin{pmatrix}1&2\\1&4\end{pmatrix}$，$\boldsymbol{\Lambda}=\begin{pmatrix}1&0\\0&2\end{pmatrix}$，$\boldsymbol{AP}=\boldsymbol{P\Lambda}$. 求 $\boldsymbol{A}$，并求 $\boldsymbol{A}^n$.

解 因 $|\boldsymbol{P}|=2\neq0$，$\boldsymbol{P}^{-1}=\dfrac{1}{2}\begin{pmatrix}4&-2\\-1&1\end{pmatrix}$，

所以 $\boldsymbol{A}=\boldsymbol{P\Lambda P}^{-1}=\dfrac{1}{2}\begin{pmatrix}1&2\\1&4\end{pmatrix}\begin{pmatrix}1&0\\0&2\end{pmatrix}\begin{pmatrix}4&-2\\-1&1\end{pmatrix}=\begin{pmatrix}0&1\\-2&3\end{pmatrix}$.

又 $\boldsymbol{A}^2=(\boldsymbol{P\Lambda P}^{-1})(\boldsymbol{P\Lambda P}^{-1})=\boldsymbol{P\Lambda}^2\boldsymbol{P}^{-1},\cdots,\boldsymbol{A}^n=\boldsymbol{P\Lambda}^n\boldsymbol{P}^{-1}$.

$$\boldsymbol{\Lambda}^2=\begin{pmatrix}1&0\\0&2\end{pmatrix}\begin{pmatrix}1&0\\0&2\end{pmatrix}=\begin{pmatrix}1&0\\0&2^2\end{pmatrix},\cdots,\boldsymbol{\Lambda}^n=\begin{pmatrix}1&0\\0&2^n\end{pmatrix},$$

所以 $\boldsymbol{A}^n=\dfrac{1}{2}\begin{pmatrix}1&2\\1&4\end{pmatrix}\begin{pmatrix}1&0\\0&2^n\end{pmatrix}\begin{pmatrix}4&-2\\-1&1\end{pmatrix}=\begin{pmatrix}2-2^n&2^n-1\\2-2^{n+1}&2^{n+1}-1\end{pmatrix}$.

2.4 分块矩阵

2.4.1 分块矩阵的概念

对于行数和列数比较多的矩阵 $\boldsymbol{A}$，为了简化运算，经常采用“矩阵分块法”使大矩阵的运算化成若干小矩阵间的运算，同时也使原矩阵的结构显得简单而清晰，具体做法是，将大矩阵 $\boldsymbol{A}$ 用若干条横线和纵线分成多个小矩阵，每个小矩阵称为 $\boldsymbol{A}$ 的子块，以子块为元素的矩阵称为分块矩阵.

矩阵的分块有很多种形式，可根据具体的需要而定，例如，矩阵

$$\boldsymbol{A}=\begin{pmatrix}1&0&0&2\\0&1&0&3\\0&0&1&0\\0&0&0&1\end{pmatrix}$$

可分成 $A=\left(\begin{array}{ccc:c}1&0&0&2\\0&1&0&3\\0&0&1&0\\ \hdashline 0&0&0&1\end{array}\right)=\begin{pmatrix}E_3&B\\O&E_1\end{pmatrix}$，其中 $B=\begin{pmatrix}2\\3\\0\end{pmatrix}$.

也可分成 $A=\left(\begin{array}{cc:cc}1&0&0&2\\0&1&0&3\\ \hdashline 0&0&1&0\\0&0&0&1\end{array}\right)=\begin{pmatrix}E_2&C\\O&E_2\end{pmatrix}$，其中 $C=\begin{pmatrix}0&2\\0&3\end{pmatrix}$.

还可以分成

$$A=\left(\begin{array}{cccc}1&0&0&2\\ \hdashline 0&1&0&3\\ \hdashline 0&0&1&0\\ \hdashline 0&0&0&1\end{array}\right)=\begin{pmatrix}A_1\\A_2\\A_3\\A_4\end{pmatrix}，或 A=\left(\begin{array}{c:c:c:c}1&0&0&2\\0&1&0&3\\0&0&1&0\\0&0&0&1\end{array}\right)=(B_1,B_2,B_3,B_4).$$

这里 $A_i,B_j(i,\ j=1,2,3,4)$ 的含义不再赘述.

注：相对于分块矩阵而言，我们前面几节所讨论的矩阵称为“数字矩阵”，而一个数字矩阵 $A_{m\times n}$ 也可以看成是以 $m\times n$ 个元素为一个子块的 1×1 阶分块矩阵.

2.4.2 分块矩阵的运算

分块矩阵的运算与数字矩阵的运算规则相似. 分块的原则是：一方面分块后参与运算的两矩阵以子块为元素符合数字矩阵的运算要求；另一方面参与运算的子块间也要符合数字矩阵的运算要求，具体讨论如下：

(1) 设矩阵 A 与 B 为同结构矩阵，采用同样的分块法，有

$$A=\begin{pmatrix}A_{11}&A_{12}&\cdots&A_{1r}\\A_{21}&A_{22}&\cdots&A_{2r}\\\vdots&\vdots&&\vdots\\A_{s1}&A_{s2}&\cdots&A_{sr}\end{pmatrix}_{s\times r},\quad B=\begin{pmatrix}B_{11}&B_{12}&\cdots&B_{1r}\\B_{21}&B_{22}&\cdots&B_{2r}\\\vdots&\vdots&&\vdots\\B_{s1}&B_{s2}&\cdots&B_{sr}\end{pmatrix}_{s\times r},$$

其中 A_{ij} 与 B_{ij} 为同型矩阵，则

$$A+B=\begin{pmatrix}A_{11}+B_{11}&A_{12}+B_{12}&\cdots&A_{1r}+B_{1r}\\A_{21}+B_{21}&A_{22}+B_{22}&\cdots&A_{2r}+B_{2r}\\\vdots&\vdots&&\vdots\\A_{s1}+B_{s1}&A_{s2}+B_{s2}&\cdots&A_{sr}+B_{sr}\end{pmatrix}_{s\times r}.$$

（2）设 $\boldsymbol{A}=\begin{pmatrix}\boldsymbol{A}_{11} & \boldsymbol{A}_{12} & \cdots & \boldsymbol{A}_{1r}\\ \boldsymbol{A}_{21} & \boldsymbol{A}_{22} & \cdots & \boldsymbol{A}_{2r}\\ \vdots & \vdots & & \vdots\\ \boldsymbol{A}_{s1} & \boldsymbol{A}_{s2} & \cdots & \boldsymbol{A}_{sr}\end{pmatrix}_{s\times r}$，$k$ 为实数，则

$$k\boldsymbol{A}=\begin{pmatrix}k\boldsymbol{A}_{11} & k\boldsymbol{A}_{12} & \cdots & k\boldsymbol{A}_{1r}\\ k\boldsymbol{A}_{21} & k\boldsymbol{A}_{22} & \cdots & k\boldsymbol{A}_{2r}\\ \vdots & \vdots & & \vdots\\ k\boldsymbol{A}_{s1} & k\boldsymbol{A}_{s2} & \cdots & k\boldsymbol{A}_{sr}\end{pmatrix}_{s\times r}.$$

（3）设 $\boldsymbol{A}$ 为 $m\times l$ 矩阵，$\boldsymbol{B}$ 为 $l\times n$ 矩阵，将 $\boldsymbol{A}$、$\boldsymbol{B}$ 分成

$$\boldsymbol{A}=\begin{pmatrix}\boldsymbol{A}_{11} & \boldsymbol{A}_{12} & \cdots & \boldsymbol{A}_{1r}\\ \boldsymbol{A}_{21} & \boldsymbol{A}_{22} & \cdots & \boldsymbol{A}_{2r}\\ \vdots & \vdots & & \vdots\\ \boldsymbol{A}_{s1} & \boldsymbol{A}_{s2} & \cdots & \boldsymbol{A}_{sr}\end{pmatrix}_{s\times r},\quad \boldsymbol{B}=\begin{pmatrix}\boldsymbol{B}_{11} & \boldsymbol{B}_{12} & \cdots & \boldsymbol{B}_{1t}\\ \boldsymbol{B}_{21} & \boldsymbol{B}_{22} & \cdots & \boldsymbol{B}_{2t}\\ \vdots & \vdots & & \vdots\\ \boldsymbol{B}_{r1} & \boldsymbol{B}_{r2} & \cdots & \boldsymbol{B}_{rt}\end{pmatrix}_{r\times t},$$

则

$$\boldsymbol{AB}=\begin{pmatrix}\boldsymbol{C}_{11} & \boldsymbol{C}_{12} & \cdots & \boldsymbol{C}_{1t}\\ \boldsymbol{C}_{21} & \boldsymbol{C}_{22} & \cdots & \boldsymbol{C}_{2t}\\ \vdots & \vdots & & \vdots\\ \boldsymbol{C}_{s1} & \boldsymbol{C}_{s2} & \cdots & \boldsymbol{C}_{st}\end{pmatrix}_{s\times t}$$

其中 $\boldsymbol{C}_{ij}=\sum\limits_{k=1}^{r}\boldsymbol{A}_{ik}\boldsymbol{B}_{kj}$. 从 $\boldsymbol{C}_{ij}$的计算表达式不难看出，我们要求分块矩阵 $\boldsymbol{A}=(\boldsymbol{A}_{ij})_{s\times r}$，$\boldsymbol{B}=(\boldsymbol{B}_{ij})_{r\times t}$中，$\boldsymbol{A}_{i1}$，$\boldsymbol{A}_{i2},\cdots,\boldsymbol{A}_{ir}$的列数分别等于 $\boldsymbol{B}_{1j},\boldsymbol{B}_{2j},\cdots,\boldsymbol{B}_{rj}$的行数.

例 1　设

$$\boldsymbol{A}=\begin{pmatrix}1 & 0 & -2 & 0\\ 0 & 1 & 0 & -2\\ 0 & 0 & 5 & 3\end{pmatrix}_{3\times 4},\quad \boldsymbol{B}=\begin{pmatrix}3 & 0 & -2\\ 1 & 2 & 0\\ 0 & 1 & 0\\ 0 & 0 & 1\end{pmatrix}_{4\times 3},$$

用分块矩阵计算 $\boldsymbol{AB}$.

解　将 $\boldsymbol{A}$、$\boldsymbol{B}$ 分块成

$$\boldsymbol{A}=\left(\begin{array}{cc:cc}1 & 0 & -2 & 0\\ 0 & 1 & 0 & -2\\ \hdashline 0 & 0 & 5 & 3\end{array}\right)=\begin{pmatrix}\boldsymbol{E} & -2\boldsymbol{E}\\ \boldsymbol{O} & \boldsymbol{A}_1\end{pmatrix}_{2\times 2},$$

$$\boldsymbol{B}=\left(\begin{array}{c:cc}3 & 0 & -2\\ 1 & 2 & 0\\ \hdashline 0 & 1 & 0\\ 0 & 0 & 1\end{array}\right)=\begin{pmatrix}\boldsymbol{B}_1 & \boldsymbol{B}_2\\ \boldsymbol{O} & \boldsymbol{E}\end{pmatrix}_{2\times 2},$$

则

$$AB=\begin{pmatrix}E & -2E\\ O & A_1\end{pmatrix}\begin{pmatrix}B_1 & B_2\\ O & E\end{pmatrix}=\begin{pmatrix}B_1 & B_2-2E\\ O & A_1\end{pmatrix}.$$

而

$$B_2-2E=\begin{pmatrix}0 & -2\\ 2 & 0\end{pmatrix}-\begin{pmatrix}2 & 0\\ 0 & 2\end{pmatrix}=\begin{pmatrix}-2 & -2\\ 2 & -2\end{pmatrix},$$

所以

$$AB=\left(\begin{array}{c:cc}3 & -2 & -2\\ 1 & 2 & -2\\ \hdashline 0 & 5 & 3\end{array}\right).$$

一般对于具体的数字矩阵的运算，我们无须转化成分块矩阵来进行，分块矩阵主要用在对某些问题的表述或理论证明中. 这些在后面的学习中我们将深有体会.

例 2　设 $A=(a_{ij})_{3\times3}$，$|A|=-2$，记 $A=(A_1,A_2,A_3)$，求 $|(A_3-2A_1,3A_2,A_1)|$.

解　根据行列式的运算性质，有

$$\begin{aligned}&|(A_3-2A_1,3A_2,A_1)|\\=&|(A_3,3A_2,A_1)|=-|(A_1,3A_2,A_3)|\\=&-3|(A_1,A_2,A_3)|=-3|A|=(-3)\times(-2)=6.\end{aligned}$$

例 3　设

$$A=\begin{pmatrix}a_{11} & a_{12} & \cdots & a_{1l}\\ a_{21} & a_{22} & \cdots & a_{2l}\\ \vdots & \vdots & & \vdots\\ a_{m1} & a_{m2} & \cdots & a_{ml}\end{pmatrix},\quad B=\begin{pmatrix}b_{11} & b_{12} & \cdots & b_{1n}\\ b_{21} & b_{22} & \cdots & b_{2n}\\ \vdots & \vdots & & \vdots\\ b_{l1} & b_{l2} & \cdots & b_{ln}\end{pmatrix},$$

以后常见的分块方法以及相应的乘积 AB 运算有三种：

（1）将 A 分块为

$$A=\left(\begin{array}{cccc}a_{11} & a_{12} & \cdots & a_{1l}\\ \hdashline a_{21} & a_{22} & \cdots & a_{2l}\\ \hdashline \vdots & \vdots & & \vdots\\ \hdashline a_{m1} & a_{m2} & \cdots & a_{ml}\end{array}\right)=\begin{pmatrix}\alpha_1\\ \alpha_2\\ \vdots\\ \alpha_m\end{pmatrix}_{m\times1},$$

其中 $\alpha_i=(a_{i1},a_{i2},\cdots,a_{il})(i=1,2,\cdots,m)$，$B$ 不分块，此时视 B 为 1×1 分块矩阵，则

$$AB=\begin{pmatrix}\alpha_1\\ \alpha_2\\ \vdots\\ \alpha_m\end{pmatrix}_{m\times1}\cdot B_{1\times1}=\begin{pmatrix}\alpha_1B\\ \alpha_2B\\ \vdots\\ \alpha_mB\end{pmatrix}_{m\times1}.$$

（2）$\boldsymbol{A}$ 的分法与(1)一致，即 $\boldsymbol{A}=\begin{pmatrix}\boldsymbol{\alpha}_1\\ \boldsymbol{\alpha}_2\\ \vdots\\ \boldsymbol{\alpha}_m\end{pmatrix}$，将 $\boldsymbol{B}$ 分块成

$$\boldsymbol{B}=\left(\begin{array}{c:c:c:c} b_{11} & b_{12} & \cdots & b_{1n}\\ b_{21} & b_{22} & \cdots & b_{2n}\\ \vdots & \vdots & & \vdots\\ b_{l1} & b_{l2} & \cdots & b_{ln}\end{array}\right)=(\boldsymbol{\beta}_1,\boldsymbol{\beta}_2,\cdots,\boldsymbol{\beta}_n)$$

其中

$$\boldsymbol{\beta}_i=\begin{pmatrix}b_{1j}\\ b_{2j}\\ \vdots\\ b_{lj}\end{pmatrix}(j=1,2,\cdots,n),$$

则

$$\boldsymbol{AB}=\begin{pmatrix}\boldsymbol{\alpha}_1\\ \boldsymbol{\alpha}_2\\ \vdots\\ \boldsymbol{\alpha}_m\end{pmatrix}_{m\times 1}\cdot(\boldsymbol{\beta}_1,\boldsymbol{\beta}_2,\cdots,\boldsymbol{\beta}_n)_{1\times n}=\begin{pmatrix}\boldsymbol{\alpha}_1\boldsymbol{\beta}_1 & \boldsymbol{\alpha}_1\boldsymbol{\beta}_2 & \cdots & \boldsymbol{\alpha}_1\boldsymbol{\beta}_n\\ \boldsymbol{\alpha}_2\boldsymbol{\beta}_1 & \boldsymbol{\alpha}_2\boldsymbol{\beta}_2 & \cdots & \boldsymbol{\alpha}_2\boldsymbol{\beta}_n\\ \vdots & \vdots & & \vdots\\ \boldsymbol{\alpha}_m\boldsymbol{\beta}_1 & \boldsymbol{\alpha}_m\boldsymbol{\beta}_2 & \cdots & \boldsymbol{\alpha}_m\boldsymbol{\beta}_n\end{pmatrix}_{m\times n}.$$

（3）$\boldsymbol{A}$ 不分块，此时视 $\boldsymbol{A}$ 为 1×1 分块矩阵，$\boldsymbol{B}$ 按方式(2)分块成 $\boldsymbol{B}=(\boldsymbol{\beta}_1,\boldsymbol{\beta}_2,\cdots,\boldsymbol{\beta}_n)$，则

$$\boldsymbol{AB}=\boldsymbol{A}_{1\times 1}(\boldsymbol{\beta}_1,\boldsymbol{\beta}_2,\cdots,\boldsymbol{\beta}_n)_{1\times n}=(\boldsymbol{A\beta}_1,\boldsymbol{A\beta}_2,\cdots,\boldsymbol{A\beta}_n).$$

关于分块矩阵的转置，我们也不难理解，若

$$\boldsymbol{A}=\begin{pmatrix}\boldsymbol{A}_{11} & \boldsymbol{A}_{12} & \cdots & \boldsymbol{A}_{1r}\\ \boldsymbol{A}_{21} & \boldsymbol{A}_{22} & \cdots & \boldsymbol{A}_{2r}\\ \vdots & \vdots & & \vdots\\ \boldsymbol{A}_{s1} & \boldsymbol{A}_{s2} & \cdots & \boldsymbol{A}_{sr}\end{pmatrix}，则\ \boldsymbol{A}^{\mathrm{T}}=\begin{pmatrix}\boldsymbol{A}_{11}^{\mathrm{T}} & \boldsymbol{A}_{21}^{\mathrm{T}} & \cdots & \boldsymbol{A}_{s1}^{\mathrm{T}}\\ \boldsymbol{A}_{12}^{\mathrm{T}} & \boldsymbol{A}_{22}^{\mathrm{T}} & \cdots & \boldsymbol{A}_{s2}^{\mathrm{T}}\\ \vdots & \vdots & & \vdots\\ \boldsymbol{A}_{1r}^{\mathrm{T}} & \boldsymbol{A}_{2r}^{\mathrm{T}} & \cdots & \boldsymbol{A}_{sr}^{\mathrm{T}}\end{pmatrix}.$$

2.4.3 分块对角矩阵和分块三角矩阵

1. 设方阵 $\boldsymbol{A}$ 的分块矩阵为

$$\boldsymbol{A}=\begin{pmatrix}\boldsymbol{A}_1 & & & \\ & \boldsymbol{A}_2 & & \\ & & \ddots & \\ & & & \boldsymbol{A}_m\end{pmatrix},$$

分块矩阵 $\boldsymbol{A}$ 除主对角线上的子块不为零子块外，其余子块均为零矩阵，且 $\boldsymbol{A}_i(i=1,2,\cdots,m)$ 为方阵，我们称 $\boldsymbol{A}$ 为**分块对角矩阵**(或准对角矩阵).

分块对角矩阵具有以下性质：

(1) $|\boldsymbol{A}|=|\boldsymbol{A}_1||\boldsymbol{A}_2|\cdots|\boldsymbol{A}_m|$；

(2) $\boldsymbol{A}^{-1}=\begin{pmatrix}\boldsymbol{A}_1^{-1} & & & \\ & \boldsymbol{A}_2^{-1} & & \\ & & \ddots & \\ & & & \boldsymbol{A}_m^{-1}\end{pmatrix}$；

(3) 分块对角矩阵的和、差、积、数乘仍是分块对角矩阵，且运算表现为对应子块的运算.

2. 形如

$$\boldsymbol{A}=\begin{pmatrix}\boldsymbol{A}_{11} & \boldsymbol{A}_{12} & \cdots & \boldsymbol{A}_{1s}\\ 0 & \boldsymbol{A}_{22} & \cdots & \boldsymbol{A}_{2s}\\ \vdots & \vdots & & \vdots\\ 0 & 0 & \cdots & \boldsymbol{A}_{ss}\end{pmatrix}\text{或}\boldsymbol{A}=\begin{pmatrix}\boldsymbol{A}_{11} & 0 & \cdots & 0\\ \boldsymbol{A}_{21} & \boldsymbol{A}_{22} & \cdots & 0\\ \vdots & \vdots & & \vdots\\ \boldsymbol{A}_{s1} & \boldsymbol{A}_{s2} & \cdots & \boldsymbol{A}_{ss}\end{pmatrix}$$

的分块矩阵，分别称为**分块上三角矩阵**或**分块下三角矩阵**，其中 $\boldsymbol{A}_{ii}(i=1,2,\cdots,s)$ 是方阵. 可以证明：$|\boldsymbol{A}|=|\boldsymbol{A}_{11}||\boldsymbol{A}_{22}|\cdots|\boldsymbol{A}_{ss}|$. 分块上(下)三角矩阵的和、差、积、数乘仍是分块上(下)三角矩阵.

例 4　设 $\boldsymbol{A}=\begin{pmatrix}5 & 0 & 0\\ 0 & 3 & 1\\ 0 & 2 & 1\end{pmatrix}$，求 $\boldsymbol{A}^{-1}$.

解

$$\boldsymbol{A}=\left(\begin{array}{c:cc}5 & 0 & 0\\ \hdashline 0 & 3 & 1\\ 0 & 2 & 1\end{array}\right)=\begin{pmatrix}\boldsymbol{A}_1 & \boldsymbol{O}\\ \boldsymbol{O} & \boldsymbol{A}_2\end{pmatrix},$$

$$\boldsymbol{A}_1=(5)=5,\ \boldsymbol{A}_1^{-1}=\frac{1}{5},\ \boldsymbol{A}_2=\begin{pmatrix}3 & 1\\ 2 & 1\end{pmatrix},\ \boldsymbol{A}_2^{-1}=\begin{pmatrix}1 & -1\\ -2 & 3\end{pmatrix},$$

于是

$$\boldsymbol{A}^{-1}=\begin{pmatrix}\boldsymbol{A}_1^{-1} & \boldsymbol{O}\\ \boldsymbol{O} & \boldsymbol{A}_2^{-1}\end{pmatrix}=\left(\begin{array}{c:cc}\frac{1}{5} & 0 & 0\\ \hdashline 0 & 1 & -1\\ 0 & -2 & 3\end{array}\right).$$

例 5 设 $\boldsymbol{A}$ 为实方阵，且 $\boldsymbol{A}^{\mathrm{T}}\boldsymbol{A}=\boldsymbol{O}$，证明 $\boldsymbol{A}=\boldsymbol{O}$.

证明 设 $\boldsymbol{A}=(a_{ij})_{m\times n}$，将 $\boldsymbol{A}$ 表达成分块矩阵的形式 $\boldsymbol{A}=(\boldsymbol{\alpha}_1,\boldsymbol{\alpha}_2,\cdots,\boldsymbol{\alpha}_n)$，则

$$\boldsymbol{A}^{\mathrm{T}}\boldsymbol{A}=\begin{pmatrix}\boldsymbol{\alpha}_1^{\mathrm{T}}\\\boldsymbol{\alpha}_2^{\mathrm{T}}\\\vdots\\\boldsymbol{\alpha}_n^{\mathrm{T}}\end{pmatrix}(\boldsymbol{\alpha}_1,\boldsymbol{\alpha}_2,\cdots,\boldsymbol{\alpha}_n)=\begin{pmatrix}\boldsymbol{\alpha}_1^{\mathrm{T}}\boldsymbol{\alpha}_1&\boldsymbol{\alpha}_1^{\mathrm{T}}\boldsymbol{\alpha}_2&\cdots&\boldsymbol{\alpha}_1^{\mathrm{T}}\boldsymbol{\alpha}_n\\\boldsymbol{\alpha}_2^{\mathrm{T}}\boldsymbol{\alpha}_1&\boldsymbol{\alpha}_2^{\mathrm{T}}\boldsymbol{\alpha}_2&\cdots&\boldsymbol{\alpha}_2^{\mathrm{T}}\boldsymbol{\alpha}_n\\\vdots&\vdots&&\vdots\\\boldsymbol{\alpha}_n^{\mathrm{T}}\boldsymbol{\alpha}_1&\boldsymbol{\alpha}_n^{\mathrm{T}}\boldsymbol{\alpha}_2&\cdots&\boldsymbol{\alpha}_n^{\mathrm{T}}\boldsymbol{\alpha}_n\end{pmatrix}.$$

因 $\boldsymbol{A}^{\mathrm{T}}\boldsymbol{A}=\boldsymbol{O}$，所以 $\boldsymbol{\alpha}_i^{\mathrm{T}}\boldsymbol{\alpha}_j=0(i,j=1,2,\cdots,n)$.

特别地，$\boldsymbol{\alpha}_i^{\mathrm{T}}\boldsymbol{\alpha}_i=0(i=1,2,\cdots,n)$，

而 $$\boldsymbol{\alpha}_i^{\mathrm{T}}\boldsymbol{\alpha}_i=(a_{1i},a_{2i},\cdots,a_{mi})\begin{pmatrix}a_{1i}\\a_{2i}\\\vdots\\a_{mi}\end{pmatrix}=a_{1i}^2+a_{2i}^2+\cdots+a_{mi}^2=0,$$

所以 $$a_{1i}=a_{2i}=\cdots=a_{mi}=0\quad(i=1,2,\cdots,n).$$

故 $$\boldsymbol{A}=\boldsymbol{O}.$$

2.5 矩阵的初等变换

2.5.1 矩阵初等变换的概念

定义 11 矩阵的下列三种变换称为矩阵的**初等行变换**：

（1）交换矩阵的某两行；

（2）将矩阵某一行的各元素乘以同一个非零常数 k；

（3）将矩阵某一行各元素的 k 倍加到另一行对应的元素上去.

把定义中的“行”换成“列”，即得**初等列变换**的定义．矩阵的初等行变换与初等列变换统称为矩阵的**初等变换**. 矩阵 $\boldsymbol{A}$ 经初等变换后变成了矩阵 $\boldsymbol{B}$，常记为 $\boldsymbol{A}\to\boldsymbol{B}$.

为了叙述上的方便，矩阵的初等变换采用同行列式变换一样的记号.

例 1 已知矩阵 $\boldsymbol{A}=\begin{pmatrix}1&1&1&1&1\\2&2&3&3&3\\2&3&2&2&2\\3&3&4&4&4\end{pmatrix}$，对其做如下初等变换：

$$\boldsymbol{A}=\begin{pmatrix}1&1&1&1&1\\2&2&3&3&3\\2&3&2&2&2\\3&3&4&4&4\end{pmatrix}\xrightarrow[r_4-3r_1]{\substack{r_2-2r_1\\r_3-2r_1}}\begin{pmatrix}1&1&1&1&1\\0&0&1&1&1\\0&1&0&0&0\\0&0&1&1&1\end{pmatrix}$$

$$\xrightarrow{r_2\leftrightarrow r_3}\begin{pmatrix}1&1&1&1&1\\0&1&0&0&0\\0&0&1&1&1\\0&0&1&1&1\end{pmatrix}\xrightarrow{r_4-r_3}\begin{pmatrix}1&1&1&1&1\\0&1&0&0&0\\0&0&1&1&1\\0&0&0&0&0\end{pmatrix}=\boldsymbol{B}.$$

这里的矩阵 $\boldsymbol{B}$ 依其形状的特征称为**行阶梯形矩阵**.

一般地，称满足下列条件的矩阵为行阶梯形矩阵：

(1) 零行(元素全为零的行)位于矩阵的下方；

(2) 自上而下各非零行的首非零元(从左至右的第一个不为零的元素)左边零元素的个数随行数的增加而增加.

对例 1 中的矩阵 $\boldsymbol{B}=\begin{pmatrix}1&1&1&1&1\\0&1&0&0&0\\0&0&1&1&1\\0&0&0&0&0\end{pmatrix}$再做初等行变换：

$$\boldsymbol{B}\xrightarrow{r_1-r_3}\begin{pmatrix}1&1&0&0&0\\0&1&0&0&0\\0&0&1&1&1\\0&0&0&0&0\end{pmatrix}\xrightarrow{r_1-r_2}\begin{pmatrix}1&0&0&0&0\\0&1&0&0&0\\0&0&1&1&1\\0&0&0&0&0\end{pmatrix}=\boldsymbol{C}.$$

这里的矩阵 $\boldsymbol{C}$ 依其形状的特征称为**行最简形矩阵**.

一般地，称满足以下条件的行阶梯形矩阵为行最简形矩阵：

(1) 各非零行的首非零元都是 1；

(2) 每个首非零元所在列的其余元素都是零.

注：我们定义行阶梯形矩阵的转置为**列阶梯形矩阵**，行最简形矩阵的转置为**列最简形矩阵**. 比如上述矩阵 $\boldsymbol{B}$ 的转置矩阵 $\boldsymbol{B}^{\mathrm{T}}=\begin{pmatrix}1&0&0&0\\1&1&0&0\\1&0&1&0\\1&0&1&0\\1&0&1&0\end{pmatrix}$为列阶梯形矩阵，矩阵 $\boldsymbol{C}$ 的转置矩阵 $\boldsymbol{C}^{\mathrm{T}}=\begin{pmatrix}1&0&0&0\\0&1&0&0\\0&0&1&0\\0&0&1&0\\0&0&1&0\end{pmatrix}$为列最简形矩阵.

如果对上述矩阵 $\boldsymbol{C}$ 再做初等列变换：

$$\boldsymbol{C}=\begin{pmatrix}1&0&0&0&0\\0&1&0&0&0\\0&0&1&1&1\\0&0&0&0&0\end{pmatrix}\xrightarrow[c_4-c_3]{c_5-c_3}\begin{pmatrix}1&0&0&0&0\\0&1&0&0&0\\0&0&1&0&0\\0&0&0&0&0\end{pmatrix}=\boldsymbol{D}.$$

这里的矩阵 $\boldsymbol{D}$ 称为原矩阵的**标准形**. 一般地，矩阵 $\boldsymbol{A}$ 的标准形 $\boldsymbol{D}$ 具有以下特点：$\boldsymbol{D}$ 的左上角是一个单位矩阵，其余元素全为零. 如果采用分块矩阵的记号，一般可将 $\boldsymbol{D}$ 表示为 $\boldsymbol{D}=\begin{pmatrix}\boldsymbol{E}_r&\boldsymbol{O}\\\boldsymbol{O}&\boldsymbol{O}\end{pmatrix}$.

定理 3　任意矩阵 $\boldsymbol{A}=(a_{ij})_{m\times n}$ 经过有限次初等变换，可以化为下列标准形矩阵：

$$\boldsymbol{D}=\begin{pmatrix}1&&&&&\\&\ddots&&&&\\&&1&&&\\&&&0&&\\&&&&\ddots&\\&&&&&0\end{pmatrix}=\begin{pmatrix}\boldsymbol{E}_r&\boldsymbol{O}_{r\times(n-r)}\\\boldsymbol{O}_{(m-r)\times r}&\boldsymbol{O}_{(m-r)\times(n-r)}\end{pmatrix}.$$

证明　如果所有 $a_{ij}=0$，则 $\boldsymbol{A}$ 已经是 $\boldsymbol{D}$ 的形式($r=0$)；如果至少有一个元素不等于 0，不妨设 $a_{11}\neq0$(否则总可经过第一种初等变换，使左上角元素不等于 0)，以 $-a_{i1}/a_{11}$ 乘第一行加至第 i 行上($i=2,\cdots,m$)，再以 $-a_{1j}/a_{11}$ 乘所得矩阵的第一列加至第 j 列上($j=2,\cdots,n$)，然后以 $1/a_{11}$ 乘第一行，于是矩阵 $\boldsymbol{A}$ 化为

$$\begin{pmatrix}\boldsymbol{E}_1&\boldsymbol{O}_{1\times(n-1)}\\\boldsymbol{O}_{(m-1)\times1}&\boldsymbol{B}_{(m-1)\times(n-1)}\end{pmatrix}.$$

如果 $\boldsymbol{B}_{(m-1)\times(n-1)}=\boldsymbol{O}$，则 $\boldsymbol{A}$ 已化为 $\boldsymbol{D}$ 的形式，否则按上述方法对矩阵 $\boldsymbol{B}_{(m-1)\times(n-1)}$ 继续进行初等变换，可以得到结论.

定理 3 的证明实质上也给出了下列结论：

定理 4　任一矩阵总可以经有限次初等行变换化为行阶梯形矩阵，并进而化为行最简形矩阵.

例 2　将矩阵 $\boldsymbol{A}=\begin{pmatrix}2&0&1\\4&1&2\\-5&3&-2\\3&-1&4\end{pmatrix}$ 化为标准形.

解

$$
\boldsymbol{A}=\begin{pmatrix}2&0&1\\4&1&2\\-5&3&-2\\3&-1&4\end{pmatrix}\xrightarrow{c_1\leftrightarrow c_3}\begin{pmatrix}1&0&2\\2&1&4\\-2&3&-5\\4&-1&3\end{pmatrix}\xrightarrow[r_4-4r_1]{\substack{r_2-2r_1\\r_3+2r_1}}
$$

$$
\begin{pmatrix}1&0&2\\0&1&0\\0&3&-1\\0&-1&-5\end{pmatrix}\xrightarrow{c_3-2c_1}\begin{pmatrix}1&0&0\\0&1&0\\0&3&-1\\0&-1&-5\end{pmatrix}\xrightarrow{\substack{r_3-3r_2\\r_4+r_2}}
$$

$$
\begin{pmatrix}1&0&0\\0&1&0\\0&0&-1\\0&0&-5\end{pmatrix}\xrightarrow{r_4-5r_3}\begin{pmatrix}1&0&0\\0&1&0\\0&0&-1\\0&0&0\end{pmatrix}\xrightarrow{(-1)\times r_3}\begin{pmatrix}1&0&0\\0&1&0\\0&0&1\\0&0&0\end{pmatrix}.
$$

2.5.2 初等矩阵

定义 12 对单位矩阵 $\boldsymbol{E}$ 施以一次初等变换得到的矩阵称为**初等矩阵**. 3 种初等变换分别对应着 3 种初等矩阵:

(1) $\boldsymbol{E}$ 的第 i, j 行(列)互换得到矩阵

$$
\boldsymbol{E}(i,j)=\begin{pmatrix}1&&&&&&\\&\ddots&&&&&\\&&0&\cdots&&1&\\&&\vdots&1&&\vdots&\\&&&&\ddots&&\\&&\vdots&&1&\vdots&\\&&1&\cdots&&0&\\&&&&&&\ddots\\&&&&&&&1\end{pmatrix}\begin{matrix}\\\\\text{第}i\text{行}\\\\\\\\\text{第}j\text{行}\\\\\\\end{matrix};
$$

$\qquad\qquad$ 第 i 列 $\quad$ 第 j 列

(2) $\boldsymbol{E}$ 的第 i 行(列)乘以非零常数 k 得到矩阵

$$
\boldsymbol{E}(i(k))=\begin{pmatrix}1&&&&&\\&\ddots&&&&\\&&1&&&\\&&&k&&\\&&&&1&\\&&&&&\ddots&\\&&&&&&1\end{pmatrix}\text{第}i\text{行};
$$

$\qquad\qquad$ 第 i 列

(3) $\boldsymbol{E}$ 的第 j 行乘以数 k 加到第 i 行上，或 $\boldsymbol{E}$ 的第 i 列乘以数 k 加到第 j 列上得到矩阵

$$E(ij(k))=\begin{pmatrix}1 & & & & & & \\ & \ddots & & & & & \\ & & 1 & \cdots & k & & \\ & & \vdots & \ddots & \vdots & & \\ & & 0 & \cdots & 1 & & \\ & & & & & \ddots & \\ & & & & & & 1\end{pmatrix}\begin{matrix} \\ \\ \text{第}i\text{行} \\ \\ \text{第}j\text{行} \\ \\ \\ \end{matrix}.$$

（第 i 列、第 j 列）

可以直接验证，初等矩阵具有以下性质：

(1) 初等矩阵的转置仍为初等矩阵；

(2) 初等矩阵都是可逆的，且逆矩阵仍为同种初等矩阵.

矩阵的初等变换与初等矩阵有着非常密切的关系：

定理 5　设 $\boldsymbol{A}$ 是一个 $m\times n$ 矩阵，则对 $\boldsymbol{A}$ 施行一次初等行(列)变换，就相当于用同种的 $m(n)$ 阶初等矩阵左(右)乘 $\boldsymbol{A}$.

证明　现证明交换 $\boldsymbol{A}$ 的第 i 行与第 j 行等于用 $\boldsymbol{E}_m(i,j)$ 左乘 $\boldsymbol{A}$.

将 $\boldsymbol{A}$ 与 $\boldsymbol{E}$ 分块为

$$\boldsymbol{A}=\begin{pmatrix}\boldsymbol{A}_1\\ \vdots\\ \boldsymbol{A}_i\\ \vdots\\ \boldsymbol{A}_j\\ \vdots\\ \boldsymbol{A}_m\end{pmatrix},\ \boldsymbol{E}=\begin{pmatrix}\boldsymbol{\varepsilon}_1\\ \vdots\\ \boldsymbol{\varepsilon}_i\\ \vdots\\ \boldsymbol{\varepsilon}_j\\ \vdots\\ \boldsymbol{\varepsilon}_m\end{pmatrix},\ \text{则}\ \boldsymbol{E}_m(i,j)\boldsymbol{A}=\begin{pmatrix}\boldsymbol{\varepsilon}_1\\ \vdots\\ \boldsymbol{\varepsilon}_j\\ \vdots\\ \boldsymbol{\varepsilon}_i\\ \vdots\\ \boldsymbol{\varepsilon}_m\end{pmatrix}\boldsymbol{A}=\begin{pmatrix}\boldsymbol{\varepsilon}_1\boldsymbol{A}\\ \vdots\\ \boldsymbol{\varepsilon}_j\boldsymbol{A}\\ \vdots\\ \boldsymbol{\varepsilon}_i\boldsymbol{A}\\ \vdots\\ \boldsymbol{\varepsilon}_m\boldsymbol{A}\end{pmatrix}=\begin{pmatrix}\boldsymbol{A}_1\\ \vdots\\ \boldsymbol{A}_j\\ \vdots\\ \boldsymbol{A}_i\\ \vdots\\ \boldsymbol{A}_m\end{pmatrix}.$$

由此可见，$\boldsymbol{E}_m(i,j)\boldsymbol{A}$ 恰好等于矩阵 $\boldsymbol{A}$ 的第 i 行与第 j 行互换得到的矩阵．即：若 $\boldsymbol{A}\xrightarrow{r_i\leftrightarrow r_j}\boldsymbol{B}$，则 $\boldsymbol{B}=\boldsymbol{E}(i,j)\boldsymbol{A}$.

同理可证其他变换的情形.

推论　一个方阵经若干次初等变换后不改变它的奇异性.

证明　设 $\boldsymbol{A}$ 为方阵，$\boldsymbol{Q}$ 为同阶初等矩阵，只要证明矩阵 $\boldsymbol{A}$ 与 $\boldsymbol{AQ}$ 或 $\boldsymbol{QA}$ 的奇异性相同.

事实上，$|\boldsymbol{QA}|=|\boldsymbol{Q}|\,|\boldsymbol{A}|=|\boldsymbol{A}|\,|\boldsymbol{Q}|=|\boldsymbol{AQ}|$．故若 $|\boldsymbol{A}|\neq 0$，则 $|\boldsymbol{QA}|=|\boldsymbol{AQ}|\neq 0$；若 $|\boldsymbol{A}|=0$，则 $|\boldsymbol{QA}|=|\boldsymbol{AQ}|=0$，这说明 $\boldsymbol{A}$ 与 $\boldsymbol{AQ}$ 或 $\boldsymbol{QA}$ 奇异性相同.

2.5.3 矩阵的等价

定义 13 如果一个矩阵 $\boldsymbol{A}$ 经过若干次初等变换后变成了矩阵 $\boldsymbol{B}$，则称 $\boldsymbol{A}$ 与 $\boldsymbol{B}$ 等价，记为 $\boldsymbol{A}\cong\boldsymbol{B}$.

不难证明，矩阵之间的等价关系具有下列基本性质：

(1) 反身性：$\boldsymbol{A}\cong\boldsymbol{A}$；

(2) 对称性：若 $\boldsymbol{A}\cong\boldsymbol{B}$，则 $\boldsymbol{B}\cong\boldsymbol{A}$；

(3) 传递性：若 $\boldsymbol{A}\cong\boldsymbol{B}$，$\boldsymbol{B}\cong\boldsymbol{C}$，则 $\boldsymbol{A}\cong\boldsymbol{C}$.

由定义 13 及定理 5 易得如下定理：

定理 6 矩阵 $\boldsymbol{A}_{m\times n}\cong\boldsymbol{B}_{m\times n}$ 的充分必要条件是：存在若干个 m 阶初等矩阵 $\boldsymbol{P}_1,\boldsymbol{P}_2,\cdots,\boldsymbol{P}_s$，和若干个 n 阶初等矩阵 $\boldsymbol{Q}_1,\boldsymbol{Q}_2,\cdots,\boldsymbol{Q}_t$，使得

$$\boldsymbol{P}_s\cdots\boldsymbol{P}_2\boldsymbol{P}_1\boldsymbol{A}\boldsymbol{Q}_1\boldsymbol{Q}_2\cdots\boldsymbol{Q}_t=\boldsymbol{B}.$$

推论 1 n 阶方阵 $\boldsymbol{A}$ 可逆的充分必要条件是 $\boldsymbol{A}\cong\boldsymbol{E}_n$.

证明 必要性，若 $\boldsymbol{A}$ 可逆，则由定理 3 及定理 6 知存在若干个 n 阶初等矩阵 $\boldsymbol{P}_1,\boldsymbol{P}_2,\cdots,\boldsymbol{P}_s$ 和 $\boldsymbol{Q}_1,\boldsymbol{Q}_2,\cdots,\boldsymbol{Q}_t$，使得

$$\boldsymbol{P}_s\cdots\boldsymbol{P}_2\boldsymbol{P}_1\boldsymbol{A}\boldsymbol{Q}_1\boldsymbol{Q}_2\cdots\boldsymbol{Q}_t=\begin{pmatrix}\boldsymbol{E}_r & \boldsymbol{O}\\ \boldsymbol{O} & \boldsymbol{O}\end{pmatrix}.$$

再由定理 5 的推论知$\begin{pmatrix}\boldsymbol{E}_r & \boldsymbol{O}\\ \boldsymbol{O} & \boldsymbol{O}\end{pmatrix}$非奇异，因此 $r=n$. 从而 $\boldsymbol{A}\cong\boldsymbol{E}_n$.

充分性显然成立.

推论 2 n 阶方阵 $\boldsymbol{A}$ 可逆的充分必要条件是：$\boldsymbol{A}$ 可以表示成有限个初等矩阵的乘积.

证明 由推论 1 的证明过程知

$$\boldsymbol{P}_s\cdots\boldsymbol{P}_2\boldsymbol{P}_1\boldsymbol{A}\boldsymbol{Q}_1\boldsymbol{Q}_2\cdots\boldsymbol{Q}_t=\boldsymbol{E},$$

其中 $\boldsymbol{P}_1,\boldsymbol{P}_2,\cdots,\boldsymbol{P}_s$ 和 $\boldsymbol{Q}_1,\boldsymbol{Q}_2,\cdots,\boldsymbol{Q}_t$ 为 n 阶初等矩阵，从而

$$\boldsymbol{A}=\boldsymbol{P}_1^{-1}\boldsymbol{P}_2^{-1}\cdots\boldsymbol{P}_s^{-1}\boldsymbol{Q}_t^{-1}\cdots\boldsymbol{Q}_2^{-1}\boldsymbol{Q}_1^{-1}.$$

而由初等矩阵的性质知 $\boldsymbol{P}_1^{-1},\cdots,\boldsymbol{P}_s^{-1},\boldsymbol{Q}_t^{-1},\cdots,\boldsymbol{Q}_1^{-1}$ 均可逆，故得证.

推论 3 $\boldsymbol{A}_{m\times n}\cong\boldsymbol{B}_{m\times n}$ 的充分必要条件是：存在 m 阶可逆矩阵 $\boldsymbol{P}$ 及 n 阶可逆矩阵 $\boldsymbol{Q}$，使得 $\boldsymbol{PAQ}=\boldsymbol{B}$.

证明　由定理 6 知

$$A\cong B\Leftrightarrow P_s\cdots P_2P_1AQ_1Q_2\cdots Q_t=B,$$

其中 $P_1,\cdots,P_s$ 为 m 阶初等矩阵，$Q_1,\cdots,Q_t$ 为 n 阶初等矩阵. 记 $P=P_s\cdots P_2P_1$，$Q=Q_1Q_2\cdots Q_t$，显然 P，Q 分别为 m 阶及 n 阶可逆矩阵，故

$$A\cong B\Leftrightarrow PAQ=B.$$

推论 4　设 A 为 n 阶可逆矩阵，则只用初等行变换就可以将 A 化为 E_n；同样只用初等列变换就可以将 A 化为 E_n.

证明　因 A 可逆，故 A^{-1} 可逆，由推论 2 知，存在初等矩阵 $P_1,P_2,\cdots,P_s$，使得 $A^{-1}=P_1P_2\cdots P_s$. 因而

$$A^{-1}A=P_1P_2\cdots P_sA=E_n, \tag{2.4}$$

$$AA^{-1}=AP_1P_2\cdots P_s=E_n. \tag{2.5}$$

由定理 5 知：式(2.4)表明我们仅对 A 施以初等行变换就将 A 化成了 E_n；式(2.5)表明我们仅对 A 施以初等列变换就将 A 化成了 E_n.

2.5.4　用初等变换法求矩阵的逆

我们已经知道，若 n 阶方阵 A 可逆，则存在初等矩阵 P_1，$P_2,\cdots,P_s$，使

$$P_1P_2\cdots P_sA=E,$$

又显然有

$$P_1P_2\cdots P_sE=A^{-1}.$$

如果我们构造一个 $n\times 2n$ 分块矩阵$(A\,\vdots\,E)$，则由分块矩阵的乘法可得

$$P_1P_2\cdots P_s(A\,\vdots\,E)=A^{-1}(A\,\vdots\,E)=(E\,\vdots\,A^{-1}).$$

上式表明，仅对矩阵$(A\,\vdots\,E)$进行初等行变换，将其左边子块化为 E，则右边子块便化成了 A^{-1}. 因此，我们可以按下述步骤求 A^{-1}：

(1) 构造 $n\times 2n$ 阶矩阵$(A\,\vdots\,E)$；

(2) 对于$(A\,\vdots\,E)$，只进行初等行变换将 A 化为单位阵 E，则$(A\,\vdots\,E)$的右半部 E 便化成了 A^{-1}. 即

$$(A\,\vdots\,E)\xrightarrow{\text{初等行变换}}(E\,\vdots\,A^{-1}).$$

例 3　利用初等变换求矩阵

$$A=\begin{pmatrix}2&-4&1\\1&-5&2\\1&-1&1\end{pmatrix}$$

的逆矩阵.

$$
\text{解}\quad (\boldsymbol{A} \mid \boldsymbol{E})=\left(\begin{array}{ccc|ccc}2&-4&1&1&0&0\\1&-5&2&0&1&0\\1&-1&1&0&0&1\end{array}\right)
\rightarrow\left(\begin{array}{ccc|ccc}1&-5&2&0&1&0\\2&-4&1&1&0&0\\1&-1&1&0&0&1\end{array}\right)
$$

$$
\rightarrow\left(\begin{array}{ccc|ccc}1&-5&2&0&1&0\\0&6&-3&1&-2&0\\0&4&-1&0&-1&1\end{array}\right)
\rightarrow\left(\begin{array}{ccc|ccc}1&-5&2&0&1&0\\0&1&-\frac{1}{2}&\frac{1}{6}&-\frac{1}{3}&0\\0&4&-1&0&-1&1\end{array}\right)
$$

$$
\rightarrow\left(\begin{array}{ccc|ccc}1&0&-\frac{1}{2}&\frac{5}{6}&-\frac{2}{3}&0\\0&1&-\frac{1}{2}&\frac{1}{6}&-\frac{1}{3}&0\\0&0&1&-\frac{2}{3}&\frac{1}{3}&1\end{array}\right)
\rightarrow\left(\begin{array}{ccc|ccc}1&0&0&\frac{1}{2}&-\frac{1}{2}&\frac{1}{2}\\0&1&0&-\frac{1}{6}&-\frac{1}{6}&\frac{1}{2}\\0&0&1&-\frac{2}{3}&\frac{1}{3}&1\end{array}\right),
$$

所以

$$
\boldsymbol{A}^{-1}=\begin{pmatrix}\frac{1}{2}&-\frac{1}{2}&\frac{1}{2}\\-\frac{1}{6}&-\frac{1}{6}&\frac{1}{2}\\-\frac{2}{3}&\frac{1}{3}&1\end{pmatrix}.
$$

2.5.5 用初等变换法求解矩阵方程

设矩阵 $\boldsymbol{A}$ 可逆，则求解矩阵方程 $\boldsymbol{AX}=\boldsymbol{B}$ 等价于求矩阵 $\boldsymbol{X}=\boldsymbol{A}^{-1}\boldsymbol{B}$，为此，可采用类似初等行变换求矩阵逆的方法，构造矩阵 $(\boldsymbol{A} \mid \boldsymbol{B})$，对其施以初等行变换将 $\boldsymbol{A}$ 化为单位矩阵 $\boldsymbol{E}$，则同时 $\boldsymbol{B}$ 就化成了 $\boldsymbol{A}^{-1}\boldsymbol{B}$，即

$$(\boldsymbol{A}\mid\boldsymbol{B})\xrightarrow{\text{初等行变换}}(\boldsymbol{E}\mid\boldsymbol{A}^{-1}\boldsymbol{B})$$

当 $\boldsymbol{A}$ 可逆时，求解矩阵方程 $\boldsymbol{XA}=\boldsymbol{B}$ 等价于计算矩阵 $\boldsymbol{BA}^{-1}$. 下面介绍求解方法.

因 $\boldsymbol{A}$ 可逆，故存在初等矩阵 $\boldsymbol{P}_1,\boldsymbol{P}_2,\cdots,\boldsymbol{P}_s$，使

$$\boldsymbol{AP}_1\boldsymbol{P}_2\cdots\boldsymbol{P}_s=\boldsymbol{E}.$$

又显然有

$$\boldsymbol{BP}_1\boldsymbol{P}_2\cdots\boldsymbol{P}_s=\boldsymbol{BA}^{-1},$$

因而有

$$\begin{pmatrix}\boldsymbol{A}\\ \hdashline \boldsymbol{B}\end{pmatrix}\boldsymbol{P}_1\boldsymbol{P}_2\cdots\boldsymbol{P}_s=\begin{pmatrix}\boldsymbol{E}\\ \hdashline \boldsymbol{BA}^{-1}\end{pmatrix}.$$

上式表明：仅对矩阵 $\begin{pmatrix}\boldsymbol{A}\\ \hdashline \boldsymbol{B}\end{pmatrix}$ 施以初等列变换，将其上面子块 $\boldsymbol{A}$ 化成单位矩阵 $\boldsymbol{E}$，则同时下面子块 $\boldsymbol{B}$ 便化成了 $\boldsymbol{BA}^{-1}$，即

$$\begin{pmatrix}\boldsymbol{A}\\ \hdashline \boldsymbol{B}\end{pmatrix}\xrightarrow{\text{初等列变换}}\begin{pmatrix}\boldsymbol{E}\\ \hdashline \boldsymbol{BA}^{-1}\end{pmatrix}.$$

例 4　解矩阵方程 $\boldsymbol{AX}=\boldsymbol{A}+2\boldsymbol{X}$，其中

$$\boldsymbol{A}=\begin{pmatrix}4&2&3\\1&1&0\\-1&2&3\end{pmatrix},$$

$\boldsymbol{X}$ 为未知矩阵.

解　由已知方程得 $(\boldsymbol{A}-2\boldsymbol{E})\boldsymbol{X}=\boldsymbol{A}$ 以及

$$\boldsymbol{A}-2\boldsymbol{E}=\begin{pmatrix}4&2&3\\1&1&0\\-1&2&3\end{pmatrix}-2\begin{pmatrix}1&0&0\\0&1&0\\0&0&1\end{pmatrix}=\begin{pmatrix}2&2&3\\1&-1&0\\-1&2&1\end{pmatrix}.$$

因为

$$(\boldsymbol{A}-2\boldsymbol{E}\mid\boldsymbol{A})=\left(\begin{array}{ccc:ccc}2&2&3&4&2&3\\1&-1&0&1&1&0\\-1&2&1&-1&2&3\end{array}\right)$$

$$\xrightarrow[r_3+r_2]{r_1-2r_2}\left(\begin{array}{ccc:ccc}0&4&3&2&0&3\\1&-1&0&1&1&0\\0&1&1&0&3&3\end{array}\right)$$

$$\xrightarrow[r_2+r_3]{r_1-4r_3}\left(\begin{array}{ccc:ccc}0&0&-1&2&-12&-9\\1&0&1&1&4&3\\0&1&1&0&3&3\end{array}\right)$$

$$\xrightarrow[r_2+r_1]{r_3+r_1}\left(\begin{array}{ccc:ccc}0&0&-1&2&-12&-9\\1&0&0&3&-8&-6\\0&1&0&2&-9&-6\end{array}\right)$$

$$\xrightarrow{(-1)\times r_1}\left(\begin{array}{ccc:ccc}0&0&1&-2&12&9\\1&0&0&3&-8&-6\\0&1&0&2&-9&-6\end{array}\right)$$

$$\xrightarrow{r_1\leftrightarrow r_3}\left(\begin{array}{ccc:ccc}0&1&0&2&-9&-6\\1&0&0&3&-8&-6\\0&0&1&-2&12&9\end{array}\right)$$

$$\xrightarrow{r_1\leftrightarrow r_2}\left(\begin{array}{ccc:ccc}1&0&0&3&-8&-6\\0&1&0&2&-9&-6\\0&0&1&-2&12&9\end{array}\right),$$

所以
$$\boldsymbol{X}=\begin{pmatrix}3&-8&-6\\2&-9&-6\\-2&12&9\end{pmatrix}.$$

该例题用 Python 求解如下：

```
import numpy as np
# 使用 identity 函数创建 3 行 3 列的单位矩阵
E=np.identity(3)
print('单位矩阵 E 为:\n',E)
A=np.matrix([[4,2,3],[1,1,0],[-1,2,3]])
C=A-2*E
print('C=A-2E 为:\n',C)
X=(C.I)*A
print('矩阵方程 X 的解为:\n',X)
```

运行结果如图 2-4 所示。

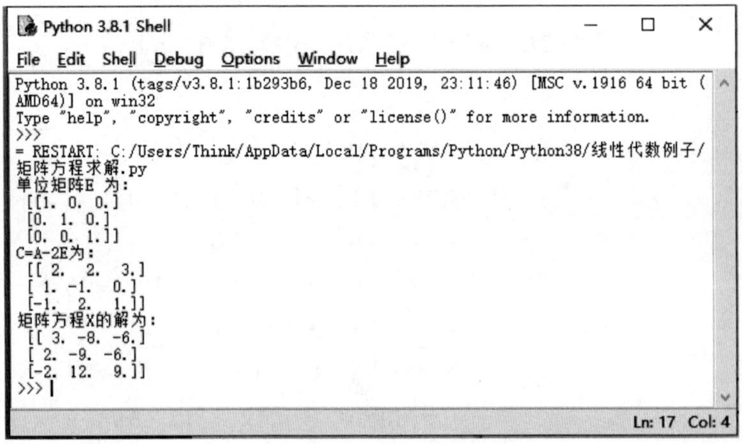

图　2-4

2.6 矩阵的秩

2.6.1 矩阵秩的定义和性质

矩阵的秩的概念是讨论向量组的线性相关性、线性方程组解的存在性等问题的重要工具．从上节已看到，矩阵可经过初等行变换化成行阶梯形矩阵，且行阶梯形矩阵所含非零行的行数是唯一确定的. 这个数就是矩阵的“秩”. 鉴于这个数的唯一性尚未证明，在本节中，我们首先利用行列式来定义矩阵的秩，然后给出利用初等变换求矩阵秩的方法.

定义 14　设 $\boldsymbol{A}=(a_{ij})_{m\times n}$，从 $\boldsymbol{A}$ 中任意选定 k 行、k 列($1\leqslant k\leqslant \min\{m,n\}$)，位于这些行和列交叉处的 k^2 个元素，保持它们原有的相对顺序所构成的 k 阶行列式，称为矩阵 $\boldsymbol{A}$ 的一个 **k 阶子式**.

例如，矩阵

$$\boldsymbol{A}=\begin{pmatrix}1 & 2 & 4 & -1\\ 2 & 3 & 0 & 1\\ 1 & 2 & -1 & 2\end{pmatrix}$$

中的第一、二行与第二、三列交叉处的元素构成的二阶子式为 $\begin{vmatrix}2 & 4\\ 3 & 0\end{vmatrix}$.

根据定义，$\boldsymbol{A}$ 中的任意一个元素都是 $\boldsymbol{A}$ 的一个一阶子式. $\boldsymbol{A}$ 的 k 阶子式共有 $\mathrm{C}_m^k\cdot\mathrm{C}_n^k$ 个($1\leqslant k\leqslant\min\{m,n\}$). 且若 $m=n$，即 $\boldsymbol{A}$ 为方阵，则 $|\boldsymbol{A}|$ 是 $\boldsymbol{A}$ 的一个 n 阶子式. 当 $\boldsymbol{A}\neq\boldsymbol{O}$ 时，它至少有一个一阶子式不为零.

定义 15　设 $\boldsymbol{A}=(a_{ij})_{m\times n}$，如果存在 $\boldsymbol{A}$ 的 r 阶子式不为零，而任何 $r+1$ 阶子式(如果有的话)皆为零，则称数 r 为矩阵 $\boldsymbol{A}$ 的**秩**，记为 $\boldsymbol{R}(\boldsymbol{A})$，并规定零矩阵的秩为零.

例如，在矩阵

$$\boldsymbol{A}=\begin{pmatrix}1 & 1 & 2 & 3 & 4\\ 0 & 0 & 1 & -1 & 0\\ 0 & 0 & 0 & 2 & 0\\ 0 & 0 & 0 & 0 & 0\end{pmatrix}$$

中，有一个三阶子式

$$\begin{vmatrix} 1 & 2 & 3 \\ 0 & 1 & -1 \\ 0 & 0 & 2 \end{vmatrix} = 2 \neq 0,$$

而所有的四阶子式显然都为零. 因此 $R(\boldsymbol{A})=3$.

根据秩的定义容易得到如下结论：

(1) $R(\boldsymbol{A}_{m\times n})=0$ 的充分必要条件是 $\boldsymbol{A}=\boldsymbol{O}$；

(2) $0\leqslant R(\boldsymbol{A}_{m\times n})\leqslant \min\{m,n\}$；

(3) 如果 $\boldsymbol{A}$ 中有一个 r 阶子式不为零，则 $R(\boldsymbol{A})\geqslant r$；

(4) $R(\boldsymbol{A}^{\mathrm{T}})=R(\boldsymbol{A})$，$R(k\boldsymbol{A})=R(\boldsymbol{A})\,(k\neq 0)$；

(5) 分块矩阵的秩不小于它的各子块的秩. 如 $R(\boldsymbol{A} \vdots \boldsymbol{B})\geqslant R(\boldsymbol{A})$，$R(\boldsymbol{A} \vdots \boldsymbol{B})\geqslant R(\boldsymbol{B})$；$R\begin{pmatrix} \boldsymbol{A}_{11} & \boldsymbol{A}_{12} \\ \boldsymbol{A}_{21} & \boldsymbol{A}_{22} \end{pmatrix}\geqslant R(\boldsymbol{A}_{ij})\,(i,j=1,2)$ 等；

(6) $R\begin{pmatrix} \boldsymbol{E}_r & \boldsymbol{O} \\ \boldsymbol{O} & \boldsymbol{O} \end{pmatrix}=r$；

(7) 行(列)阶梯形矩阵的秩等于它的非零行(列)的行(列)数.

如果 $R(\boldsymbol{A}_{m\times n})=m$，则称 $\boldsymbol{A}$ 为**行满秩矩阵**；如果 $R(\boldsymbol{A}_{m\times n})=n$，则称 $\boldsymbol{A}$ 为**列满秩矩阵**；如果 $R(\boldsymbol{A}_n)=n$，则称 $\boldsymbol{A}$ 为**满秩矩阵**.

由上面的讨论知，利用定义计算矩阵的秩，需要由高阶到低阶考虑矩阵的子式，当矩阵的行数与列数较高时，按定义求秩是非常麻烦的.

由于阶梯形矩阵的秩很容易判断，而任意矩阵都可以经过有限次初等变换化成阶梯形矩阵，因而可考虑借助初等变换法求矩阵的秩.

2.6.2 用初等变换法求矩阵的秩

定理 7 若 $\boldsymbol{A}\to\boldsymbol{B}$，则 $R(\boldsymbol{A})=R(\boldsymbol{B})$.

***证明** 先考虑经一次初等行变换的情形.

设 $\boldsymbol{A}$ 经一次初等行变换后化成了 $\boldsymbol{B}$，$R(\boldsymbol{A})=s$，且 $\boldsymbol{A}$ 的某个 s 阶子式 $D\neq 0$.

当 $\boldsymbol{A}\xrightarrow{r_i\leftrightarrow r_j}\boldsymbol{B}$ 或 $\boldsymbol{A}\xrightarrow{k\times r_i}\boldsymbol{B}$ 时，在 $\boldsymbol{B}$ 中总能找到与 D 相对应的 s 阶子式 D_1，由于 $D_1=-D$ 或 $D_1=kD$，因此 $D_1\neq 0$，从而 $R(\boldsymbol{B})\geqslant s$.

当 $\boldsymbol{A}\xrightarrow{r_i+kr_j}\boldsymbol{B}$ 时，由于对变换 $\boldsymbol{A}\xrightarrow{r_i\leftrightarrow r_j}\boldsymbol{B}$ 结论成立，因此只需考

虑 $A \xrightarrow{r_1+kr_2} B$ 这一特殊情形，分两种情况讨论：

（1）A 的 s 阶非零子式 D 不含 A 的第一行，这时 D 也是 B 的一个 s 阶非零子式，故 $R(B) \geqslant s$；

（2）D 包含 A 的第一行，这时把 B 中与 D 对应的 s 阶子式 D_1 记为

$$D_1 = \begin{vmatrix} r_1+kr_2 \\ r_p \\ \vdots \\ r_q \end{vmatrix} = \begin{vmatrix} r_1 \\ r_p \\ \vdots \\ r_q \end{vmatrix} + k \begin{vmatrix} r_2 \\ r_p \\ \vdots \\ r_q \end{vmatrix} = D + kD_2,$$

其中 r_1+kr_2 表示 D_1 的第一行，r_p 表示 D_1 的第二行，…，r_q 表示 D_1 的最后一行. 其余类推.

若 $p=2$，则 $D_1 = D \neq 0$；若 $p \neq 2$，则 D_2 也是 B 的 s 阶子式，由 $D_1 - kD_2 = D \neq 0$ 知 D_1 与 D_2 不同时为零. 总之，B 中存在 s 阶非零子式 D_1 或 D_2. 故 $R(B) \geqslant s$.

以上证明了若 A 经一次初等行变换变为 B，则 $R(A) \leqslant R(B)$. 由于 B 也可经一次初等行变换变为 A，故也有 $R(B) \leqslant R(A)$，因此

$$R(A) = R(B).$$

由经一次初等行变换后矩阵的秩不变，即可知经有限次初等行变换后矩阵的秩不变.

同理可证得经有限次初等列变换后矩阵的秩不变.

总之，若 A 经有限次初等变换后变为矩阵 B（即 $A \to B$），则 $R(A) = R(B)$.

由此可得利用初等变换求矩阵 A 的秩的方法：

对 A 施行初等变换化成行（列）阶梯形，行（列）阶梯形矩阵中非零行（列）的行（列）数就是 A 的秩.

例 1　求矩阵

$$A = \begin{pmatrix} 2 & -4 & 2 & 3 \\ 1 & -2 & -1 & 0 \\ -1 & 2 & 2 & 1 \end{pmatrix}$$

的秩.

解　因为

$$A \xrightarrow{r_1 \leftrightarrow r_2} \begin{pmatrix} 1 & -2 & -1 & 0 \\ 2 & -4 & 2 & 3 \\ -1 & 2 & 2 & 1 \end{pmatrix} \xrightarrow[r_2-2r_1]{r_3+r_1} \begin{pmatrix} 1 & -2 & -1 & 0 \\ 0 & 0 & 4 & 3 \\ 0 & 0 & 1 & 1 \end{pmatrix} \xrightarrow{r_2 \leftrightarrow r_3}$$

$$\begin{pmatrix}1&-2&-1&0\\0&0&1&1\\0&0&4&3\end{pmatrix}\xrightarrow{r_3-4r_2}\begin{pmatrix}1&-2&-1&0\\0&0&1&1\\0&0&0&-1\end{pmatrix},$$

所以 $R(\boldsymbol{A})=3$.

该例题运用 Python 求解如下：

```
import numpy as np
A=np.array([[2,-4,2,3],[1,-2,-1,0],[-1,2,2,1]])
print('矩阵 A 的秩为:',np.linalg.matrix_rank(A))
```

运行结果如图 2-5 所示.

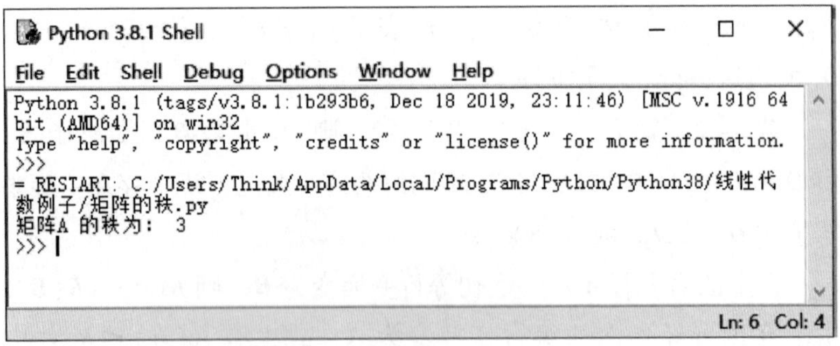

图　2-5

由于每个矩阵都有等价的标准形，由此可得：

定理 8　矩阵 $\boldsymbol{A}$ 与 $\boldsymbol{B}$ 等价的充分必要条件是它们有相同的标准形.

证明　必要性. 设 $\boldsymbol{A}$ 的标准形为 $\begin{pmatrix}\boldsymbol{E}_r&\boldsymbol{O}\\\boldsymbol{O}&\boldsymbol{O}\end{pmatrix}$，$\boldsymbol{B}$ 的标准形为 $\begin{pmatrix}\boldsymbol{E}_s&\boldsymbol{O}\\\boldsymbol{O}&\boldsymbol{O}\end{pmatrix}$，则 $R(\boldsymbol{A})=r$，$R(\boldsymbol{B})=r$. 因 $\boldsymbol{A}\cong\boldsymbol{B}$，所以 $R(\boldsymbol{A})=R(\boldsymbol{B})$，故 $r=s$. 即 $\boldsymbol{A}$ 与 $\boldsymbol{B}$ 有相同的标准形.

充分性. 因 $\boldsymbol{A}$ 与 $\boldsymbol{B}$ 有相同的标准形，由等价的传递性知 $\boldsymbol{A}\cong\boldsymbol{B}$.

推论　$\boldsymbol{A}\cong\boldsymbol{B}$ 的充分必要条件是 $R(\boldsymbol{A})=R(\boldsymbol{B})$.

证明　必要性. 根据定理 7，结论是显然的.

充分性. 因 $R(\boldsymbol{A})=R(\boldsymbol{B})$，所以 $\boldsymbol{A}$ 与 $\boldsymbol{B}$ 有相同的标准形，从而 $\boldsymbol{A}\cong\boldsymbol{B}$.

例 2　设 $\boldsymbol{P}$ 为 m 阶满秩矩阵，$\boldsymbol{A}$ 为 $m\times n$ 阶矩阵，试证 $R(\boldsymbol{PA})=R(\boldsymbol{A})$.

证明　因 $\boldsymbol{P}$ 为满秩矩阵，故 $\boldsymbol{P}$ 可表示成有限个初等矩阵的乘积，即

$$\boldsymbol{P}=\boldsymbol{P}_1\boldsymbol{P}_2\cdots\boldsymbol{P}_s,$$

其中 $\boldsymbol{P}_i(i=1,2,\cdots,s)$ 为初等矩阵．从而

$$\boldsymbol{PA}=\boldsymbol{P}_1\boldsymbol{P}_2\cdots\boldsymbol{P}_s\boldsymbol{A}.$$

此式表明 $\boldsymbol{PA}$ 是 $\boldsymbol{A}$ 经有限次初等行变换后所得的矩阵，因而有

$$R(\boldsymbol{PA})=R(\boldsymbol{A}).$$

注　同理可得：

（1）若 $\boldsymbol{P}$ 为 n 阶满秩矩阵，$\boldsymbol{A}$ 为 $m\times n$ 阶矩阵，则 $R(\boldsymbol{AP})=R(\boldsymbol{A})$；

（2）若 $\boldsymbol{P}$，$\boldsymbol{Q}$ 分别为 m 阶及 n 阶满秩矩阵，则 $R(\boldsymbol{PAQ})=R(\boldsymbol{A})$.

习题二

1. 二人零和对等问题. 有 A、B 两儿童玩石头，剪子，布的游戏，每人的出法只能在{石头，剪子，布}中选择一种，当他们各选定一个出法(也称策略)时，就确定了一个“局势”，也就得出了各自的输赢. 若规定胜者得 1 分，负者得−1 分，平手各得零分，则对于各种可能的局势，试用赢得矩阵来表示儿童 A 的得分.

2. 设 $\boldsymbol{A}=\begin{pmatrix}2&0&-1\\3&1&-2\end{pmatrix}$，$\boldsymbol{B}=\begin{pmatrix}-1&1&2\\-2&1&5\end{pmatrix}$，求（1）$2\boldsymbol{A}+\boldsymbol{B}$；（2）$\boldsymbol{A}-3\boldsymbol{B}$.

3. 如果矩阵 $\boldsymbol{X}$ 满足 $\boldsymbol{X}-2\boldsymbol{A}=\boldsymbol{B}-\boldsymbol{X}$. 其中

$$\boldsymbol{A}=\begin{pmatrix}2&-1\\-1&2\end{pmatrix},\ \boldsymbol{B}=\begin{pmatrix}0&-2\\-2&0\end{pmatrix},$$

求 $\boldsymbol{X}$.

4. 设有 A、B、C、D 四个厂家，计划把两种产品分别销往甲、乙、丙 3 座城市的数量如表 1 与表 2 所示.

表 1　Ⅰ型产品　　（单位：万件）

城市	厂家			
	A	B	C	D
甲	7.5	10	5	6.5
乙	7.5	6.5	15	5
丙	15	0	5.5	8.5

表 2　Ⅱ型产品　　（单位：万件）

城市	厂家			
	A	B	C	D
甲	4	6	0	5
乙	6	0	8	3
丙	0	7	9	0

但实际上，Ⅰ型产品却只销售了计划的 80%，而Ⅱ型产品却销售了计划的 120%. 试把 4 个工厂分别实际销往 3 座城市的两种产品的总量用矩阵表示出来.

5. 计算下列乘积：

（1）$\begin{pmatrix}3&-2&1\\1&-1&2\end{pmatrix}\begin{pmatrix}-1&5\\-2&4\\3&-1\end{pmatrix}$；

（2）$\begin{pmatrix}3&1&2&-1\\0&3&1&0\\1&0&1&0\end{pmatrix}\begin{pmatrix}0&5\\2&0\\0&-1\\-3&0\end{pmatrix}$；

（3）$\begin{pmatrix}1\\2\\3\\4\end{pmatrix}(4,3,2,1)$；　（4）$(1,2,3,4)\begin{pmatrix}4\\3\\2\\1\end{pmatrix}$；

（5）$\begin{pmatrix}3&1&1\\2&1&2\\1&2&3\end{pmatrix}\begin{pmatrix}1&1&-1\\2&-1&0\\1&-1&0\end{pmatrix}$；

(6) $(1,-1,2)\begin{pmatrix}-1 & 2 & 0\\ 0 & 1 & 1\\ 3 & 0 & -1\end{pmatrix}\begin{pmatrix}2\\ -1\\ 2\end{pmatrix}$.

6. 设 $\boldsymbol{A}=\begin{pmatrix}1 & 1\\ 1 & 1\end{pmatrix}$，试求所有与 $\boldsymbol{A}$ 可交换的矩阵.

7. 已知两个线性变换

$$\begin{cases}x_1=3y_1-y_3,\\ x_2=2y_1+3y_2+y_3,\\ x_3=y_2-2y_3;\end{cases}\qquad \begin{cases}y_1=z_1+z_2,\\ y_2=z_1-z_2,\\ y_3=z_2;\end{cases}$$

(1) 试把这两个线性变换分别写成矩阵形式；

(2) 用矩阵乘法求从 z_1，z_2 到 x_1，x_2，x_3 的线性变换.

8. 计算下列矩阵：

(1) $\begin{pmatrix}0 & -1 & 0\\ 1 & 0 & 1\\ 0 & 1 & 0\end{pmatrix}^4$； (2) $\begin{pmatrix}2 & 1 & 0\\ 0 & 2 & 1\\ 0 & 0 & 2\end{pmatrix}^4$；

(3) $\begin{pmatrix}a & 0 & 0\\ 0 & b & 0\\ 0 & 0 & c\end{pmatrix}^n$； (4) $\begin{pmatrix}1 & 1\\ 1 & 1\end{pmatrix}^n$.

9. 设 $f(x)=a_mx^m+a_{m-1}x^{m-1}+\cdots+a_1x+a_0$，$\boldsymbol{A}$ 是一个 n 阶方阵，定义 $f(\boldsymbol{A})=a_m\boldsymbol{A}^m+a_{m-1}\boldsymbol{A}^{m-1}+\cdots+a_1\boldsymbol{A}+a_0\boldsymbol{E}_n$（称 $f(\boldsymbol{A})$ 为矩阵 $\boldsymbol{A}$ 的多项式）. 当 $f(x)=x^2+3x+2$，矩阵 $\boldsymbol{A}=\begin{pmatrix}1 & -1 & 2\\ 3 & 2 & 1\\ 0 & 1 & -1\end{pmatrix}$ 时，求 $f(\boldsymbol{A})$.

10. 设矩阵 $\boldsymbol{A}$、$\boldsymbol{B}$ 是可交换的，求证：

(1) $(\boldsymbol{A}+\boldsymbol{B})(\boldsymbol{A}-\boldsymbol{B})=\boldsymbol{A}^2-\boldsymbol{B}^2$；

(2) $(\boldsymbol{A}+\boldsymbol{B})^2=\boldsymbol{A}^2+2\boldsymbol{AB}+\boldsymbol{B}^2$.

11. 设 $\boldsymbol{A}$，$\boldsymbol{B}$ 为同阶方阵，且 $\boldsymbol{A}=\frac{1}{2}(\boldsymbol{B}+\boldsymbol{E})$，证明 $\boldsymbol{A}^2=\boldsymbol{A}$ 当且仅当 $\boldsymbol{B}^2=\boldsymbol{E}$.

12. 设 $\boldsymbol{A}$ 为实方阵，证明：

(1) 如果 $\boldsymbol{A}=\boldsymbol{A}^{\mathrm{T}}$，且 $\boldsymbol{A}^2=\boldsymbol{O}$，则 $\boldsymbol{A}=\boldsymbol{O}$；

(2) 如果 $\boldsymbol{AA}^{\mathrm{T}}=\boldsymbol{O}$ 或 $\boldsymbol{A}^{\mathrm{T}}\boldsymbol{A}=\boldsymbol{O}$，则 $\boldsymbol{A}=\boldsymbol{O}$.

13. 证明：

(1) 对任意 $n\times n$ 阶矩阵 $\boldsymbol{A}$，$\boldsymbol{A}^{\mathrm{T}}\boldsymbol{A}$ 和 $\boldsymbol{AA}^{\mathrm{T}}$ 都是对称矩阵；

(2) 对任意 n 阶方阵 $\boldsymbol{A}$，$\boldsymbol{A}+\boldsymbol{A}^{\mathrm{T}}$ 为对称矩阵，$\boldsymbol{A}-\boldsymbol{A}^{\mathrm{T}}$ 为反对称矩阵；

(3) 对任意 n 阶方阵 $\boldsymbol{A}$，都可表示为一对称矩阵与一反对称矩阵的和.

14. 设 $\boldsymbol{A}$，$\boldsymbol{B}$ 是同阶方阵，证明：

(1) 如果 $\boldsymbol{A}^{\mathrm{T}}=\boldsymbol{A}$，$\boldsymbol{B}^{\mathrm{T}}=\boldsymbol{B}$，则 $(\boldsymbol{AB})^{\mathrm{T}}=\boldsymbol{AB}$ 的充分必要条件是 $\boldsymbol{AB}=\boldsymbol{BA}$；

(2) 如果 $\boldsymbol{A}^2=\boldsymbol{E}$，$\boldsymbol{B}^2=\boldsymbol{E}$，则 $(\boldsymbol{AB})^2=\boldsymbol{E}$ 的充分必要条件是 $\boldsymbol{AB}=\boldsymbol{BA}$；

(3) 如果 $\boldsymbol{A}^2=\boldsymbol{A}$，$\boldsymbol{B}^2=\boldsymbol{B}$，则 $(\boldsymbol{A}+\boldsymbol{B})^2=\boldsymbol{A}+\boldsymbol{B}$ 的充分必要条件是 $\boldsymbol{AB}=-\boldsymbol{BA}$.

15. 设 $\boldsymbol{A}=\begin{pmatrix}a_{11} & a_{12} & a_{13}\\ & a_{22} & a_{23}\\ & & a_{33}\end{pmatrix}$，$\boldsymbol{B}=\begin{pmatrix}b_{11} & b_{12} & b_{13}\\ & b_{22} & b_{23}\\ & & b_{33}\end{pmatrix}$，验证 $a\boldsymbol{A}$，$\boldsymbol{A}+\boldsymbol{B}$，$\boldsymbol{AB}$ 仍为同阶同结构上三角形矩阵（其中 a 为实数）.

16. 设 $\boldsymbol{A}$ 为 n 阶方阵，满足 $\boldsymbol{A}^k=\boldsymbol{O}$（$k$ 为自然数）. 证明 $\boldsymbol{E}-\boldsymbol{A}$ 可逆，并且 $(\boldsymbol{E}-\boldsymbol{A})^{-1}=\boldsymbol{E}+\boldsymbol{A}+\boldsymbol{A}^2+\cdots+\boldsymbol{A}^{k-1}$.

17. 若 $\boldsymbol{A}$ 可逆，证明：$\boldsymbol{A}^k$ 也可逆（k 是自然数），且 $(\boldsymbol{A}^k)^{-1}=(\boldsymbol{A}^{-1})^k$.

18. 设 $\boldsymbol{A}$ 是一个 n 阶上三角形矩阵，主对角线上的元素 $a_{ii}\neq 0\,(i=1,2,\cdots,n)$，则 $\boldsymbol{A}$ 可逆，且 $\boldsymbol{A}^{-1}$ 也是上三角形矩阵.

19. 若 $\boldsymbol{A}$ 可逆，试证：$\boldsymbol{A}^*$ 也可逆，并求 $(\boldsymbol{A}^*)^{-1}$ 和 $|\boldsymbol{A}^*|$.

20. 设 $\boldsymbol{A}$ 为 n 阶对称矩阵，证明：

(1) $\boldsymbol{A}^*$ 也是对称矩阵；

(2) 如果 $\boldsymbol{A}$ 可逆，则 $\boldsymbol{A}^{-1}$ 也是对称矩阵.

21. 设 $\boldsymbol{A}$ 为 n 阶方阵，试证：

(1) $(-\boldsymbol{A})^*=(-1)^{n-1}\boldsymbol{A}^*$；

(2) $(\boldsymbol{A}^{-1})^*=(\boldsymbol{A}^*)^{-1}$（$\boldsymbol{A}$ 可逆）；

(3) $(\boldsymbol{A}^*)^{\mathrm{T}}=(\boldsymbol{A}^{\mathrm{T}})^*$；

(4) $(\boldsymbol{A}^*)^*=|\boldsymbol{A}|^{n-2}\boldsymbol{A}\,(n\geqslant 2)$.

22. 设 $\boldsymbol{A}$，$\boldsymbol{B}$，$\boldsymbol{C}$ 为同阶方阵，且 $\boldsymbol{C}$ 非奇异，满足 $\boldsymbol{C}^{-1}\boldsymbol{AC}=\boldsymbol{B}$，求证 $\boldsymbol{C}^{-1}\boldsymbol{A}^m\boldsymbol{C}=\boldsymbol{B}^m$（$m$ 是正整数）.

23. 求下列矩阵的逆矩阵：

(1) $\begin{pmatrix}1 & -1 & 2\\ -2 & -1 & -2\\ 4 & 3 & 3\end{pmatrix}$； (2) $\begin{pmatrix}0 & 2 & 1\\ 1 & -1 & 1\\ 3 & -1 & 2\end{pmatrix}$；

(3) $\begin{pmatrix}1 & 2 & 3 & 4\\ 2 & 3 & 1 & 2\\ 1 & 1 & 1 & -1\\ 1 & 0 & -2 & -6\end{pmatrix}$；

(4) $\begin{pmatrix} a_1 & & & \\ & a_2 & & \\ & & \ddots & \\ & & & a_n \end{pmatrix}$，其中 $a_i \neq 0\ (i=1, 2,\cdots,n)$；

(5) $\begin{pmatrix} & & & b_1 \\ & & b_2 & \\ & \iddots & & \\ b_n & & & \end{pmatrix}$，其中 $b_i \neq 0 (i=1,2,\cdots,n)$；

(6) $\begin{pmatrix} 0 & a_1 & 0 & \cdots & 0 \\ 0 & 0 & a_2 & \cdots & 0 \\ \vdots & \vdots & \vdots & & \vdots \\ 0 & 0 & 0 & \cdots & a_{n-1} \\ a_n & 0 & 0 & \cdots & 0 \end{pmatrix}$，其中 $a_i \neq 0$，$(i=1,2,\cdots,n)$.

24. 解下列矩阵方程：

(1) $\begin{pmatrix} 3 & 5 \\ 1 & 2 \end{pmatrix} \boldsymbol{X} = \begin{pmatrix} 4 & -1 & 2 \\ 3 & 0 & -1 \end{pmatrix}$；

(2) $\boldsymbol{X} \begin{pmatrix} 1 & 0 & 5 \\ 1 & 1 & 2 \\ 1 & 2 & 5 \end{pmatrix} = \begin{pmatrix} 1 & 1 & 2 \\ 0 & 0 & -6 \end{pmatrix}$；

(3) $\begin{pmatrix} 2 & 1 \\ -2 & 3 \end{pmatrix} \boldsymbol{X} \begin{pmatrix} -2 & -1 \\ 1 & 1 \end{pmatrix} = \begin{pmatrix} -2 & 3 \\ -6 & 1 \end{pmatrix}$；

(4) $\begin{pmatrix} 0 & 1 & 0 \\ -1 & 1 & 1 \\ -1 & 0 & -1 \end{pmatrix} \boldsymbol{X} + \begin{pmatrix} 1 & -1 \\ 2 & 0 \\ 5 & -3 \end{pmatrix} = \boldsymbol{X}$.

25. 已知 n 阶方阵 $\boldsymbol{A}$ 满足 $\boldsymbol{A}^2 - 3\boldsymbol{A} - 2\boldsymbol{E} = \boldsymbol{O}$，试证：$\boldsymbol{A}$ 可逆，并求 $\boldsymbol{A}^{-1}$.

26. 设 $\boldsymbol{P}^{-1}\boldsymbol{A}\boldsymbol{P} = \boldsymbol{\Lambda}$，其中 $\boldsymbol{P} = \begin{pmatrix} -1 & -4 \\ 1 & 1 \end{pmatrix}$，$\boldsymbol{\Lambda} = \begin{pmatrix} -1 & 0 \\ 0 & 2 \end{pmatrix}$，求 A^{11}.

27. 设 $\boldsymbol{A}\boldsymbol{P} = \boldsymbol{P}\boldsymbol{\Lambda}$，其中 $\boldsymbol{P} = \begin{pmatrix} 1 & 1 & 1 \\ 1 & 0 & -2 \\ 1 & -1 & -1 \end{pmatrix}$，$\boldsymbol{\Lambda} = \begin{pmatrix} -1 & & \\ & 1 & \\ & & 5 \end{pmatrix}$，求 $\varphi(\boldsymbol{A}) = \boldsymbol{A}^8(5\boldsymbol{E} - 6\boldsymbol{A} + \boldsymbol{A}^2)$.

28. 设 $\boldsymbol{A}$，$\boldsymbol{B}$，$\boldsymbol{C}$ 均为 n 阶方阵，$|\boldsymbol{E}-\boldsymbol{A}| \neq 0$，如果 $\boldsymbol{C} = \boldsymbol{A} + \boldsymbol{C}\boldsymbol{A}$，$\boldsymbol{B} = \boldsymbol{E} + \boldsymbol{A}\boldsymbol{B}$，求证：$\boldsymbol{B} - \boldsymbol{C} = \boldsymbol{E}$.

29. 设 $\boldsymbol{A}$ 为三阶方阵，$\boldsymbol{A}^*$ 为 $\boldsymbol{A}$ 的伴随矩阵．已知 $|\boldsymbol{A}| = \frac{1}{2}$，求 $|(3\boldsymbol{A})^{-1} - 2\boldsymbol{A}^*|$的值.

30. 按指定的分块方法，用分块矩阵的乘法求下列矩阵的乘积：

(1) $\left(\begin{array}{cc:cc} 1 & 0 & 0 & 0 \\ 0 & 1 & 0 & 0 \\ \hdashline 1 & 0 & 1 & 1 \\ -1 & 1 & 0 & 1 \end{array}\right) \left(\begin{array}{cc:c} 3 & -2 & 5 \\ -2 & 1 & 3 \\ \hdashline 1 & 0 & -2 \\ 0 & 1 & 1 \end{array}\right)$；

(2) $\left(\begin{array}{cc:cc} a & 0 & 0 & 0 \\ 0 & a & 0 & 0 \\ \hdashline 1 & 0 & b & 0 \\ 0 & 1 & 0 & b \end{array}\right) \left(\begin{array}{cc:cc} 1 & 0 & c & 0 \\ 0 & 1 & 0 & c \\ \hdashline 0 & 0 & d & 0 \\ 0 & 0 & 0 & d \end{array}\right)$.

31. 设 $\boldsymbol{A}$ 为三阶方阵，$|A| = 2$. 把 $\boldsymbol{A}$ 按列分块为 $\boldsymbol{A} = (\boldsymbol{A}_1, \boldsymbol{A}_2, \boldsymbol{A}_3)$，其中 $\boldsymbol{A}_j (j=1,2,3)$ 是 $\boldsymbol{A}$ 的第 j 列，求：

(1) $|(\boldsymbol{A}_1, 2\boldsymbol{A}_3, \boldsymbol{A}_2)|$；

(2) $|(\boldsymbol{A}_3 - 3\boldsymbol{A}_1, 3\boldsymbol{A}_2, \boldsymbol{A}_1)|$.

32. 设 $\boldsymbol{A}$、$\boldsymbol{B}$ 为 n 阶方阵，试证：

$$\begin{vmatrix} \boldsymbol{A} & \boldsymbol{B} \\ \boldsymbol{B} & \boldsymbol{A} \end{vmatrix} = |\boldsymbol{A}+\boldsymbol{B}| \cdot |\boldsymbol{A}-\boldsymbol{B}|.$$

33. 设 m 阶矩阵 $\boldsymbol{A}$ 及 n 阶矩阵 $\boldsymbol{B}$ 都可逆，试证：

(1) $\begin{pmatrix} \boldsymbol{O} & \boldsymbol{A} \\ \boldsymbol{B} & \boldsymbol{O} \end{pmatrix}^{-1} = \begin{pmatrix} \boldsymbol{O} & \boldsymbol{B}^{-1} \\ \boldsymbol{A}^{-1} & \boldsymbol{O} \end{pmatrix}$；

(2) $\begin{pmatrix} \boldsymbol{A} & \boldsymbol{C} \\ \boldsymbol{O} & \boldsymbol{B} \end{pmatrix}^{-1} = \begin{pmatrix} \boldsymbol{A}^{-1} & -\boldsymbol{A}^{-1}\boldsymbol{C}\boldsymbol{B}^{-1} \\ \boldsymbol{O} & \boldsymbol{B}^{-1} \end{pmatrix}$.

34. 求下面分块矩阵的逆矩阵：

(1) $\left(\begin{array}{cc:cc} 2 & 1 & 0 & 0 \\ 1 & 1 & 0 & 0 \\ \hdashline 0 & 0 & 2 & 5 \\ 0 & 0 & 1 & 3 \end{array}\right)$；

(2) $\left(\begin{array}{ccc:c} 1 & -1 & 2 & -1 \\ -2 & -1 & -2 & 1 \\ 4 & 3 & 3 & 1 \\ \hdashline 0 & 0 & 0 & 2 \end{array}\right)$.

35. 用初等变换法求下列矩阵的秩：

(1) $\begin{pmatrix} 1 & -3 & 4 & 5 \\ 2 & -2 & 7 & 9 \\ 3 & 3 & 9 & 12 \end{pmatrix}$；

(2) $\begin{pmatrix} 1 & -1 & 2 & 1 & 0 \\ 2 & 0 & 6 & 0 & 1 \\ -1 & 5 & 2 & -5 & 2 \end{pmatrix}$;

(3) $\begin{pmatrix} 3 & 1 & 0 & 2 \\ 1 & -1 & 2 & -1 \\ 1 & 3 & -4 & 4 \end{pmatrix}$;

(4) $\begin{pmatrix} 1 & 3 & -1 & -2 \\ 2 & -1 & 2 & -4 \\ 3 & 2 & 1 & -6 \\ 1 & -4 & 3 & 5 \end{pmatrix}$.

第 2 章 Python 程序代码汇总

(1) 2.2 节例 1 矩阵的加法

```
import numpy as np
A=np.matrix([[3,5,7,2],[2,0,4,3],[0,1,2,3]])
B=np.matrix([[1,3,2,0],[2,1,5,7],[0,6,4,8]])
print('矩阵 A 与矩阵 B 的和为:\n',A+B)
```

(2) 2.2 节例 3 矩阵的乘法

```
import numpy as np
A=np.matrix([[2,1,-1],[0,1,2]])
B=np.matrix([[1,-1,2],[2,1,4],[-1,2,0]])
print('矩阵 AB 为:\n',A * B) #  方法一
```

或

```
import numpy as np
A=np.matrix([[2,1,-1],[0,1,2]])
B=np.matrix([[1,-1,2],[2,1,4],[-1,2,0]])
print('矩阵 AB 为:\n',np.dot(A,B)) #  方法二
```

(3) 2.3 节例 2 逆矩阵的求法

```
import numpy as np
A=np.matrix([[1,0,1],[2,1,0],[-3,2,-5]])
print('矩阵 A 的逆矩阵为:\n',np.linalg.inv(A))
```

(4) 2.5 节例 4 矩阵方程的求法

```
import numpy as np
#使用 identity 函数创建 3 行 3 列的单位矩阵
E=np.identity(3)
print('单位矩阵 E 为:\n',E)
A=np.matrix([[4,2,3],[1,1,0],[-1,2,3]])
C=A-2 * E
print('C=A-2E 为:\n',C)
X=(C.I) * A
```

```
print('矩阵方程 X 的解为:\n',X)
```

(5) 2.6 节例 1 矩阵的秩的求法

```
import numpy as np
A=np.array([[2,-4,2,3],[1,-2,-1,0],[-1,2,2,1]])
print('矩阵 A 的秩为:',np.linalg.matrix_rank(A))
```

3

第 3 章 线性方程组的解

线性方程组是线性代数中的重要内容，科学技术和经济管理中的许多问题，往往都可归结为求解一个线性方程组. 而方程组可能无解，也可能有唯一解或有无穷多个解. 在有无穷多个解的情况下，这些解之间的关系如何？这些问题的讨论无论在理论上还是在应用上都是很有意义的. 本章主要讨论一般线性方程组的消元解法，线性方程组解的判定和解的结构等内容.

3.1 消元法

第 1 章里的克拉默法则只能用于求解未知量个数等于方程个数，并且系数行列式不等于零的线性方程组．然而，许多线性方程组并不能同时满足这两个条件．为此，必须讨论一般情况下线性方程组的求解方法，而消元法为我们提供了解决这一问题的一种较为简便的方法和求解形式.

对于含有 m 个方程，n 个未知量的 n 元线性方程组

$$\begin{cases} a_{11}x_1+a_{12}x_2+\cdots+a_{1n}x_n=b_1, \\ a_{21}x_1+a_{22}x_2+\cdots+a_{2n}x_n=b_2, \\ \quad\quad\vdots \\ a_{m1}x_1+a_{m2}x_2+\cdots+a_{mn}x_n=b_m, \end{cases} \tag{3.1}$$

如果存在 n 个数 $c_1,c_2,\cdots,c_n$，当 $x_1=c_1,x_2=c_2,\cdots,x_n=c_n$ 时可使方程组(3.1)的 m 个等式成立，则称 $x_1=c_1,x_2=c_2,\cdots,x_n=c_n$ 为方程组(3.1)的一个解，一般用 n 维向量$\begin{pmatrix} c_1 \\ c_2 \\ \vdots \\ c_n \end{pmatrix}$或$(c_1,c_2,\cdots,c_n)^{\mathrm{T}}$ 表示，故也称之为方程组的一个解向量.

对于一般的 n 元线性方程组，需要解决以下 3 个问题：

(1) 如何判定方程组是否有解？

（2）如果方程组有解，它有多少解？

（3）如何求出方程组的全部解？

在中学代数中，我们已学过用消元法解二元或三元线性方程组，这一方法也适用于求解含有更多未知量的线性方程组.

例 1　解线性方程组

$$\begin{cases} x_1+3x_2-2x_3=4, \\ 3x_1+2x_2-5x_3=11, \\ 2x_1+x_2+x_3=3, \\ -2x_1+x_2+3x_3=-7. \end{cases}$$

解　为观察消元过程，我们将消元过程中每个步骤的方程组及其对应的矩阵一并列出：

$$\begin{cases} x_1+3x_2-2x_3=4, \\ 3x_1+2x_2-5x_3=11, \\ 2x_1+x_2+x_3=3, \\ -2x_1+x_2+3x_3=-7 \end{cases} ① \xleftrightarrow{\text{对应}} \begin{pmatrix} 1 & 3 & -2 & 4 \\ 3 & 2 & -5 & 11 \\ 2 & 1 & 1 & 3 \\ -2 & 1 & 3 & -7 \end{pmatrix} ①$$

$$\to \begin{cases} x_1+3x_2-2x_3=4, \\ -7x_2+x_3=-1, \\ -5x_2+5x_3=-5, \\ 7x_2-x_3=1 \end{cases} ② \xleftrightarrow{\text{对应}} \begin{pmatrix} 1 & 3 & -2 & 4 \\ 0 & -7 & 1 & -1 \\ 0 & -5 & 5 & -5 \\ 0 & 7 & -1 & 1 \end{pmatrix} ②$$

$$\to \begin{cases} x_1+3x_2-2x_3=4, \\ -7x_2+x_3=-1, \\ x_2-x_3=1 \end{cases} ③ \xleftrightarrow{\text{对应}} \begin{pmatrix} 1 & 3 & -2 & 4 \\ 0 & -7 & 1 & -1 \\ 0 & 1 & -1 & 1 \\ 0 & 0 & 0 & 0 \end{pmatrix} ③$$

$$\to \begin{cases} x_1+3x_2-2x_3=4, \\ x_2-x_3=1, \\ -7x_2+x_3=-1 \end{cases} ④ \xleftrightarrow{\text{对应}} \begin{pmatrix} 1 & 3 & -2 & 4 \\ 0 & 1 & -1 & 1 \\ 0 & -7 & 1 & -1 \\ 0 & 0 & 0 & 0 \end{pmatrix} ④$$

$$\to \begin{cases} x_1+3x_2-2x_3=4, \\ x_2-x_3=1, \\ -6x_3=6 \end{cases} ⑤ \xleftrightarrow{\text{对应}} \begin{pmatrix} 1 & 3 & -2 & 4 \\ 0 & 1 & -1 & 1 \\ 0 & 0 & -6 & 6 \\ 0 & 0 & 0 & 0 \end{pmatrix} ⑤.$$

其中原来的第四个方程化为“$0=0$”，说明这个方程为原方程组中的“多余”方程，不再写出，但仍在对应的矩阵中得以体现.

从最后一个方程得到 $x_3=-1$，将其代入第二个方程可得到 $x_2=0$，再将 $x_3=-1$，$x_2=0$ 一起代入第一个方程得到 $x_1=2$，因此，

所求方程组的解为 $x_1=2$，$x_2=0$，$x_3=-1$.

通常把过程①～⑤称为消元过程．矩阵⑤是行阶梯形矩阵，与之对应的方程组⑤则称为行阶梯形方程组.

对例 1，我们还可以继续化简线性方程组⑤，直至最后我们能直接“读”出该线性方程组的解：

$$\to\begin{cases} x_1+3x_2-2x_3=4, \\ x_2-x_3=1, \\ x_3=-1 \end{cases} ⑥ \longleftrightarrow \begin{pmatrix} 1 & 3 & -2 & 4 \\ 0 & 1 & -1 & 1 \\ 0 & 0 & 1 & -1 \\ 0 & 0 & 0 & 0 \end{pmatrix} ⑥$$

$$\to\begin{cases} x_1+3x_2=2, \\ x_2=0, \\ x_3=-1 \end{cases} ⑦ \longleftrightarrow \begin{pmatrix} 1 & 3 & 0 & 2 \\ 0 & 1 & 0 & 0 \\ 0 & 0 & 1 & -1 \\ 0 & 0 & 0 & 0 \end{pmatrix} ⑦$$

$$\to\begin{cases} x_1=2, \\ x_2=0, \\ x_3=-1 \end{cases} ⑧ \longleftrightarrow \begin{pmatrix} 1 & 0 & 0 & 2 \\ 0 & 1 & 0 & 0 \\ 0 & 0 & 1 & -1 \\ 0 & 0 & 0 & 0 \end{pmatrix} ⑧.$$

通常把过程⑥～⑧称为回代过程．矩阵⑧是行最简形矩阵，与之对应的方程组⑧则称为行最简形方程组.

在上述求解过程中，我们对方程组反复进行了以下 3 种变换：

（1）交换某两个方程的位置；

（2）用一个非零的数乘以某个方程的两边；

（3）将一个方程的适当倍数加到另一个方程上.

以上 3 种变换称为线性方程组的初等变换．可以证明：线性方程组经初等变换后所得方程组与原方程组同解.

将上面的方程组①～⑧和矩阵①～⑧一一对照，就可以发现，我们只是对各方程的系数和常数项进行运算，如消去某一个未知量，就是将这个未知量的系数化为零．事实上，消元和回代的过程都是针对由方程组的系数和常数项组成的矩阵进行初等行变换的过程．称由线性方程组的系数矩阵 $\boldsymbol{A}$，右边再增加常数项一列后组成的矩阵为该方程组的**增广矩阵**，记为 $\widetilde{\boldsymbol{A}}$. 如例 1 中方程组的系数矩阵 $\boldsymbol{A}$ 和增广矩阵 $\widetilde{\boldsymbol{A}}$ 分别为

$$\boldsymbol{A}=\begin{pmatrix} 1 & 3 & -2 \\ 3 & 2 & -5 \\ 2 & 1 & 1 \\ -2 & 1 & 3 \end{pmatrix}, \quad \widetilde{\boldsymbol{A}}=\left(\begin{array}{ccc:c} 1 & 3 & -2 & 4 \\ 3 & 2 & -5 & 11 \\ 2 & 1 & 1 & 3 \\ -2 & 1 & 3 & -7 \end{array}\right),$$

而消元和回代过程正是对 $\widetilde{A}$ 进行初等行变换的过程.

下面用矩阵的初等行变换来求解另外几个线性方程组，看一下求解中可能出现的其他情况.

例 2　将例 1 中的第四个方程的常数项改为-6，其余方程不变，解方程组

$$\begin{cases} x_1+3x_2-2x_3=4, \\ 3x_1+2x_2-5x_3=11, \\ 2x_1+x_2+x_3=3, \\ -2x_1+x_2+3x_3=-6. \end{cases}$$

解

$$\widetilde{A}=\left(\begin{array}{ccc:c} 1 & 3 & -2 & 4 \\ 3 & 2 & -5 & 11 \\ 2 & 1 & 1 & 3 \\ -2 & 1 & 3 & -6 \end{array}\right) \xrightarrow[r_4+2r_1]{\substack{r_2-3r_1 \\ r_3-2r_1}} \left(\begin{array}{ccc:c} 1 & 3 & -2 & 4 \\ 0 & -7 & 1 & -1 \\ 0 & -5 & 5 & -5 \\ 0 & 7 & -1 & 2 \end{array}\right)$$

$$\xrightarrow[r_3\times\left(-\frac{1}{5}\right)]{r_4-r_2} \left(\begin{array}{ccc:c} 1 & 3 & -2 & 4 \\ 0 & -7 & 1 & -1 \\ 0 & 1 & -1 & 1 \\ 0 & 0 & 0 & 1 \end{array}\right) \xrightarrow[r_2-7r_2]{r_2\leftrightarrow r_3} \left(\begin{array}{ccc:c} 1 & 3 & -2 & 4 \\ 0 & 1 & -1 & 1 \\ 0 & 0 & -6 & 6 \\ 0 & 0 & 0 & 1 \end{array}\right),$$

最后得到的行阶梯形矩阵对应的方程组为

$$\begin{cases} x_1+3x_2-2x_3=4, \\ x_2-x_3=1, \\ -6x_3=6, \\ 0=1. \end{cases}$$

这是一个矛盾方程组，无解．从而原方程组也无解.

注　解线性方程组时，应尽量避免对增广矩阵施行初等列变换(请读者思考这是为什么).

例 3　将例 1 中的第三个方程换成 $x_1-4x_2-x_3=3$，其余方程不变，解方程组

$$\begin{cases} x_1+3x_2-2x_3=4, \\ 3x_1+2x_2-5x_3=11, \\ x_1-4x_2-x_3=3, \\ -2x_1+x_2+3x_3=-7. \end{cases}$$

解 $$\widetilde{A}=\left(\begin{array}{ccc|c}1&3&-2&4\\3&2&-5&11\\1&-4&-1&3\\-2&1&3&-7\end{array}\right)\xrightarrow[r_4+2r_1]{\substack{r_2-3r_1\\r_3-r_1}}\left(\begin{array}{ccc|c}1&3&-2&4\\0&-7&1&-1\\0&-7&1&-1\\0&7&-1&1\end{array}\right)$$

$$\xrightarrow[r_4-r_2]{\substack{r_2\times(-1)\\r_3+r_2}}\left(\begin{array}{ccc|c}1&3&-2&4\\0&7&-1&1\\0&0&0&0\\0&0&0&0\end{array}\right)=A_1,$$

最后得到的行阶梯形矩阵 A_1 对应的方程组为

$$\begin{cases}x_1+3x_2-2x_3=4,\\ \qquad 7x_2-\ x_3=1.\end{cases}$$

若将上述方程组改写为

$$\begin{cases}x_1-2x_3=4-\ 3x_2,\\ \qquad x_3=-1+7x_2,\end{cases}$$

则可以看出：只要任意给定 x_2 的值，即可唯一地确定 x_1 与 x_3 的值，从而得到原方程组的一个解. 因此，原方程组有无穷多个解. 这时，称 x_2 为自由未知量，称 x_1 和 x_3 为非自由未知量或主未知量.

为了使未知量 x_1 与 x_3 都仅用 x_2 表示，可以在上面已得到的行阶梯形矩阵 A_1 的基础上继续回代，即

$$A_1\xrightarrow{r_2\times(-1)}\left(\begin{array}{ccc|c}1&3&-2&4\\0&-7&1&-1\\0&0&0&0\\0&0&0&0\end{array}\right)\xrightarrow{r_1+2r_2}\left(\begin{array}{ccc|c}1&-11&0&2\\0&-7&1&-1\\0&0&0&0\\0&0&0&0\end{array}\right),$$

即得与原方程组同解的方程组

$$\begin{cases}x_1-11x_2\qquad=2,\\ \quad -\ 7x_2+x_3=-1,\end{cases}$$

从而有

$$\begin{cases}x_1=2\ \ +11x_2,\\ x_3=-1+\ 7x_2.\end{cases}$$

令 $x_2=k$（k 为任意常数），则原方程组的全部解可表示为

$$\begin{cases}x_1=2\ \ +11k,\\ x_2=k,\\ x_3=-1+7k\end{cases}\quad 或\quad \begin{pmatrix}x_1\\x_2\\x_3\end{pmatrix}=\begin{pmatrix}2\\0\\-1\end{pmatrix}+k\begin{pmatrix}11\\1\\7\end{pmatrix}.$$

上述两种形式的解均称为方程组的通解（或一般解）. 方程组每个具体的解，都可由适当指定通解中的任意常数而得到.

实际上，也可以将 x_3 确定为自由未知量，即由

$$A_1=\left(\begin{array}{ccc:c}1&3&-2&4\\0&7&-1&1\\0&0&0&0\\0&0&0&0\end{array}\right)\xrightarrow{r_2\times\frac{1}{7}}\left(\begin{array}{ccc:c}1&3&-2&4\\0&1&-\frac{1}{7}&\frac{1}{7}\\0&0&0&0\\0&0&0&0\end{array}\right)\xrightarrow{r_1-3r_2}\left(\begin{array}{ccc:c}1&0&-\frac{11}{7}&\frac{25}{7}\\0&1&-\frac{1}{7}&\frac{1}{7}\\0&0&0&0\\0&0&0&0\end{array}\right)$$

得到

$$\begin{cases}x_1=\dfrac{25}{7}+\dfrac{11}{7}x_3,\\x_2=\dfrac{1}{7}+\dfrac{1}{7}x_3.\end{cases}$$

令 $x_3=k$（k 为任意常数），则原方程组的通解为

$$\begin{cases}x_1=\dfrac{25}{7}+\dfrac{11}{7}k,\\x_2=\dfrac{1}{7}+\dfrac{1}{7}k,\\x_3=k,\end{cases}\quad\text{或}\begin{pmatrix}x_1\\x_2\\x_3\end{pmatrix}=\begin{pmatrix}\frac{25}{7}\\\frac{1}{7}\\0\end{pmatrix}+k\begin{pmatrix}\frac{11}{7}\\\frac{1}{7}\\1\end{pmatrix}.$$

3.2 线性方程组解的判定

用消元法解线性方程组时经常会遇到方程组有唯一解、无穷多个解和无解这 3 种情形．下面就通过线性方程组的一般形式，引入方程组解的情况的判定定理.

已知 n 元线性方程组的一般形式为

$$\begin{cases}a_{11}x_1+a_{12}x_2+\cdots+a_{1n}x_n=b_1,\\a_{21}x_1+a_{22}x_2+\cdots+a_{2n}x_n=b_2,\\\quad\vdots\\a_{m1}x_1+a_{m2}x_2+\cdots+a_{mn}x_n=b_m,\end{cases}\tag{3.2}$$

其系数矩阵 $\boldsymbol{A}$ 和增广矩阵 $\widetilde{\boldsymbol{A}}$ 分别是

$$\boldsymbol{A}=\begin{pmatrix}a_{11}&a_{12}&\cdots&a_{1n}\\a_{21}&a_{22}&\cdots&a_{2n}\\\vdots&\vdots&&\vdots\\a_{m1}&a_{m2}&\cdots&a_{mn}\end{pmatrix},\quad\widetilde{\boldsymbol{A}}=\left(\begin{array}{cccc:c}a_{11}&a_{12}&\cdots&a_{1n}&b_1\\a_{21}&a_{22}&\cdots&a_{2n}&b_2\\\vdots&\vdots&&\vdots&\vdots\\a_{m1}&a_{m2}&\cdots&a_{mn}&b_m\end{array}\right),$$

称 $\boldsymbol{\beta}=(b_1,b_2,\cdots,b_m)^{\mathrm{T}}$ 为方程组(3.2)的常数项向量.

运用矩阵乘法和向量的线性组合，方程组(3.2)又可分别表

示成

$$Ax=\boldsymbol{\beta},$$

$$x_1\boldsymbol{\alpha}_1+x_2\boldsymbol{\alpha}_2+\cdots+x_n\boldsymbol{\alpha}_n=\boldsymbol{\beta}, \tag{3.3}$$

其中 $\boldsymbol{x}=(x_1,x_2,\cdots,x_n)^{\mathrm{T}}$ 为未知数向量，$\boldsymbol{\alpha}_j=(a_{1j},a_{2j},\cdots,a_{mj})^{\mathrm{T}}$ $(j=1,2,\cdots,n)$ 为系数矩阵 $\boldsymbol{A}$ 的列向量.

当常数项 $b_1,b_2,\cdots,b_m$ 不全为零时，称方程组(3.2)为**非齐次线性方程组**；否则称为**齐次线性方程组**，即

$$\begin{cases}a_{11}x_1+a_{12}x_2+\cdots+a_{1n}x_n=0,\\ a_{21}x_1+a_{22}x_2+\cdots+a_{2n}x_n=0,\\ \quad\vdots\\ a_{m1}x_1+a_{m2}x_2+\cdots+a_{mn}x_n=0,\end{cases} \tag{3.4}$$

或

$$\boldsymbol{A}\boldsymbol{x}=\boldsymbol{0},$$

$$x_1\boldsymbol{\alpha}_1+x_2\boldsymbol{\alpha}_2+\cdots+x_n\boldsymbol{\alpha}_n=\boldsymbol{0},$$

其中 $\boldsymbol{0}=(0,0,\cdots,0)^{\mathrm{T}}$.

通过 3.1 节的 3 个例子可以看出，对于线性方程组有解(也称相容)情形的例 1 和例 3 有 $R(\boldsymbol{A})=R(\widetilde{\boldsymbol{A}})$，而对无解(也称不相容)情形的例 2，则有 $R(\boldsymbol{A})<R(\widetilde{\boldsymbol{A}})$. 一般地，我们有下面的结论：

定理 1 非齐次线性方程组(3.2)有解的充分必要条件是：它的系数矩阵的秩等于增广矩阵的秩，即 $R(\boldsymbol{A})=R(\widetilde{\boldsymbol{A}})$.

证明 由式(3.3)知，方程组(3.2)有解的充分必要条件是向量 $\boldsymbol{\beta}$ 可以由向量组 $\boldsymbol{\alpha}_1,\boldsymbol{\alpha}_2,\cdots,\boldsymbol{\alpha}_n$ 线性表示. 这说明向量组 $\boldsymbol{\alpha}_1,\boldsymbol{\alpha}_2,\cdots,\boldsymbol{\alpha}_n$ 与向量组 $\boldsymbol{\alpha}_1,\boldsymbol{\alpha}_2,\cdots,\boldsymbol{\alpha}_n,\boldsymbol{\beta}$ 是等价的，即系数矩阵与增广矩阵有相同的列秩，而矩阵的列秩与秩是相等的. 因此，方程组(3.2)有解的充分必要条件是 $R(\boldsymbol{A})=R(\widetilde{\boldsymbol{A}})$.

推论 1 n 元非齐次线性方程组(3.2)

(1) 无解的充分必要条件是 $R(\boldsymbol{A})<R(\widetilde{\boldsymbol{A}})$；

(2) 有唯一解的充分必要条件是 $R(\boldsymbol{A})=R(\widetilde{\boldsymbol{A}})=n$；

(3) 有无穷多个解的充分必要条件是 $R(\boldsymbol{A})=R(\widetilde{\boldsymbol{A}})<n$.

证明 (1) 为定理 1 的逆否命题，(3) 由(1)(2)即得，下面只需证明(2)：

充分性. 若 $R(\boldsymbol{A})=R(\widetilde{\boldsymbol{A}})$，则方程组(3.2)有解，由式(3.3)可知 $\boldsymbol{\beta}$ 可由 $\boldsymbol{\alpha}_1,\boldsymbol{\alpha}_2,\cdots,\boldsymbol{\alpha}_n$ 线性表示，又 $R(\boldsymbol{A})=n$，故 $\alpha_1,\alpha_2,\cdots,\boldsymbol{\alpha}_n$ 线性无关. 由第 3 章第 2 节定理 2 知，$\boldsymbol{\beta}$ 可由 $\boldsymbol{\alpha}_1,\boldsymbol{\alpha}_2,\cdots,\boldsymbol{\alpha}_n$ 唯一地线性表示，即方程组(3.2)有唯一解.

必要性. 若方程组(3.2)有唯一解，假设 $R(\boldsymbol{A})=R(\widetilde{\boldsymbol{A}})=r<n$，则有一个 r 阶子式不为零，不妨设就是其左上角的 r 阶子式不为零（必要时，重新排列方程和未知量的顺序），于是对 $\widetilde{\boldsymbol{A}}$ 作初等行变换化为行最简阶梯形矩阵后，对应的同解方程组为

$$\begin{cases} x_1 \quad = d_1 - c_{1,r+1}x_{r+1} - \cdots - c_{1n}x_n, \\ \quad x_2 \quad = d_2 - c_{2,r+1}x_{r+1} - \cdots - c_{2n}x_n, \\ \qquad \vdots \\ \qquad x_r = d_r - c_{r,r+1}x_{r+1} - \cdots - c_{rn}x_n. \end{cases} \tag{3.5}$$

易知，给定 $x_{r+1},\cdots,x_n$ 两组不同的数，分别代入方程组(3.5)，便得方程组(3.2)的两个不同的解. 这与方程组(3.2)有唯一解矛盾，故 $r=n$.

由于齐次线性方程组(3.4)的增广矩阵 $\widetilde{\boldsymbol{A}}$ 的最后一列为零，因此在任何情况下都有 $R(\boldsymbol{A})=R(\widetilde{\boldsymbol{A}})$，即方程组(3.4)总有解（至少有零解），从而有：

推论 2　n 元齐次线性方程组(3.4)

(1) 仅有零解的充分必要条件是 $R(\boldsymbol{A})=n$；

(2) 有非零解的充分必要条件是 $R(\boldsymbol{A})<n$.

注　由推论 1 和推论 2 还可分别得到 1.4 节的定理 6 和定理 7，并且可以知道它们的逆命题也成立.

例 1　试问 λ 为何值时，线性方程组

$$\begin{cases} \lambda x_1 + x_2 + x_3 = 1, \\ x_1 + \lambda x_2 + x_3 = \lambda, \\ x_1 + x_2 + \lambda x_3 = \lambda^2 \end{cases}$$

有唯一解？有无穷多个解？无解？

解　对增广矩阵 $\widetilde{\boldsymbol{A}}$ 施行初等行变换得

$$\widetilde{\boldsymbol{A}} = \left(\begin{array}{ccc:c} \lambda & 1 & 1 & 1 \\ 1 & \lambda & 1 & \lambda \\ 1 & 1 & \lambda & \lambda^2 \end{array}\right) \xrightarrow{r_1 \leftrightarrow r_3} \left(\begin{array}{ccc:c} 1 & 1 & \lambda & \lambda^2 \\ 1 & \lambda & 1 & \lambda \\ \lambda & 1 & 1 & 1 \end{array}\right)$$

$$\xrightarrow[r_3-\lambda r_1]{r_2-r_1}\left(\begin{array}{ccc:c}1 & 1 & \lambda & \lambda^2 \\ 0 & \lambda-1 & 1-\lambda & \lambda-\lambda^2 \\ 0 & 1-\lambda & 1-\lambda^2 & 1-\lambda^3\end{array}\right)$$

$$\xrightarrow{r_3+r_2}\left(\begin{array}{ccc:c}1 & 1 & \lambda & \lambda^2 \\ 0 & \lambda-1 & 1-\lambda & \lambda(1-\lambda) \\ 0 & 0 & (1-\lambda)(\lambda+2) & (1-\lambda)(\lambda+1)^2\end{array}\right),$$

当 $\lambda\neq 1$ 且 $\lambda\neq -2$ 时，$R(\boldsymbol{A})=R(\widetilde{\boldsymbol{A}})=3$，方程组有唯一解；

当 $\lambda=1$ 时，$R(\boldsymbol{A})=R(\widetilde{\boldsymbol{A}})=1<3$，方程组有无穷多个解；

当 $\lambda=-2$ 时，$R(\boldsymbol{A})=2$，$R(\widetilde{\boldsymbol{A}})=3$，方程组无解.

注 (1) 对含参数的矩阵作初等变换时，例如在本例中对矩阵 $\widetilde{\boldsymbol{A}}$ 作初等变换时，由于 λ，$\lambda-1$ 等因式可以等于 0，故不宜作诸如 $r_2-\frac{1}{\lambda}r_1$，$r_2\times\lambda$，$r_2\times\frac{1}{\lambda-1}$，$r_3\times\frac{1}{1-\lambda}r_2-1$，$r_3\times\frac{1}{1-\lambda}$ 这样的变换. 如果作了这样的变换，则需对 $\lambda=0$ 或 $\lambda-1=0$ 的情形另作讨论.

(2) 由于方程组的系数矩阵为方阵，本例也可就方程组的系数行列式是否为零进行讨论(这一方法留给读者自己完成).

例 2 证明线性方程组

$$\begin{cases}x_1-x_2=a_1, \\ x_2-x_3=a_2, \\ x_3-x_4=a_3, \\ x_4-x_5=a_4, \\ x_5-x_1=a_5\end{cases}$$

有解的充分必要条件是 $a_1+a_2+a_3+a_4+a_5=0$. 在有解的情况下，求出它的通解.

证明 对增广矩阵 $\widetilde{\boldsymbol{A}}$ 施行初等行变换：

$$\widetilde{\boldsymbol{A}}=\left(\begin{array}{ccccc:c}1 & -1 & 0 & 0 & 0 & a_1 \\ 0 & 1 & -1 & 0 & 0 & a_2 \\ 0 & 0 & 1 & -1 & 0 & a_3 \\ 0 & 0 & 0 & 1 & -1 & a_4 \\ -1 & 0 & 0 & 0 & 1 & a_5\end{array}\right)$$

$$\xrightarrow[r_5+r_4]{\substack{r_5+r_1\\ r_5+r_2\\ r_5+r_3}}\left(\begin{array}{ccccc:c}1 & -1 & 0 & 0 & 0 & a_1\\ 0 & 1 & -1 & 0 & 0 & a_2\\ 0 & 0 & 1 & -1 & 0 & a_3\\ 0 & 0 & 0 & 1 & -1 & a_4\\ 0 & 0 & 0 & 0 & 0 & \sum_{i=1}^{5} a_i\end{array}\right).$$

因为 $R(\boldsymbol{A})=R(\widetilde{\boldsymbol{A}})$ 当且仅当 $\sum_{i=1}^{5} a_i=0$，所以方程组有解的充分必要条件是 $\sum_{i=1}^{5} a_i=0$，且在有解的情况下，原方程组等价于方程组

$$\begin{cases}x_1-x_2=a_1,\\ x_2-x_3=a_2,\\ x_3-x_4=a_3,\\ x_4-x_5=a_4,\end{cases}$$

故所求通解为

$$\begin{cases}x_1=a_1+a_2+a_3+a_4+x_5,\\ x_2=a_2+a_3+a_4+x_5,\\ x_3=a_3+a_4+x_5,\\ x_4=a_4+x_5,\end{cases} x_5 \text{ 为任意常数.}$$

3.3 线性方程组解的结构

3.2 节介绍了线性方程组有解的判定定理，这一节将讨论线性方程组在有无穷多个解的情况下，这些解之间的关系和解的结构.

3.3.1 齐次线性方程组解的结构

先对于齐次线性方程组 $\boldsymbol{Ax}=\boldsymbol{0}$ 讨论解的性质.

性质 1　若 $\boldsymbol{\xi}_1$，$\boldsymbol{\xi}_2$ 是 $\boldsymbol{Ax}=\boldsymbol{0}$ 的解，则 $\boldsymbol{\xi}_1+\boldsymbol{\xi}_2$ 仍是 $\boldsymbol{AX}=\boldsymbol{0}$ 的解.

证明　因为 $\boldsymbol{A\xi}_1=\boldsymbol{0}$，$\boldsymbol{A\xi}_2=\boldsymbol{0}$，于是

$$\boldsymbol{A}(\boldsymbol{\xi}_1+\boldsymbol{\xi}_2)=\boldsymbol{A\xi}_1+\boldsymbol{A\xi}_2=\boldsymbol{0}+\boldsymbol{0}=\boldsymbol{0},$$

所以 $\boldsymbol{\xi}_1+\boldsymbol{\xi}_2$ 是 $\boldsymbol{Ax}=\boldsymbol{0}$ 的解.

类似地，可以证明：

性质 2 若 $\boldsymbol{\xi}$ 是 $\boldsymbol{Ax}=\boldsymbol{0}$ 的解，则对任意常数 k，$k\boldsymbol{\xi}$ 仍是 $\boldsymbol{Ax}=\boldsymbol{0}$ 的解.

由性质 1 和性质 2 可知，若 $\boldsymbol{\xi}_1,\boldsymbol{\xi}_2,\cdots,\boldsymbol{\xi}_t$ 均为 $\boldsymbol{Ax}=\boldsymbol{0}$ 的解，则它们的线性组合

$$k_1\boldsymbol{\xi}_1+k_2\boldsymbol{\xi}_2+\cdots+k_t\boldsymbol{\xi}_t(k_1,k_2,\cdots,k_t \text{ 为任意常数})$$

也是 $\boldsymbol{Ax}=\boldsymbol{0}$ 的解. 因此，齐次线性方程组 $\boldsymbol{Ax}=\boldsymbol{0}$ 的全体解向量构成的向量组(简称解向量组)是 $\mathbf{R}^n$ 的一个子空间，称为 $\boldsymbol{Ax}=\boldsymbol{0}$ 的解空间.

既然齐次线性方程组的解向量组是 $\mathbf{R}^n$ 的子空间，那么，当齐次线性方程组有非零解时，只要能确定其解向量组的秩并求出该解向量组的一个极大无关组，就可以通过这个极大无关组表示出方程组的全部解(即通解)，同时也就掌握了该方程组解的结构. 为此，引入下列定义.

定义 1 若 $\boldsymbol{\xi}_1,\boldsymbol{\xi}_2,\cdots,\boldsymbol{\xi}_s$ 为齐次线性方程组 $\boldsymbol{Ax}=\boldsymbol{0}$ 的解向量组的一个极大无关组，则称 $\boldsymbol{\xi}_1,\boldsymbol{\xi}_2,\cdots,\boldsymbol{\xi}_s$ 为该方程组的一个**基础解系**.

显然，只有当齐次线性方程组存在非零解时，才会存在基础解系. 齐次线性方程组的一个基础解系即为其解空间的一组基.

定理 2 设 n 元齐次线性方程组 $\boldsymbol{Ax}=\boldsymbol{0}$ 的系数矩阵 $\boldsymbol{A}$ 的秩 $R(\boldsymbol{A})=r<n$，则存在 $n-r$ 个线性无关的解向量 $\boldsymbol{\xi}_1,\boldsymbol{\xi}_2,\cdots,\boldsymbol{\xi}_{n-r}$，它们构成方程组 $\boldsymbol{Ax}=\boldsymbol{0}$ 的基础解系，且方程组的通解可表示为

$$\boldsymbol{X}=k_1\boldsymbol{\xi}_1+k_2\boldsymbol{\xi}_2+\cdots+k_{n-r}\boldsymbol{\xi}_{n-r}, \tag{3.6}$$

其中 $k_1,k_2,\cdots,k_{n-r}$ 为任意常数.

证明 已知 $\boldsymbol{A}=(a_{ij})_{m\times n}$ 的秩为 r. 不失一般性，可设 $\boldsymbol{A}$ 的左上角的 r 阶子式不为零，则对齐次线性方程组 $\boldsymbol{Ax}=\boldsymbol{0}$ 的增广矩阵 $\widetilde{\boldsymbol{A}}$ 进行初等行变换，可化为

$$\widetilde{\boldsymbol{A}}\to\cdots\to\left(\begin{array}{cccccccc:c}
1 & 0 & \cdots & 0 & b_{1,r+1} & b_{1,r+2} & \cdots & b_{1n} & 0\\
0 & 1 & \cdots & 0 & b_{2,r+1} & b_{2,r+2} & \cdots & b_{2n} & 0\\
\vdots & \vdots & & \vdots & \vdots & \vdots & & \vdots & \vdots\\
0 & 0 & \cdots & 1 & b_{r,r+1} & b_{r,r+2} & \cdots & b_{rn} & 0\\
0 & 0 & \cdots & 0 & 0 & 0 & \cdots & 0 & 0\\
\vdots & \vdots & & \vdots & \vdots & \vdots & & & \vdots\\
0 & 0 & \cdots & 0 & 0 & 0 & \cdots & 0 & 0
\end{array}\right),$$

于是原方程组的通解为

$$\begin{cases} x_1=-b_{1,r+1}x_{r+1}-b_{1,r+2}x_{r+2}-\cdots-b_{1n}x_n, \\ x_2=-b_{2,r+1}x_{r+1}-b_{2,r+2}x_{r+2}-\cdots-b_{2n}x_n, \\ \qquad\qquad\vdots \\ x_r=-b_{r,r+1}x_{r+1}-b_{r,r+2}x_{r+2}-\cdots-b_{rn}x_n, \\ x_{r+1}=x_{r+1}, \\ x_{r+2}=x_{r+2}, \\ \qquad\vdots \\ x_n=x_n. \end{cases} \tag{3.7}$$

任给自由未知量 $x_{r+1},x_{r+2},\cdots,x_n$ 一组值，由克拉默法则就能唯一决定主未知量 $x_1,x_2,\cdots,x_r$ 的一组值，从而得到方程组(3.7)的一个解，也就是方程组 $\boldsymbol{A}\boldsymbol{x}=\boldsymbol{0}$ 的解. 现将 $n-r$ 个自由未知量分别取下述 $n-r$ 组值：

$$\begin{pmatrix} x_{r+1} \\ x_{r+2} \\ \vdots \\ x_n \end{pmatrix}=\begin{pmatrix} 1 \\ 0 \\ \vdots \\ 0 \end{pmatrix},\begin{pmatrix} 0 \\ 1 \\ \vdots \\ 0 \end{pmatrix},\cdots,\begin{pmatrix} 0 \\ 0 \\ \vdots \\ 1 \end{pmatrix},$$

则依次可得到方程组(3.6)的 $n-r$ 个解，即方程组 $\boldsymbol{A}\boldsymbol{x}=\boldsymbol{0}$ 的 $n-r$ 个解：

$$\boldsymbol{\xi}_1=\begin{pmatrix} -b_{1,r+1} \\ -b_{2,r+1} \\ \vdots \\ -b_{r,r+1} \\ 1 \\ 0 \\ \vdots \\ 0 \end{pmatrix},\boldsymbol{\xi}_2=\begin{pmatrix} -b_{1,r+2} \\ -b_{2,r+2} \\ \vdots \\ -b_{r,r+2} \\ 0 \\ 1 \\ \vdots \\ 0 \end{pmatrix},\cdots,\boldsymbol{\xi}_{n-r}=\begin{pmatrix} -b_{1n} \\ -b_{2n} \\ \vdots \\ -b_{rn} \\ 0 \\ 0 \\ \vdots \\ 1 \end{pmatrix}.$$

下面证明 $\boldsymbol{\xi}_1,\boldsymbol{\xi}_2,\cdots,\boldsymbol{\xi}_{n-r}$ 就是方程组 $\boldsymbol{A}\boldsymbol{x}=\boldsymbol{0}$ 的一个基础解系. 为此，先证明 $\boldsymbol{\xi}_1,\boldsymbol{\xi}_2,\cdots,\boldsymbol{\xi}_{n-r}$ 线性无关，然后证明方程组 $\boldsymbol{A}\boldsymbol{x}=\boldsymbol{0}$ 的任意一个解，均可表示为 $\boldsymbol{\xi}_1,\boldsymbol{\xi}_2,\cdots,\boldsymbol{\xi}_{n-r}$ 的线性组合.

注意到 $\boldsymbol{\xi}_1,\boldsymbol{\xi}_2,\cdots,\boldsymbol{\xi}_{n-r}$ 的后 $n-r$ 个分量组成的 $n-r$ 维向量组线性无关. 故在每个向量前面添加 r 个分量得到的 $n-r$ 个 n 维向量 $\boldsymbol{\xi}_1,\boldsymbol{\xi}_2,\cdots,\boldsymbol{\xi}_{n-r}$ 也线性无关.

设 $\boldsymbol{\xi}=(c_1,c_2,\cdots,c_n)^{\mathrm{T}}$ 为方程组 $\boldsymbol{A}\boldsymbol{x}=\boldsymbol{0}$ 的任意一个解向量，由于 $\boldsymbol{\xi}_1,\boldsymbol{\xi}_2,\cdots,\boldsymbol{\xi}_{n-r}$ 都是方程组 $\boldsymbol{A}\boldsymbol{x}=\boldsymbol{0}$ 的解向量，故

$$c_{r+1}\boldsymbol{\xi}_1+c_{r+2}\boldsymbol{\xi}_2+\cdots+c_n\boldsymbol{\xi}_{n-r}=(*,*,\cdots,*,c_{r+1},c_{r+2},\cdots,c_n)^{\mathrm{T}}$$

也是方程组 $\boldsymbol{Ax}=\boldsymbol{0}$ 的解向量，且与 $\boldsymbol{\xi}$ 的后面 $n-r$ 个分量即自由未知量对应的取值完全相同，而方程组(3.7)表明任意一个解向量的前 r 个分量由后 $n-r$ 个分量唯一地决定，因此

$$\boldsymbol{\xi}=c_{r+1}\boldsymbol{\xi}_1+c_{r+2}\boldsymbol{\xi}_2+\cdots+c_n\boldsymbol{\xi}_{n-r},$$

即方程组 $\boldsymbol{Ax}=\boldsymbol{0}$ 的任一解向量均可由 $\boldsymbol{\xi}_1,\boldsymbol{\xi}_2,\cdots,\boldsymbol{\xi}_{n-r}$ 线性表示，因此 $\boldsymbol{\xi}_1,\boldsymbol{\xi}_2,\cdots,\boldsymbol{\xi}_{n-r}$ 为齐次线性方程组 $\boldsymbol{Ax}=\boldsymbol{0}$ 的一个基础解系，从而，方程组 $\boldsymbol{Ax}=\boldsymbol{0}$ 的通解可表示为式(3.6)所示的形式.

注 上面定理的证明是一种构造性证明，即在证明中同时给出了一种求基础解系的方法.

例 1 求齐次线性方程组

$$\begin{cases} x_1+x_2-x_3-x_4=0, \\ 2x_1-5x_2+3x_3+2x_4=0, \\ 7x_1-7x_2+3x_3+x_4=0 \end{cases}$$

的一个基础解系与通解.

解 对增广矩阵 $\widetilde{\boldsymbol{A}}$ 作初等行变换，化为行最简形矩阵，有

$$\widetilde{\boldsymbol{A}}=\left(\begin{array}{cccc:c} 1 & 1 & -1 & -1 & 0 \\ 2 & -5 & 3 & 2 & 0 \\ 7 & -7 & 3 & 1 & 0 \end{array}\right)\xrightarrow[r_3-7r_1]{r_2-2r_1}\left(\begin{array}{cccc:c} 1 & 1 & -1 & -1 & 0 \\ 0 & -7 & 5 & 4 & 0 \\ 0 & -14 & 10 & 8 & 0 \end{array}\right)$$

$$\xrightarrow{r_3-2r_1}\left(\begin{array}{cccc:c} 1 & 1 & -1 & -1 & 0 \\ 0 & -7 & 5 & 4 & 0 \\ 0 & 0 & 0 & 0 & 0 \end{array}\right)$$

$$\xrightarrow[r_1-r_2]{r_2\times\left(-\frac{1}{7}\right)}\left(\begin{array}{cccc:c} 1 & 0 & -\frac{2}{7} & -\frac{3}{7} & 0 \\ 0 & 1 & -\frac{5}{7} & -\frac{4}{7} & 0 \\ 0 & 0 & 0 & 0 & 0 \end{array}\right).$$

于是有

$$\begin{cases} x_1=\dfrac{2}{7}x_3+\dfrac{3}{7}x_4, \\ x_2=\dfrac{5}{7}x_3+\dfrac{4}{7}x_4. \end{cases}$$

令 $\begin{pmatrix} x_3 \\ x_4 \end{pmatrix}=\begin{pmatrix} 1 \\ 0 \end{pmatrix}$ 及 $\begin{pmatrix} 0 \\ 1 \end{pmatrix}$，则对应有 $\begin{pmatrix} x_1 \\ x_2 \end{pmatrix}=\begin{pmatrix} \frac{2}{7} \\ \frac{5}{7} \end{pmatrix}$ 及 $\begin{pmatrix} \frac{3}{7} \\ \frac{4}{7} \end{pmatrix}$，即得原方程组的一个基础解系

$$\boldsymbol{\xi}_1=\begin{pmatrix}\frac{2}{7}\\\frac{5}{7}\\1\\0\end{pmatrix},\ \boldsymbol{\xi}_2=\begin{pmatrix}\frac{3}{7}\\\frac{4}{7}\\0\\1\end{pmatrix}.$$

并由此得原方程组的通解

$$\boldsymbol{x}=k_1\boldsymbol{\xi}_1+k_2\boldsymbol{\xi}_2,$$

即

$$\begin{pmatrix}x_1\\x_2\\x_3\\x_4\end{pmatrix}=k_1\begin{pmatrix}\frac{2}{7}\\\frac{5}{7}\\1\\0\end{pmatrix}+k_2\begin{pmatrix}\frac{3}{7}\\\frac{4}{7}\\0\\1\end{pmatrix},$$

其中 k_1,k_2 为任意常数.

在上面求基础解系的过程中，如果取 $\begin{pmatrix}x_3\\x_4\end{pmatrix}=\begin{pmatrix}7\\0\end{pmatrix}$ 及 $\begin{pmatrix}0\\7\end{pmatrix}$，则对应得到 $\begin{pmatrix}x_1\\x_2\end{pmatrix}=\begin{pmatrix}2\\5\end{pmatrix}$ 及 $\begin{pmatrix}3\\4\end{pmatrix}$，即得原方程组的另一个基础解系

$$\boldsymbol{\eta}_1=\begin{pmatrix}2\\5\\7\\0\end{pmatrix},\ \boldsymbol{\eta}_2=\begin{pmatrix}3\\4\\0\\7\end{pmatrix},$$

对应的通解为

$$\boldsymbol{x}=k_1\boldsymbol{\eta}_1+k_2\boldsymbol{\eta}_2$$

即

$$\begin{pmatrix}x_1\\x_2\\x_3\\x_4\end{pmatrix}=k_1\begin{pmatrix}2\\5\\7\\0\end{pmatrix}+k_2\begin{pmatrix}3\\4\\0\\7\end{pmatrix},$$

其中 k_1,k_2 为任意常数.

当然，在求基础解系时，自由未知量的取值还可以有其他的取法，只需保证取值的组数不变，得到的向量组线性无关.

注　本例也可如下化简增广矩阵 $\widetilde{\boldsymbol{A}}$ 和选择自由未知量：

$$\widetilde{A}=\begin{pmatrix}1&1&-1&-1&\vdots&0\\2&-5&3&2&\vdots&0\\7&-7&3&1&\vdots&0\end{pmatrix}\xrightarrow[r_1\times(-1)]{\substack{r_2+2r_1\\r_3+r_1}}\begin{pmatrix}-1&-1&1&1&\vdots&0\\4&-3&1&0&\vdots&0\\8&-6&2&0&\vdots&0\end{pmatrix}$$

$$\xrightarrow[r_1-r_2]{r_3-2r_2}\begin{pmatrix}-5&2&0&1&\vdots&0\\4&-3&1&0&\vdots&0\\0&0&0&0&\vdots&0\end{pmatrix},$$

上式最后一个矩阵虽不是行最简形矩阵，但也具备行最简形矩阵的功能，即按照这个矩阵，可取 x_1,x_2 为自由未知量，便得

$$\begin{cases}x_3=-4x_1+3x_2,\\x_4=5x_1-2x_2.\end{cases}$$

由此可得原方程组的一个基础解系

$$\boldsymbol{\zeta}_1=\begin{pmatrix}1\\0\\-4\\5\end{pmatrix},\ \boldsymbol{\zeta}_2=\begin{pmatrix}0\\1\\3\\-2\end{pmatrix}.$$

对应的通解为

$$\boldsymbol{x}=k_1\boldsymbol{\zeta}_1+k_2\boldsymbol{\zeta}_2,$$

即
$$\begin{pmatrix}x_1\\x_2\\x_3\\x_4\end{pmatrix}=k_1\begin{pmatrix}1\\0\\-4\\5\end{pmatrix}+k_2\begin{pmatrix}0\\1\\3\\-2\end{pmatrix},$$

其中 k_1,k_2 为任意常数.

例 2　设 $\boldsymbol{A}$，$\boldsymbol{B}$ 分别是 $m\times n$ 和 $n\times s$ 矩阵，且 $\boldsymbol{AB}=\boldsymbol{O}$，证明 $R(\boldsymbol{A})+R(\boldsymbol{B})\leqslant n$.

证明　将 $\boldsymbol{B}$ 按列分块为 $\boldsymbol{B}=(\boldsymbol{\beta}_1,\boldsymbol{\beta}_2,\cdots,\boldsymbol{\beta}_s)$，由

$$\boldsymbol{AB}=\boldsymbol{O}$$

得
$$\boldsymbol{A\beta}_j=\boldsymbol{0}(j=1,2,\cdots,s),$$

即 $\boldsymbol{B}$ 的每一列都是 $\boldsymbol{Ax}=\boldsymbol{0}$ 的解.

若 $\boldsymbol{B}=\boldsymbol{O}$，则显然有 $R(\boldsymbol{A})+R(\boldsymbol{B})\leqslant n$.

若 $\boldsymbol{B}\neq\boldsymbol{O}$，则方程组 $\boldsymbol{Ax}=\boldsymbol{0}$ 有非零解，此时 $\boldsymbol{Ax}=\boldsymbol{0}$ 的基础解系含 $n-R(\boldsymbol{A})$ 个解，即 $\boldsymbol{Ax}=\boldsymbol{0}$ 的任何一组解中至多含 $n-R(\boldsymbol{A})$ 个线性无关的解，因此

$$R(\boldsymbol{B})=R(\boldsymbol{\beta}_1,\boldsymbol{\beta}_2,\cdots,\boldsymbol{\beta}_n)\leqslant n-R(\boldsymbol{A}),$$

故
$$R(\boldsymbol{A})+R(\boldsymbol{B})\leqslant n.$$

3.3.2 非齐次线性方程组解的结构

对于非齐次线性方程组 $\boldsymbol{Ax}=\boldsymbol{\beta}$，若将方程组的常数项 b_1，$b_2,\cdots,b_m$ 全部换为零，就得齐次线性方程组 $\boldsymbol{Ax}=\boldsymbol{0}$，这时称方程组 $\boldsymbol{Ax}=\boldsymbol{0}$ 为非齐次线性方程组 $\boldsymbol{Ax}=\boldsymbol{\beta}$ 对应的齐次线性方程组，也称导出组或相伴组.

下面就非齐次线性方程组 $\boldsymbol{Ax}=\boldsymbol{\beta}$ 与其导出组 $\boldsymbol{Ax}=\boldsymbol{0}$，给出它们的解的性质.

性质 3　若 $\boldsymbol{\eta}$ 是 $\boldsymbol{Ax}=\boldsymbol{\beta}$ 的解，$\boldsymbol{\xi}$ 是 $\boldsymbol{Ax}=\boldsymbol{0}$ 的解，则 $\boldsymbol{\eta}+\boldsymbol{\xi}$ 是 $\boldsymbol{Ax}=\boldsymbol{\beta}$ 的解.

证明　因为 $\boldsymbol{A\eta}=\boldsymbol{\beta}$，$\boldsymbol{A\xi}=\boldsymbol{0}$，于是

$$\boldsymbol{A}(\boldsymbol{\eta}+\boldsymbol{\xi})=\boldsymbol{A\eta}+\boldsymbol{A\xi}=\boldsymbol{\beta}+\boldsymbol{0}=\boldsymbol{\beta},$$

所以 $\boldsymbol{\eta}+\boldsymbol{\xi}$ 是 $\boldsymbol{Ax}=\boldsymbol{\beta}$ 的解.

类似地，可以证明：

性质 4　若 $\boldsymbol{\eta}_1$，$\boldsymbol{\eta}_2$ 都是 $\boldsymbol{Ax}=\boldsymbol{\beta}$ 的解，则 $\boldsymbol{\eta}_1-\boldsymbol{\eta}_2$ 是 $\boldsymbol{Ax}=\boldsymbol{0}$ 的解.

由性质 3 和性质 4 可以得到：

定理 3　设 n 元非齐次线性方程组 $\boldsymbol{Ax}=\boldsymbol{\beta}$ 满足 $R(\boldsymbol{A})=R(\widetilde{\boldsymbol{A}})=r<n$，并设 $\boldsymbol{\eta}^*$ 是它的一个解(一般称 $\boldsymbol{\eta}^*$ 为特解)，$\boldsymbol{\xi}_1,\boldsymbol{\xi}_2,\cdots,\boldsymbol{\xi}_{n-r}$ 是导出组 $\boldsymbol{Ax}=\boldsymbol{0}$ 的一个基础解系，则方程组 $\boldsymbol{Ax}=\boldsymbol{\beta}$ 的通解可表示为

$$\boldsymbol{x}=\boldsymbol{\eta}^*+k_1\boldsymbol{\xi}_1+k_2\boldsymbol{\xi}_2+\cdots+k_{n-r}\boldsymbol{\xi}_{n-r}, \tag{3.8}$$

其中 $k_1,k_2,\cdots,k_{n-r}$ 为任意常数.

证明　设 $\boldsymbol{x}$ 是 $\boldsymbol{Ax}=\boldsymbol{\beta}$ 的任意一个解，由于 $\boldsymbol{x}$ 与 $\boldsymbol{\eta}^*$ 都是方程组 $\boldsymbol{Ax}=\boldsymbol{\beta}$ 的解，由性质 2 知 $\boldsymbol{x}-\boldsymbol{\eta}^*$ 是其导出组 $\boldsymbol{Ax}=\boldsymbol{0}$ 的解，因此 $\boldsymbol{x}-\boldsymbol{\eta}^*$ 可由方程组 $\boldsymbol{Ax}=\boldsymbol{0}$ 的基础解系 $\boldsymbol{\xi}_1,\boldsymbol{\xi}_2,\cdots,\boldsymbol{\xi}_{n-r}$ 线性表示，即存在常数 $k_1,k_2,\cdots,k_{n-r}$，使

$$\boldsymbol{x}-\boldsymbol{\eta}^*=k_1\boldsymbol{\xi}_1+k_2\boldsymbol{\xi}_2+\cdots+k_{n-r}\boldsymbol{\xi}_{n-r}.$$

因此 $\boldsymbol{Ax}=\boldsymbol{\beta}$ 的任意解 $\boldsymbol{x}$ 可表示为式(3.8)的形式.

定理 3 表明，非齐次线性方程组的通解为其本身的特解与导出组的通解之和.

例 3 解线性方程组

$$\begin{cases} x_1+2x_2-2x_3+3x_4=2, \\ 2x_1+4x_2-3x_3+4x_4=5, \\ 5x_1+10x_2-8x_3+11x_4=12. \end{cases}$$

解 对增广矩阵 $\widetilde{\boldsymbol{A}}$ 施行初等行变换，化为行最简形矩阵：

$$\widetilde{\boldsymbol{A}}=\left(\begin{array}{cccc:c} 1 & 2 & -2 & 3 & 2 \\ 2 & 4 & -3 & 4 & 5 \\ 5 & 10 & -8 & 11 & 12 \end{array}\right) \xrightarrow[r_3-5r_1]{r_2-2r_1} \left(\begin{array}{cccc:c} 1 & 2 & -2 & 3 & 2 \\ 0 & 0 & 1 & -2 & 1 \\ 0 & 0 & 2 & -4 & 2 \end{array}\right)$$

$$\xrightarrow[r_3-2r_2]{r_1+2r_2} \left(\begin{array}{cccc:c} 1 & 2 & 0 & -1 & 4 \\ 0 & 0 & 1 & -2 & 1 \\ 0 & 0 & 0 & 0 & 0 \end{array}\right).$$

可见 $R(\boldsymbol{A})=R(\widetilde{\boldsymbol{A}})=2<4$，故方程组有无穷多个解.

取 x_2，x_4 为自由未知量，方程组的同解方程组为

$$\begin{cases} x_1=4-2x_2+x_4, \\ x_3=1+2x_4. \end{cases}$$

令 $x_2=x_4=0$，得 $x_1=4$，$x_3=1$，即得原方程组的一个特解

$$\boldsymbol{\eta}^*=\begin{pmatrix} 4 \\ 0 \\ 1 \\ 0 \end{pmatrix}.$$

而导出组的同解方程组为

$$\begin{cases} x_1=-2x_2+x_4, \\ x_3=2x_4, \end{cases}$$

依次取 $\begin{pmatrix} x_2 \\ x_4 \end{pmatrix}=\begin{pmatrix} 1 \\ 0 \end{pmatrix}$，$\begin{pmatrix} 0 \\ 1 \end{pmatrix}$，得

$$\begin{pmatrix} x_1 \\ x_3 \end{pmatrix}=\begin{pmatrix} -2 \\ 0 \end{pmatrix},\ \begin{pmatrix} 1 \\ 2 \end{pmatrix}.$$

因此，导出组的一个基础解系为

$$\boldsymbol{\xi}_1=\begin{pmatrix} -2 \\ 1 \\ 0 \\ 0 \end{pmatrix},\ \boldsymbol{\xi}_2=\begin{pmatrix} 1 \\ 0 \\ 2 \\ 1 \end{pmatrix}.$$

于是，原方程组的通解为

$$\boldsymbol{X}=\boldsymbol{\eta}^*+k_1\boldsymbol{\xi}_1+k_2\boldsymbol{\xi}_2,$$

即
$$\begin{pmatrix}x_1\\x_2\\x_3\\x_4\end{pmatrix}=\begin{pmatrix}4\\0\\1\\0\end{pmatrix}+k_1\begin{pmatrix}-2\\1\\0\\0\end{pmatrix}+k_2\begin{pmatrix}1\\0\\2\\1\end{pmatrix},$$
其中 k_1，k_2 为任意常数.

注　上面的方法是先写出方程组的一个特解和导出组的一个基础解系，再写出其通解，而本章第一节介绍的解法是先从行最简形矩阵写出方程组的参数形式的通解：
$$\begin{cases}x_1=4-2x_2+x_4,\\x_2=\quad x_2,\\x_3=1+\quad 2x_4,\\x_4=\quad x_4,\end{cases}$$
再写成下面列向量的形式：
$$\begin{pmatrix}x_1\\x_2\\x_3\\x_4\end{pmatrix}=\begin{pmatrix}4\\0\\1\\0\end{pmatrix}+x_2\begin{pmatrix}-2\\1\\0\\0\end{pmatrix}+x_4\begin{pmatrix}1\\0\\2\\1\end{pmatrix}.$$
令 $x_2=k_1$，$x_4=k_2$，即有
$$\boldsymbol{X}=\boldsymbol{\eta}^*+k_1\boldsymbol{\xi}_1+k_2\boldsymbol{\xi}_2.$$
显然，这样做可简化运算方程．在得到方程组的通解的同时，也可得到它的一个特解 $\boldsymbol{\eta}^*$ 和导出组的一个基础解系 $\boldsymbol{\xi}_1$，$\boldsymbol{\xi}_2$.

不过，下面的例子必须用解的结构才能解决.

例 4　设四元非齐次线性方程组 $\boldsymbol{Ax}=\boldsymbol{\beta}$ 的系数矩阵 $\boldsymbol{A}$ 的秩为 3，且 $\boldsymbol{\eta}_1$，$\boldsymbol{\eta}_2$，$\boldsymbol{\eta}_3$ 是它的 3 个解，其中
$$\boldsymbol{\eta}_1+\boldsymbol{\eta}_2=\begin{pmatrix}1\\2\\2\\1\end{pmatrix},\ \boldsymbol{\eta}_3=\begin{pmatrix}1\\2\\3\\4\end{pmatrix},$$
求该方程组的通解.

解　因为 $R(\boldsymbol{A})=3<4$，所以 $\boldsymbol{Ax}=\boldsymbol{\beta}$ 的导出组的基础解系含 $4-3=1$ 个向量，于是导出组的任何一个非零解都可作为其基础解系，显然
$$\boldsymbol{\xi}=\boldsymbol{\eta}_1+\boldsymbol{\eta}_2-2\boldsymbol{\eta}_3=\begin{pmatrix}-1\\-2\\-4\\-7\end{pmatrix}\neq\boldsymbol{0}$$

是导出组的非零解，可作为其基础解系，故方程组 $\boldsymbol{Ax}=\boldsymbol{\beta}$ 的通解为

$$\boldsymbol{x}=\boldsymbol{\eta}_3+k\boldsymbol{\xi}(k\text{ 为任意常数}).$$

由例 4 可知，线性方程组解的结构在增广矩阵未知时突显其作用.

*3.4 线性方程组的应用

投入产出分析是线性代数理论在经济分析与管理中的一个重要应用，它从数量上考察经济系统内部各部门间生产和分配的线性关系.

投入产出分析也称投入产出法或投入产出技术. 这一方法是美国经济学家里昂惕夫(Leontief)于 20 世纪 30 年代首先提出的. 他利用线性代数的理论和方法，研究一个经济系统(企业、地区、国家等)的各个部门之间错综复杂的联系，建立起相应的数学模型，用于经济分析和预测. 目前，这一方法已在世界各国广泛应用.

3.4.1 投入产出数学模型

考察一个具有 n 个部门的经济系统，各部门分别用 $1,2,\cdots,n$ 表示，并做如下基本假设：

(1) 部门 i 仅生产一种产品 i(称为部门 i 的产出)，不同部门的产品不能相互替代；

(2) 部门 i 在生产过程中至少要消耗另一部门 j 的产品(称为部门 j 对部门 i 的投入)，并且消耗的各部门产品的投入量与该部门的总产出量成正比.

下面将这 n 个部门同时作为生产(产出)部门和消耗(投入)部门，先按一定顺序编制投入产出表，然后建立相应的数学模型——投入产出模型. 投入产出模型按计量单位的不同，可分为价值型和实物型. 在价值型模型中，各部门的产出、投入以货币单位表示；在实物型模型中，则以产品的实物单位(如吨、米等)表示. 本节仅讨论价值型投入产出模型，表 1 为价值型投入产出表.

表 1　投入产出表(价值型)

		消耗部门				最终产品				总产品
		1	2	…	n	积累	消费	…	合计	
生产部门	1	x_{11}	x_{12}	…	x_{1n}				y_1	x_1
	2	x_{21}	x_{22}	…	x_{2n}				y_2	x_2
	⋮	⋮	⋮		⋮				⋮	⋮
	n	x_{n1}	x_{n2}	…	x_{nn}				y_n	x_n
新创造的价值	报酬	v_1	v_2	…	v_n					
	利润	m_1	m_2	…	m_n					
	合计	z_1	z_2	…	z_n					
总产品价值		x_1	x_2	…	x_n					

在表 1 中，用双线将表分成 4 部分，左上角为第一部分，由 n 个部门交叉组成，其中 $x_{ij}(i, j=1,2,\cdots,n)$ 称为部门间的流量，它既表示第 j 部门消耗第 i 部门的产品数量，也表示第 i 部门分配给第 j 部门的产品数量. 这部分反映了各部门之间的生产技术联系，它是投入产出的最基本部分.

表中右上角为第二部分，反映各生产部门的总产品及从总产品中扣除生产消耗后的最终产品的分配情况，其中 $x_i, y_i(i=1,2,\cdots,n)$ 分别表示第 i 部门的总产品及最终产品.

表中左下角为第三部分，反映各部门新创造的价值及总产品价值，其 $v_j, m_j, z_j, x_j(j=1,2,\cdots,n)$ 分别表示第 j 部门的劳动报酬、利润、净产值及总产品价值，且 $z_j=v_j+m_j(j=1,2,\cdots,n)$.

表中右下角为第四部分，反映国民收入后再分配情况，如非生产部门工作者的工资、非生产性事业单位和组织的收入等. 由于分配的过程非常复杂，一般不编制表的这一部分.

表 1 中第一、二部分的每一行对应有一个等式，即每一个生产部门分配给各部门的生产消耗加上该部门的最终产品等于它的总产品，可用方程组

$$\begin{cases} x_1=x_{11}+x_{12}+\cdots+x_{1n}+y_1, \\ x_2=x_{21}+x_{22}+\cdots+x_{2n}+y_2, \\ \quad\vdots \\ x_n=x_{n1}+x_{n2}+\cdots+x_{nn}+y_n \end{cases} \tag{3.9}$$

表示，或简写为

$$x_i=\sum_{j=1}^{n} x_{ij}+y_i(i=1,2,\cdots,n). \tag{3.10}$$

称方程组(3.9)或方程组(3.10)为**分配平衡方程组**.

表 1 中第一、三部分的每一列也对应有一个等式，即每一个消耗部门对各部门的生产消耗加上该部门新创造的价值等于它的总产品价值，可用方程组

$$\begin{cases} x_1 = x_{11} + x_{21} + \cdots + x_{n1} + z_1, \\ x_2 = x_{12} + x_{22} + \cdots + x_{n2} + z_2, \\ \vdots \\ x_n = x_{1n} + x_{2n} + \cdots + x_{nn} + z_n \end{cases} \tag{3.11}$$

表示，或简写成

$$x_j = \sum_{i=1}^{n} x_{ij} + z_j (j = 1,2,\cdots,n). \tag{3.12}$$

称方程组(3.11)或方程组(3.12)为**消耗平衡方程组**.

由投入产出表得出的两个平衡方程组称为**投入产出数学模型**.

一般地，

$$\sum_{j=1}^{n} x_{kj} + y_k = \sum_{i=1}^{n} x_{ik} + z_k (k = 1,2,\cdots,n),$$

即第 k 部门的总产品等于第 k 部门的总投入，且

$$\sum_{j=1}^{n} x_{kj} \neq \sum_{i=1}^{n} x_{ik} (k = 1,2,\cdots,n),$$

即

$$y_k \neq z_k (k=1,2,\cdots,n).$$

3.4.2 直接消耗系数和完全消耗系数

为了确定经济系统各部门间在生产消耗上的数量依存关系，我们先引入直接消耗系数的概念.

定义 2　第 j 部门生产单位价值产品直接消耗第 i 部门的产品价值量，称为第 j 部门对第 i 部门的直接消耗系数，记作 a_{ij}，即

$$a_{ij} = \frac{x_{ij}}{x_j} (i, j=1,2,\cdots,n).$$

一般来说，直接消耗系数是以生产技术性联系为基础的，因而是相对稳定的，通常也叫作技术系数. n 个部门之间的直接消耗系数构成的 n 阶方阵

$$\boldsymbol{A} = \begin{pmatrix} a_{11} & a_{12} & \cdots & a_{1n} \\ a_{21} & a_{22} & \cdots & a_{2n} \\ \vdots & \vdots & & \vdots \\ a_{n1} & a_{n2} & \cdots & a_{nn} \end{pmatrix}$$

称为**直接消耗系数矩阵**(或技术系数矩阵).

直接消耗系数 a_{ij} 具有以下性质：

(1) $0\leqslant a_{ij}<1(i, j=1,2,\cdots,n)$.

事实上，由 $x_{ij}\geqslant 0$，$x_j\geqslant 0$，且 $x_{ij}<x_j$，以及 $a_{ij}=\dfrac{x_{ij}}{x_j}(i, j=1,2,\cdots,n)$，即可得到上述结论.

(2) $\sum\limits_{i=1}^{n} a_{ij} < 1(j=1,2,\cdots,n)$.

事实上，由 $x_{ij}=a_{ij}x_j$，消耗平衡方程组(4.12)可化为

$$x_j=\sum_{i=1}^{n} a_{ij}x_j+z_j(j=1,2,\cdots,n),$$

整理得

$$\left(1-\sum_{i=1}^{n} a_{ij}\right)x_j=z_j(j=1,2,\cdots,n).$$

又因为 $x_j>0, z_j>0(j=1,2,\cdots,n)$，所以

$$1-\sum_{i=1}^{n} a_{ij}>0,$$

上式即得所证结论.

经济系统各部门之间的生产与消耗，除了直接消耗外，还有间接消耗. 例如，汽车制造需要消耗电力、钢铁、橡胶等，而生产钢铁和橡胶也需要消耗电力. 又生产钢铁需要矿石，生产矿石也需电力等. 依此类推，汽车制造部门对电力的消耗包括直接消耗和一次(透过钢铁)甚至多次(透过矿石)的间接消耗.

一般地，第 j 部门除直接消耗第 i 部门的产品外，还要通过一系列中间环节形成对第 i 部门产品的间接消耗. 直接消耗与间接消耗的和称为完全消耗.

根据完全消耗的意义，有：

定义 3　第 j 部门生产单位价值的最终产品对第 i 部门的完全消耗的价值量，称为第 j 部门对第 i 部门的**完全消耗系数**，记作 b_{ij}，即

$$b_{ij}=a_{ij}+\sum_{k=1}^{n} b_{ik}a_{kj}(i, j=1,2,\cdots,n). \tag{3.13}$$

式(3.13)右端第一项为直接消耗，第二项为全部间接消耗.

由完全消耗系数构成的 n 阶方阵

$$\boldsymbol{B}=\begin{pmatrix} b_{11} & b_{12} & \cdots & b_{1n} \\ b_{21} & b_{22} & \cdots & b_{2n} \\ \vdots & \vdots & & \vdots \\ b_{n1} & b_{n2} & \cdots & b_{nn} \end{pmatrix}$$

称为**完全消耗系数矩阵**. 于是，式(3.13)可以写成矩阵形式

$$\boldsymbol{B}=\boldsymbol{A}+\boldsymbol{B}\boldsymbol{A} \text{ 或 } \boldsymbol{B}(\boldsymbol{E}-\boldsymbol{A})=\boldsymbol{A}.$$

根据直接消耗系数矩阵 $\boldsymbol{A}$ 的性质，可以证明：$\boldsymbol{E}-\boldsymbol{A}$ 可逆，且

$$(\boldsymbol{E}-\boldsymbol{A})^{-1}=\boldsymbol{A}+\boldsymbol{A}^2+\cdots+\boldsymbol{A}^k+\cdots. \tag{3.14}$$

用$(\boldsymbol{E}-\boldsymbol{A})^{-1}$右乘 $\boldsymbol{B}(\boldsymbol{E}-\boldsymbol{A})=\boldsymbol{A}$，得到

$$\boldsymbol{B}=\boldsymbol{A}(\boldsymbol{E}-\boldsymbol{A})^{-1}=[\boldsymbol{E}-(\boldsymbol{E}-\boldsymbol{A})](\boldsymbol{E}-\boldsymbol{A})^{-1},$$

即

$$\boldsymbol{B}=(\boldsymbol{E}-\boldsymbol{A})^{-1}-\boldsymbol{E}. \tag{3.15}$$

由式(3.14)，可进一步得到

$$\boldsymbol{B}=-\boldsymbol{E}+\boldsymbol{A}+\boldsymbol{A}^2+\cdots+\boldsymbol{A}^k+\cdots.$$

上式右端的第一项 $\boldsymbol{A}$ 是直接消耗系数矩阵，其余各项可以解释为各次间接消耗的和.

3.4.3 投入产出分析

利用直接消耗系数矩阵，可分别将分配平衡方程组和消耗平衡方程组表示成矩阵形式. 将 $x_{ij}=a_{ij}x_j$ 代入分配平衡方程组(3.9)，得

$$\begin{cases} x_1=a_{11}x_1+a_{12}x_2+\cdots+a_{1n}x_n+y_1, \\ x_2=a_{21}x_1+a_{22}x_2+\cdots+a_{2n}x_n+y_2, \\ \qquad\vdots \\ x_n=a_{n1}x_1+a_{n2}x_2+\cdots+a_{nn}x_n+y_n, \end{cases} \tag{3.16}$$

若记 $\boldsymbol{x}=(x_1,x_2,\cdots,x_n)^{\mathrm{T}}$，$\boldsymbol{y}=(y_1,y_2,\cdots,y_n)^{\mathrm{T}}$，则方程组(3.16)可写成矩阵形式

$$\boldsymbol{x}=\boldsymbol{A}\boldsymbol{x}+\boldsymbol{y} \quad \text{或} \quad (\boldsymbol{E}-\boldsymbol{A})\boldsymbol{x}=\boldsymbol{y}, \tag{3.17}$$

其中 $\boldsymbol{x}$ 称为总产品向量，$\boldsymbol{y}$ 称为最终需求向量.

将 $x_{ij}=a_{ij}x_j$ 代入消耗平衡方程组(3.11)，得

$$\begin{cases} x_1=a_{11}x_1+a_{21}x_1+\cdots+a_{n1}x_1+z_1, \\ x_2=a_{12}x_2+a_{22}x_2+\cdots+a_{n2}x_2+z_2, \\ \qquad\vdots \\ x_n=a_{1n}x_n+a_{2n}x_n+\cdots+a_{nn}x_n+z_n, \end{cases}$$

若记 $D=\mathbf{diag}\left(\sum_{i=1}^{n}a_{i1},\sum_{i=1}^{n}a_{i2},\cdots,\sum_{i=1}^{n}a_{in}\right)$，$\boldsymbol{z}=(z_1,z_2,\cdots,z_n)^{\mathrm{T}}$，则该式可写成矩阵形式

$$\boldsymbol{x}=\boldsymbol{D}\boldsymbol{x}+\boldsymbol{z} \text{ 或 } (\boldsymbol{E}-\boldsymbol{D})\boldsymbol{x}=\boldsymbol{z}, \tag{3.18}$$

其中 $\boldsymbol{z}$ 称为新创造价值向量.

利用方程组(3.17)和方程组(3.18)这两个模型可以进行更为深入的经济分析：如果某时期的直接消耗系数 $a_{ij}(i=1,2,\cdots,n)$保持不变，则在给定最终需求 $\boldsymbol{y}$(或新创造价值 $\boldsymbol{z}$)时，就可以求出总产品 $\boldsymbol{x}$，从而对将来的经济发展进行预测和分析.

由于 $\boldsymbol{A}$ 的所有元素非负，由式(3.14)可知 $(\boldsymbol{E}-\boldsymbol{A})^{-1}$ 的所有元素也非负. 因此，对分配平衡方程组(3.17)，若已知最终需求向量 $\boldsymbol{y}=(y_1,y_2,\cdots,y_n)^{\mathrm{T}}$ 的各分量不小于零，则可求得总产品向量

$$\boldsymbol{x}=(\boldsymbol{E}-\boldsymbol{A})^{-1}\boldsymbol{y},$$

并由此可知，$\boldsymbol{x}=(x_1,x_2,\cdots,x_n)^{\mathrm{T}}$ 的各分量 $x_i\geqslant 0(i=1,2,\cdots,n)$. 这样的解在经济预测和分析中才具有实际意义. 另外，利用矩阵等式(3.15)，分配平衡方程组的解还可表示为

$$\boldsymbol{x}=(\boldsymbol{B}+\boldsymbol{E})\boldsymbol{y}.$$

上式表明：如果已知完全消耗系数矩阵 $\boldsymbol{B}$ 和最终产品向量 $\boldsymbol{y}$，也可以直接计算出总产品向量 $\boldsymbol{x}$.

对消耗平衡方程组(3.18)，根据直接消耗系数矩阵 $\boldsymbol{A}$ 的性质，对角矩阵 $(\boldsymbol{E}-\boldsymbol{D})$ 的主对角元素均为正数，因此 $(\boldsymbol{E}-\boldsymbol{D})$ 可逆，且 $(\boldsymbol{E}-\boldsymbol{D})^{-1}$ 的元素都不小于零. 于是，当已知总产品向量 $\boldsymbol{x}$ 时，则可得到新创造价值向量 $\boldsymbol{z}=(\boldsymbol{E}-\boldsymbol{D})\boldsymbol{x}$. 反之，如果已知新创造价值向量 $\boldsymbol{z}$ 的各分量不小于零时，则可求出对应的总产品向量

$$\boldsymbol{x}=(\boldsymbol{E}-\boldsymbol{D})^{-1}\boldsymbol{z}.$$

并由此可知，$\boldsymbol{x}=(x_1,x_2,\cdots,x_n)^{\mathrm{T}}$ 的各分量 $x_i\geqslant 0(i=1,2,\cdots,n)$.

例　设某经济系统由三个部门组成：农业、工业和服务业，这三个部门间的生产分配关系列于表 2.

表 2　投入产出表　（单位：万元）

	中间产品			最终需求	总产出
	农业	工业	服务业		
农业	27	44	2	120	193
工业	58	11010	182	13716	24966
服务业	23	284	153	960	1420
新创造的价值	85	13628	1083		
总投入	193	24966	1420		

根据表 2 和直接消耗系数的定义，可求出 $a_{ij}(i,\ j=1,2,3)$，得直接消耗系数矩阵 $\boldsymbol{A}$ 和 $\boldsymbol{E}-\boldsymbol{A}$：

$$\boldsymbol{A}=\begin{pmatrix}0.1399 & 0.0018 & 0.0014\\ 0.3005 & 0.4410 & 0.1282\\ 0.1192 & 0.0114 & 0.1077\end{pmatrix},$$

$$\boldsymbol{E}-\boldsymbol{A}=\begin{pmatrix}0.8601 & -0.0018 & -0.0014\\ -0.3005 & 0.5590 & -0.1282\\ -0.1192 & -0.0114 & 0.8923\end{pmatrix}.$$

可以计算出

$$(\boldsymbol{E}-\boldsymbol{A})^{-1}=\begin{pmatrix}1.1643 & 0.0038 & 0.0024\\ 0.6635 & 1.7962 & 0.2591\\ 0.1640 & 0.0234 & 1.1243\end{pmatrix}.$$

如果给定下一年计划的最终需求向量

$$\boldsymbol{y}=(135,13820,1023)^{\mathrm{T}},$$

则由模型(3.17)，有

$$\boldsymbol{x}=(\boldsymbol{E}-\boldsymbol{A})^{-1}\boldsymbol{y}=\begin{pmatrix}212\\ 25178\\ 1496\end{pmatrix}.$$

从而可预测下一年各部门的总产出为

$$x_1=212,\ x_2=25178,\ x_3=1496.$$

利用这一结果，可以进一步得到 $x_{ij}=a_{ij}x_j(i,\ j=1,2,3)$ 和 $z_j(j=1,2,3)$. 即可预测下一年各部门间的流量和各部门新创造的价值(见表3)，从而为决策提供依据.

表 3　新创造的价值表　　（单位：百万元）

	中间产品			最终需求	总产出
	农业	工业	服务业		
农业	29.7	45.3	2.1	135	212.1
工业	63.5	11103.2	191.3	13820	25178.0
服务业	25.3	287.0	161.1	1023	1496.4
新创造的价值	93.6	13742.5	1141.9		
总投入	212.1	25178.0	1496.4		

注：表中各数据均为近似值.

该例题用 Python 求解如下：

```
import numpy as np
# 使用 identity 函数创建 3 行 3 列的单位矩阵
E=np.identity(3)
print('单位矩阵 E 为:\n',E)
A = np.matrix ([[0.1399, 0.0018, 0.0014], [0.3005,
0.4410,0.1282],[0.1192,0.0114,0.1077]])
C=np.linalg.inv(E-A)
print('C=E-A 的逆为:\n',C)
Y=np.array([[135,0,0],[13820,0,0],[1023,0,0]])
print('向量 Y 为:\n',Y)
X=C * Y
print('矩阵方程 X 的解为:\n',X)
```

运行结果如图 3-1 所示.

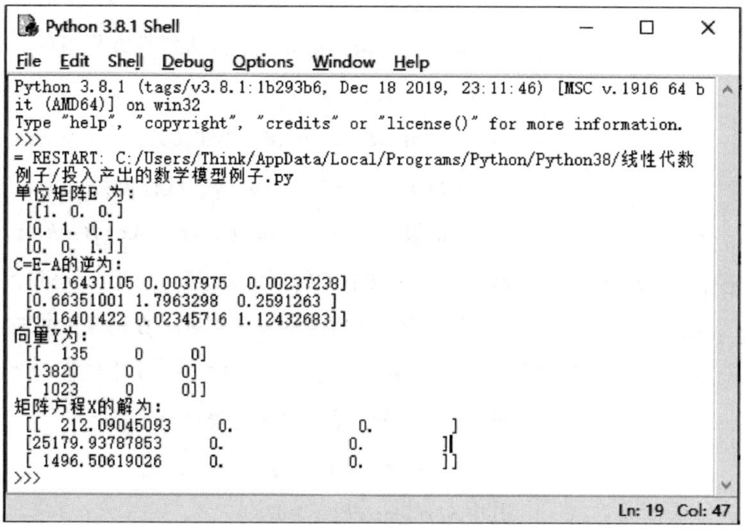

图 3-1

习题三

1. 用消元法解下列线性方程组:

(1) $\begin{cases} x_1 - x_2 + 2x_3 = 1, \\ x_1 - 2x_2 - x_3 = 2, \\ 3x_1 - x_2 + 5x_3 = 3, \\ -x_1 + 2x_3 = -2; \end{cases}$

(2) $\begin{cases} x_1 - 2x_2 + 3x_3 - x_4 + 2x_5 = 2, \\ 3x_1 - x_2 + 5x_3 - 3x_4 + x_5 = 6, \\ 2x_1 + x_2 + 2x_3 - 2x_4 - x_5 = 8; \end{cases}$

(3) $\begin{cases} x_1 + 2x_2 + 3x_3 = 4, \\ 3x_1 + 5x_2 + 7x_3 = 9, \\ 2x_1 + 3x_2 + 4x_3 = 5. \end{cases}$

2. 当 k 为何值时, 齐次线性方程组

$$\begin{cases} 2x_1 - x_2 + 3x_3 = 0, \\ 3x_1 - 4x_2 + 7x_3 = 0, \\ -x_1 + 2x_2 + kx_3 = 0 \end{cases}$$

有非零解? 并求出此非零解.

3. 当 k 为何值时, 线性方程组

$$\begin{cases} x_1 + 2x_2 + kx_3 = 1, \\ 2x_1 + kx_2 + 8x_3 = 3 \end{cases}$$

无解? 有解? 在有解时, 求出方程组的解.

4. 讨论线性方程组

$$\begin{cases} ax_1 + x_2 + x_3 = 4, \\ x_1 + bx_2 + x_3 = 3, \\ x_1 + 2bx_2 + x_3 = 4 \end{cases}$$

当 a, b 取何值时有唯一解? 无解? 有无穷多个解?

5. 设向量组

$$\boldsymbol{\alpha}_1 = \begin{pmatrix} a \\ 2 \\ 10 \end{pmatrix}, \quad \boldsymbol{\alpha}_2 = \begin{pmatrix} -2 \\ 1 \\ 5 \end{pmatrix}, \quad \boldsymbol{\alpha}_3 = \begin{pmatrix} -1 \\ 1 \\ 4 \end{pmatrix}, \quad \boldsymbol{\beta} = \begin{pmatrix} 1 \\ b \\ c \end{pmatrix},$$

试问: 当 a, b, c 满足什么条件时,

(1) $\boldsymbol{\beta}$ 可由 $\boldsymbol{\alpha}_1, \boldsymbol{\alpha}_2, \boldsymbol{\alpha}_3$ 线性表示, 且表示式唯一;

(2) $\boldsymbol{\beta}$ 不能由 $\boldsymbol{\alpha}_1, \boldsymbol{\alpha}_2, \boldsymbol{\alpha}_3$ 线性表示;

(3) $\boldsymbol{\beta}$ 可由 $\boldsymbol{\alpha}_1, \boldsymbol{\alpha}_2, \boldsymbol{\alpha}_3$ 线性表示, 但表示式不唯一? 并写出一般的表示式.

6. 求下列齐次线性方程组的一个基础解系, 并用此基础解系表示方程组的通解:

(1) $\begin{cases} 3x_1 - 5x_2 + x_3 - 2x_4 = 0, \\ 2x_1 + 3x_2 - 5x_3 + x_4 = 0, \\ -x_1 + 7x_2 - 4x_3 + 3x_4 = 0, \\ 4x_1 + 15x_2 - 7x_3 + 9x_4 = 0; \end{cases}$

（2）$\begin{cases} x_1-8x_2+10x_3+2x_4=0, \\ 2x_1+4x_2+5x_3-x_4=0, \\ 3x_1+8x_2+6x_3-2x_4=0. \end{cases}$

7. 设矩阵

$$A=\begin{pmatrix} 2 & -2 & 1 & 3 \\ 9 & -5 & 2 & 8 \end{pmatrix},$$

求一个 4×2 矩阵 B，使 $AB=O$，且 $R(B)=2$.

8. 求一个齐次线性方程组，使它的基础解系为

$$\xi_1=(0,1,2,3)^{T},\ \xi_2=(3,2,1,0)^{T}.$$

9. 设四元线性方程组（Ⅰ）：

$$\begin{cases} x_1+x_2=0, \\ x_3-x_4=0. \end{cases}$$

又知齐次线性方程组（Ⅱ）的通解为

$$x=k_1\begin{pmatrix} 0 \\ 1 \\ 1 \\ 0 \end{pmatrix}+k_2\begin{pmatrix} -1 \\ 2 \\ 2 \\ 1 \end{pmatrix},$$

问线性方程组（Ⅰ）与（Ⅱ）是否有非零公共解？若有，则求出非零公共解；若没有，则说明理由.

10. 设 n 阶矩阵 A 各行的元素之和均为零，且 $R(A)=n-1$，求齐次线性方程组 $Ax=0$ 的通解.

11. 求下列非齐次线性方程组的通解，并写出它的一个解及对应的齐次线性方程组的基础解系：

（1）$\begin{cases} 2x_1+7x_2+3x_3+x_4=6, \\ 3x_1+5x_2+2x_3+2x_4=4, \\ 9x_1+4x_2+x_3+7x_4=2; \end{cases}$

（2）$\begin{cases} x_1+x_2+x_3+x_4+x_5=7, \\ 3x_1+2x_2+x_3+x_4-3x_5=-2, \\ x_2+2x_3+2x_4+6x_5=23, \\ 5x_1+4x_2+3x_3+3x_4-x_5=12. \end{cases}$

12. 已知四阶方阵 $A=(\alpha_1,\alpha_2,\alpha_3,\alpha_4)$，$\alpha_1,\alpha_2,\alpha_3,\alpha_4$ 均为四维向量，其中 $\alpha_2,\alpha_3,\alpha_4$ 线性无关，$\alpha_1=2\alpha_2-\alpha_3$. 如果 $\beta=\alpha_1+\alpha_2+\alpha_3+\alpha_4$，求线性方程组 $Ax=\beta$ 的通解.

13. 设 η^* 是非齐次线性方程组 $Ax=\beta$ 的一个解，$\xi_1,\xi_2,\cdots,\xi_{n-r}$ 是对应的齐次线性方程组的一个基础解系，证明：

（1）$\eta^*,\xi_1,\xi_2,\cdots,\xi_{n-r}$ 线性无关；

（2）$\eta^*,\eta^*+\xi_1,\cdots,\eta^*+\xi_{n-r}$ 线性无关.

14. 设 n 元非齐次线性方程组 $Ax=\beta$，$R(A)=r<n$，证明：方程组线性无关的解最多有 $n-r+1$ 个.

15. 设非齐次线性方程组 $Ax=\beta$ 的系数矩阵的秩为 r，$\eta_1,\eta_2,\cdots,\eta_{n-r+1}$ 是它的 $n-r+1$ 个线性无关的解，试证它的任意一个解可表示为

$$x=k_1\eta_1+k_2\eta_2+\cdots+k_{n-r+1}\eta_{n-r+1},$$

其中 $k_1+k_2+\cdots+k_{n-r+1}=1$.

*16. 某工厂有三个车间，各车间一年的生产情况如表 4 所示.

表 4　生产情况（单位：万元）

		车间			出厂产量	总产量
		Ⅰ	Ⅱ	Ⅲ		
车间	Ⅰ	100	25	30	y_1	400
	Ⅱ	80	50	30	y_2	250
	Ⅲ	40	25	60	y_3	300
新创造的价值		400	250	300		
总产值		400	250	300		

求：（1）各车间的出厂产量 y_1,y_2,y_3；

（2）各车间的新创造的价值 z_1,z_2,z_3；

（3）直接消耗系数矩阵 A.

*17. 已知某经济系统报告期的直接消耗系数矩阵为

$$A=\begin{pmatrix} 0.2 & 0.2 & 0.3125 \\ 0.14 & 0.15 & 0.25 \\ 0.16 & 0.5 & 0.1875 \end{pmatrix},$$

如果计划期最终产品分别确定为 $y_1=60$ 万元，$y_2=55$ 万元，$y_3=120$ 万元，试求计划期的各部门总产品 x_1,x_2,x_3.

第 3 章 Python 程序代码汇总

3.4 节例题的 Python 求解源程序

```
import numpy as np
# 使用 identity 函数创建 3 行 3 列的单位矩阵
E=np.identity(3)
print('单位矩阵 E 为:\n',E)
A = np.matrix ([[ 0.1399, 0.0018, 0.0014], [ 0.3005,
0.4410,0.1282],[0.1192,0.0114,0.1077]])
C=np.linalg.inv(E-A)
print('C=E-A 的逆为:\n',C)
Y=np.array([[135,0,0],[13820,0,0],[1023,0,0]])
print('向量 Y 为:\n',Y)
X=C * Y
print('矩阵方程 X 的解为:\n',X)
```

第 4 章 向量组的相关性及向量空间

向量与向量空间同矩阵一样，也是线性代数中一个非常重要的概念，对它们的讨论是线性代数的主要内容之一．在对线性方程组的讨论中，不仅需要行列式、矩阵，而且也需要向量这个重要工具.

4.1 向量及其线性运算

4.1.1 向量的概念

定义 1　由 n 个数组成的有序数组

$$(a_1, a_2, \cdots, a_n) \tag{4.1}$$

或

$$\begin{pmatrix} a_1 \\ a_2 \\ \vdots \\ a_n \end{pmatrix} \tag{4.2}$$

称为一个 $\boldsymbol{n}$ **维向量**，简称**向量**.

我们通常用小写希腊字母 $\boldsymbol{\alpha}$, $\boldsymbol{\beta}$, $\boldsymbol{\gamma}$, $\cdots$ 表示向量. 式(4.1)称为**行向量**，式(4.2)称为**列向量**. 数 $a_1, a_2, \cdots, a_n$ 称为这个向量的**分量**，a_i 称为第 i 个分量或坐标．分量都是实数的向量称为**实向量**，分量是复数的向量称为**复向量**. 本书只讨论实向量. 另外，若没有特别指明，本书所讨论的向量都被视为列向量. 而且我们会发现，相对于列向量成立的有关理论，对于行向量也同样成立. 行向量与列向量的区别只在于其表达形式的不同.

实际上，n 维行向量可以看成 $1\times n$ 矩阵，n 维列向量可以看成 $n\times 1$ 矩阵.

注　在解析几何中，我们把“既有大小又有方向”的量称为向量，并把可随意移动的有向线段作为向量的几何形象，引入坐标系后，又定义了向量的坐标表示式(两个或三个有序实数组成的数组)．因此，当 $n \leqslant 3$ 时，n 维向量可以把有向线段作为其几何形象．当 $n>3$ 时，n 维向量没有直观的几何形象．

定义 2　如果向量 $\boldsymbol{\alpha}=(a_1,a_2,\cdots,a_n)^{\mathrm{T}}$ 和 $\boldsymbol{\beta}=(b_1,b_2,\cdots,b_n)^{\mathrm{T}}$ 的对应分量都相等，即

$$a_i=b_i(i=1,2,\cdots,n),$$

则称这两个**向量相等**．记为 $\boldsymbol{\alpha}=\boldsymbol{\beta}$.

若干个同维数的列向量(行向量)所组成的集合称为一个**向量组**．例如，

一个 $m\times n$ 矩阵 $\boldsymbol{A}=\begin{pmatrix} a_{11} & a_{12} & \cdots & a_{1n} \\ a_{21} & a_{22} & \cdots & a_{2n} \\ \vdots & \vdots & & \vdots \\ a_{m1} & a_{m2} & \cdots & a_{mn} \end{pmatrix}$ 的每一列

$$\boldsymbol{\alpha}_j=\begin{pmatrix} a_{1j} \\ a_{2j} \\ \vdots \\ a_{mj} \end{pmatrix}\quad (j=1,2,\cdots,n)$$

组成的向量组 $\boldsymbol{\alpha}_1,\boldsymbol{\alpha}_2,\cdots,\boldsymbol{\alpha}_n$ 称为矩阵 $\boldsymbol{A}$ 的**列向量组**，而由矩阵 $\boldsymbol{A}$ 的每一行

$$\boldsymbol{\beta}_i=(a_{i1},a_{i2},\cdots,a_{in})(i=1,2,\cdots,m)$$

组成的向量组 $\boldsymbol{\beta}_1,\boldsymbol{\beta}_2,\cdots,\boldsymbol{\beta}_m$ 称为 $\boldsymbol{A}$ 的**行向量组**.

根据上面的讨论，矩阵 $\boldsymbol{A}$ 可记为

$$A=(\boldsymbol{\alpha}_1,\boldsymbol{\alpha}_2,\cdots,\boldsymbol{\alpha}_n)\text{或}\boldsymbol{A}=\begin{pmatrix} \boldsymbol{\beta}_1 \\ \boldsymbol{\beta}_2 \\ \vdots \\ \boldsymbol{\beta}_m \end{pmatrix}.$$

这样矩阵 $\boldsymbol{A}$ 就与其行向量组或列向量组之间建立了一一对应关系.

4.1.2　向量的线性运算

对于给定的向量 $\boldsymbol{\alpha}=(a_1,a_2,\cdots,a_n)^{\mathrm{T}}$，$\boldsymbol{\beta}=(b_1,b_2,\cdots,b_n)^{\mathrm{T}}$，我们给出如下概念：

定义 3　向量

$$(a_1+b_1, a_2+b_2, \cdots, a_n+b_n)^{\mathrm{T}}$$

称为**向量 $\boldsymbol{\alpha}$ 与 $\boldsymbol{\beta}$ 的和**，记为 $\boldsymbol{\alpha}+\boldsymbol{\beta}$. 向量

$$(ka_1, ka_2, \cdots, ka_n)^{\mathrm{T}}$$

称为**向量 $\boldsymbol{\alpha}$ 与数 k 的乘积**，记为 $k\boldsymbol{\alpha}$.

定义 4　向量

$$(-a_1, -a_2, \cdots, -a_n)^{\mathrm{T}}$$

称为 $\boldsymbol{\alpha}$ 的**负向量**，记为 $-\boldsymbol{\alpha}$，而向量的减法定义为 $\boldsymbol{\alpha}-\boldsymbol{\beta}=\boldsymbol{\alpha}+(-\boldsymbol{\beta})$.

定义 5　分量全为零的向量 $(0,0,\cdots,0)^{\mathrm{T}}$ 称为**零向量**，记为 $\mathbf{0}$.

注　对于行向量，我们也有上述类似定义，如若 $\boldsymbol{\alpha}=(a_1, a_2, \cdots, a_n)$，$\boldsymbol{\beta}=(b_1, b_2, \cdots, b_n)$，则定义 $\boldsymbol{\alpha}$ 与 $\boldsymbol{\beta}$ 的和为 $\boldsymbol{\alpha}+\boldsymbol{\beta}=(a_1+b_1, a_2+b_2, \cdots, a_n+b_n)$. 对于类似的问题，以后不再赘述.

向量的加法和数乘运算统称为向量的线性运算.

向量的线性运算与矩阵的运算规律相同，从而也满足下列 8 条运算规律(其中 $\boldsymbol{\alpha}$, $\boldsymbol{\beta}, \boldsymbol{\gamma}$ 为 n 维向量，k, l 为实数)：

(1) $\boldsymbol{\alpha}+\boldsymbol{\beta}=\boldsymbol{\beta}+\boldsymbol{\alpha}$;

(2) $(\boldsymbol{\alpha}+\boldsymbol{\beta})+\boldsymbol{\gamma}=\boldsymbol{\alpha}+(\boldsymbol{\beta}+\boldsymbol{\gamma})$;

(3) $\boldsymbol{\alpha}+\mathbf{0}=\boldsymbol{\alpha}$;

(4) $\boldsymbol{\alpha}+(-\boldsymbol{\alpha})=\mathbf{0}$;

(5) $(k+l)\boldsymbol{\alpha}=k\boldsymbol{\alpha}+l\boldsymbol{\alpha}$;

(6) $k(\boldsymbol{\alpha}+\boldsymbol{\beta})=k\boldsymbol{\alpha}+k\boldsymbol{\beta}$;

(7) $(kl)\boldsymbol{\alpha}=k(l\boldsymbol{\alpha})=l(k\boldsymbol{\alpha})$;

(8) $1 \cdot \boldsymbol{\alpha}=\boldsymbol{\alpha}$.

例 1　设 $\boldsymbol{\alpha}_1=(2,5,1,3)^{\mathrm{T}}$，$\boldsymbol{\alpha}_2=(-1,1,2,0)^{\mathrm{T}}$，求 $\boldsymbol{\alpha}_1-2\boldsymbol{\alpha}_2$.

解

$$\begin{aligned}\boldsymbol{\alpha}_1-2\boldsymbol{\alpha}_2&=(2,5,1,3)^{\mathrm{T}}-2(-1,1,2,0)^{\mathrm{T}}\\&=(2,5,1,3)^{\mathrm{T}}-(-2,2,4,0)^{\mathrm{T}}\\&=(4,3,-3,3)^{\mathrm{T}}.\end{aligned}$$

用 Python 求解如下：

```
import numpy as np
A=np.matrix([[2,5,1,3]])
B=np.matrix([[-1,1,2,0]])
print('向量 a-2b=:\n',A-2*B)
```

运行结果如图 4-1 所示.

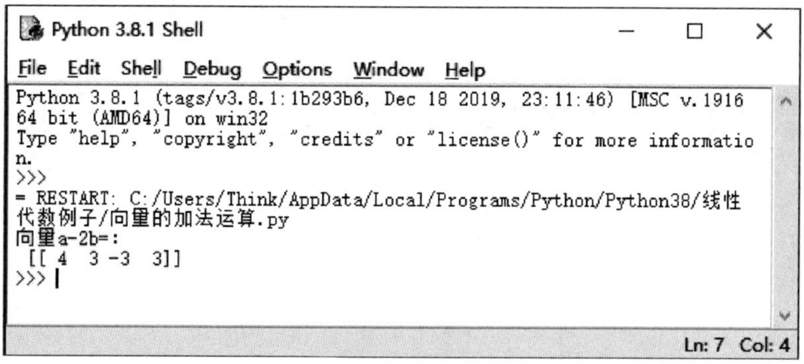

图　4-1

例 2　设 $\boldsymbol{\alpha}_1=(2,5,1,3)^{\mathrm{T}}$，$\boldsymbol{\alpha}_2=(10,1,5,10)^{\mathrm{T}}$，$\boldsymbol{\alpha}_3=(4,1,-1,1)^{\mathrm{T}}$，且 $3(\boldsymbol{\alpha}_1-\boldsymbol{\alpha})+2(\boldsymbol{\alpha}_2+\boldsymbol{\alpha})=5(\boldsymbol{\alpha}_3+\boldsymbol{\alpha})$，求 $\boldsymbol{\alpha}$.

解　根据向量的运算法则将已知等式化简，得

$$\begin{aligned}\boldsymbol{\alpha}&=\frac{1}{2}\boldsymbol{\alpha}_1+\frac{1}{3}\boldsymbol{\alpha}_2-\frac{5}{6}\boldsymbol{\alpha}_3\\&=\frac{1}{2}(2,5,1,3)^{\mathrm{T}}+\frac{1}{3}(10,1,5,10)^{\mathrm{T}}-\frac{5}{6}(4,1,-1,1)^{\mathrm{T}}\\&=(1,2,3,4)^{\mathrm{T}}.\end{aligned}$$

用 Python 求解如下：

```
import numpy as np
A=np.matrix([[2,5,1,3]])
B=np.matrix([[10,1,5,10]])
C=np.matrix([[4,1,-1,1]])
print('向量(1/2)*a+(1/3)*b-(5/6)*c=:\n',(1/2)
*A+(1/3)*B-(5/6)*C)
```

运行结果如图 4-2 所示.

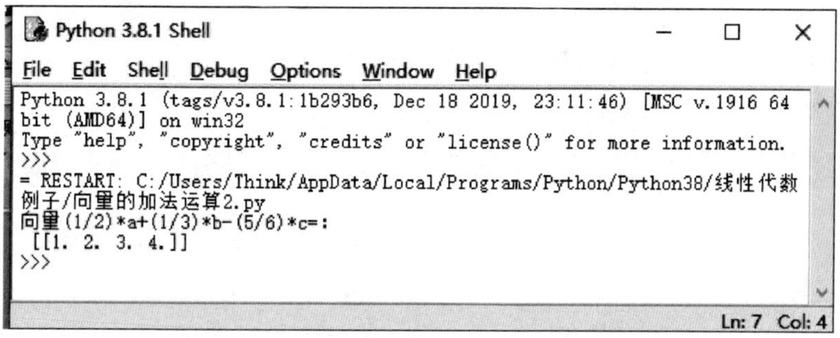

图　4-2

4.2 向量的线性关系

4.2.1 向量组的线性组合

考虑线性方程组

$$\begin{cases} a_{11}x_1+a_{12}x_2+\cdots+a_{1n}x_n=b_1, \\ a_{21}x_1+a_{22}x_2+\cdots+a_{2n}x_n=b_2, \\ \qquad\vdots \\ a_{m1}x_1+a_{m2}x_2+\cdots+a_{mn}x_n=b_m, \end{cases} \tag{4.3}$$

令

$$\boldsymbol{\alpha}_j=\begin{pmatrix} a_{1j} \\ a_{2j} \\ \vdots \\ a_{mj} \end{pmatrix}\quad (j=1,2,\cdots,n),\ \boldsymbol{\beta}=\begin{pmatrix} b_1 \\ b_2 \\ \vdots \\ b_m \end{pmatrix},$$

则线性方程组(4.3)可以表示为

$$x_1\boldsymbol{\alpha}_1+x_2\boldsymbol{\alpha}_2+\cdots+x_n\boldsymbol{\alpha}_n=\boldsymbol{\beta}. \tag{4.4}$$

于是，线性方程组是否有解，就相当于求是否存在一组数 k_1，$k_2,\cdots,k_n$，使得下列等式成立：

$$\boldsymbol{\beta}=k_1\boldsymbol{\alpha}_1+k_2\boldsymbol{\alpha}_2+\cdots+k_n\boldsymbol{\alpha}_n.$$

为探讨这一问题，我们先介绍几个有关向量组的概念.

定义 6　给定向量组 A：$\boldsymbol{\alpha}_1,\boldsymbol{\alpha}_2,\cdots,\boldsymbol{\alpha}_s$，对于任何一组实数 k_1，$k_2,\cdots,k_s$，称表达式 $k_1\boldsymbol{\alpha}_1+k_2\boldsymbol{\alpha}_2+\cdots+k_s\boldsymbol{\alpha}_s$ 为向量组 A 的一个**线性组合**，称 $k_1,k_2,\cdots,k_s$ 为这个线性组合的系数.

定义 7　给定向量组 A：$\boldsymbol{\alpha}_1,\boldsymbol{\alpha}_2,\cdots,\boldsymbol{\alpha}_s$ 和向量 $\boldsymbol{\beta}$，若存在一组数 $k_1,k_2,\cdots,k_s$，使得

$$\boldsymbol{\beta}=k_1\boldsymbol{\alpha}_1+k_2\boldsymbol{\alpha}_2+\cdots+k_s\boldsymbol{\alpha}_s,$$

则称向量 $\boldsymbol{\beta}$ 是向量组 A 的线性组合，或称 $\boldsymbol{\beta}$ 能由向量组 A **线性表示**(或线性表出). 否则称 $\boldsymbol{\beta}$ 不能由向量组 A 线性表示.

注　(1) $\boldsymbol{\beta}$ 能由向量组 $\boldsymbol{\alpha}_1,\boldsymbol{\alpha}_2,\cdots,\boldsymbol{\alpha}_s$ 唯一线性表示的充分必要条件是：线性方程组 $x_1\boldsymbol{\alpha}_1+x_2\boldsymbol{\alpha}_2+\cdots+x_s\boldsymbol{\alpha}_s=\boldsymbol{\beta}$ 有唯一解.

(2) $\boldsymbol{\beta}$ 能由向量组 $\boldsymbol{\alpha}_1,\boldsymbol{\alpha}_2,\cdots,\boldsymbol{\alpha}_s$ 线性表示且表示不唯一的充分必要条件是：线性方程组 $x_1\boldsymbol{\alpha}_1+x_2\boldsymbol{\alpha}_2+\cdots+x_s\boldsymbol{\alpha}_s=\boldsymbol{\beta}$ 有无穷多个解.

(3) $\boldsymbol{\beta}$ 不能由向量组 $\boldsymbol{\alpha}_1,\boldsymbol{\alpha}_2,\cdots,\boldsymbol{\alpha}_s$ 线性表示的充分必要条件

是：线性方程组 $x_1\boldsymbol{\alpha}_1+x_2\boldsymbol{\alpha}_2+\cdots+x_s\boldsymbol{\alpha}_s=\boldsymbol{\beta}$ 无解.

(4) 任意向量 $\boldsymbol{\alpha}=(a_1,a_2,\cdots,a_n)^{\mathrm{T}}$ 都可由向量组 $\boldsymbol{\varepsilon}_1=(1,0,\cdots,0)^{\mathrm{T}}$，$\boldsymbol{\varepsilon}_2=(0,1,\cdots,0)^{\mathrm{T}},\cdots,\boldsymbol{\varepsilon}_n=(0,0,\cdots,1)^{\mathrm{T}}$ 线性表示. 且表示式为

$$\boldsymbol{\alpha}=a_1\boldsymbol{\varepsilon}_1+a_2\boldsymbol{\varepsilon}_2+\cdots+a_n\boldsymbol{\varepsilon}_n.$$

我们称向量组 $\boldsymbol{\varepsilon}_1,\boldsymbol{\varepsilon}_2,\cdots,\boldsymbol{\varepsilon}_n$ 为 **n 维基本单位向量组**.

(5) 向量组 $\boldsymbol{\alpha}_1,\boldsymbol{\alpha}_2,\cdots,\boldsymbol{\alpha}_s$ 中任一向量 $\boldsymbol{\alpha}_j(j=1,2,\cdots,s)$ 都可由该向量组线性表示. 因为

$$\boldsymbol{\alpha}_j=0\cdot\boldsymbol{\alpha}_1+\cdots+1\cdot\boldsymbol{\alpha}_j+\cdots+0\cdot\boldsymbol{\alpha}_s.$$

例 3　判断向量 $\boldsymbol{\beta}=(1,2,3)^{\mathrm{T}}$ 是否可由向量组 $\boldsymbol{\alpha}_1=(1,0,0)^{\mathrm{T}}$，$\boldsymbol{\alpha}_2=(1,1,0)^{\mathrm{T}}$，$\boldsymbol{\alpha}_3=(1,1,1)^{\mathrm{T}}$ 线性表示，如果可以，请将 $\boldsymbol{\beta}$ 用 $\boldsymbol{\alpha}_1,\boldsymbol{\alpha}_2,\boldsymbol{\alpha}_3$ 表示出来.

解　由于方程组

$$x_1\boldsymbol{\alpha}_1+x_2\boldsymbol{\alpha}_2+x_3\boldsymbol{\alpha}_3=\boldsymbol{\beta},$$

即

$$\begin{cases}x_1+x_2+x_3=1,\\ x_2+x_3=2,\\ x_3=3\end{cases}$$

有唯一解　$x_1=-1,\ x_2=-1,\ x_3=3$，

所以 $\boldsymbol{\beta}$ 可以由向量组 $\boldsymbol{\alpha}_1,\boldsymbol{\alpha}_2,\boldsymbol{\alpha}_3$ 唯一线性表示为

$$\boldsymbol{\beta}=-\boldsymbol{\alpha}_1-\boldsymbol{\alpha}_2+3\boldsymbol{\alpha}_3.$$

4.2.2　向量组的线性相关性

定义 8　给定向量组 A：$\boldsymbol{\alpha}_1,\boldsymbol{\alpha}_2,\cdots,\boldsymbol{\alpha}_s$，如果存在不全为零的数 $k_1,k_2,\cdots,k_s$，使

$$k_1\boldsymbol{\alpha}_1+k_2\boldsymbol{\alpha}_2+\cdots+k_s\boldsymbol{\alpha}_s=\mathbf{0},$$

则称向量组 A **线性相关**，否则称向量组 A **线性无关**.

注　(1) 向量组 $\boldsymbol{\alpha}_1,\boldsymbol{\alpha}_2,\cdots,\boldsymbol{\alpha}_s$ 线性相(无)关的充分必要条件是：齐次方程组 $x_1\boldsymbol{\alpha}_1+x_2\boldsymbol{\alpha}_2+\cdots+x_s\boldsymbol{\alpha}_s=\mathbf{0}$ 有非零解(只有零解)；

(2) 向量组 $\boldsymbol{\alpha}_1=(a_{11},a_{21},\cdots,a_{n1})^{\mathrm{T}}$，$\boldsymbol{\alpha}_2=(a_{12},a_{22},\cdots,a_{n2})^{\mathrm{T}}$，$\cdots,\boldsymbol{\alpha}_n=(a_{1n},a_{2n},\cdots,a_{nn})^{\mathrm{T}}$ 线性相(无)关的充分必要条件是行列式

$$\begin{vmatrix}a_{11}&a_{12}&\cdots&a_{1n}\\a_{21}&a_{22}&\cdots&a_{2n}\\\vdots&\vdots&&\vdots\\a_{n1}&a_{n2}&\cdots&a_{nn}\end{vmatrix}=0(\neq 0);$$

(3) 基本单位向量组 $\boldsymbol{\varepsilon}_1,\boldsymbol{\varepsilon}_2,\cdots,\boldsymbol{\varepsilon}_n$ 线性无关；

（4）含零向量的向量组必线性相关；

（5）仅含一个向量的向量组 $\boldsymbol{\alpha}$ 线性相(无)关的充分必要条件是 $\boldsymbol{\alpha}=\mathbf{0}(\boldsymbol{\alpha}\neq\mathbf{0})$；

（6）仅含两个非零向量的向量组线性相(无)关的充分必要条件是这两个向量的对应分量成(不成)比例.

例 4 证明：如果向量组 $\boldsymbol{\alpha}_1,\boldsymbol{\alpha}_2,\boldsymbol{\alpha}_3$ 线性无关，则向量组 $\boldsymbol{\alpha}_1+\boldsymbol{\alpha}_2$，$\boldsymbol{\alpha}_2+2\boldsymbol{\alpha}_3$，$\boldsymbol{\alpha}_3+3\boldsymbol{\alpha}_1$ 也线性无关.

证明 设 $$(\boldsymbol{\alpha}_1+\boldsymbol{\alpha}_2)x_1+(\boldsymbol{\alpha}_2+2\boldsymbol{\alpha}_3)x_2+(\boldsymbol{\alpha}_3+3\boldsymbol{\alpha}_1)x_3=\mathbf{0},$$

即 $$(x_1+3x_3)\boldsymbol{\alpha}_1+(x_1+x_2)\boldsymbol{\alpha}_2+(2x_2+x_3)\boldsymbol{\alpha}_3=\mathbf{0}.$$

由于 $\boldsymbol{\alpha}_1,\boldsymbol{\alpha}_2,\boldsymbol{\alpha}_3$ 线性无关，故

$$\begin{cases}x_1+3x_3=0,\\x_1+x_2=0,\\2x_2+x_3=0.\end{cases}$$

因该齐次方程组的系数行列式 $D=\begin{vmatrix}1&0&3\\1&1&0\\0&2&1\end{vmatrix}=7\neq0$，所以它只有零解 $x_1=x_2=x_3=0$，故 $\boldsymbol{\alpha}_1+\boldsymbol{\alpha}_2,\boldsymbol{\alpha}_2+2\boldsymbol{\alpha}_3,\boldsymbol{\alpha}_3+3\boldsymbol{\alpha}_1$ 线性无关.

4.2.3 向量组线性相关性的判定

利用定义判断向量组的线性相关性往往比较复杂，下面介绍几个判定定理. 通常称由向量组中的部分向量组成的向量组为原向量组的部分组.

定理 1 向量组 $\boldsymbol{\alpha}_1,\boldsymbol{\alpha}_2,\cdots,\boldsymbol{\alpha}_s(s\geqslant2)$ 线性相关的充分必要条件是：向量组中至少有一个向量能由其余向量线性表示.

证明 必要性. 设 $\boldsymbol{\alpha}_1,\boldsymbol{\alpha}_2,\cdots,\boldsymbol{\alpha}_s$ 线性相关，则存在 s 个不全为零的数 $k_1,k_2,\cdots,k_s$，使

$$k_1\boldsymbol{\alpha}_1+k_2\boldsymbol{\alpha}_2+\cdots+k_s\boldsymbol{\alpha}_s=\mathbf{0}.$$

不妨设 $k_1\neq0$，于是

$$\boldsymbol{\alpha}_1=\left(-\frac{k_2}{k_1}\right)\boldsymbol{\alpha}_2+\cdots+\left(-\frac{k_s}{k_1}\right)\boldsymbol{\alpha}_s,$$

即 $\boldsymbol{\alpha}_1$ 可由其余向量线性表示.

充分性. 设 $\boldsymbol{\alpha}_1,\boldsymbol{\alpha}_2,\cdots,\boldsymbol{\alpha}_s$ 中至少有一个向量能由其余向量线性表示，不妨设

$$\boldsymbol{\alpha}_1=k_2\boldsymbol{\alpha}_2+\cdots+k_s\boldsymbol{\alpha}_s,$$

即 $$(-1)\boldsymbol{\alpha}_1+k_2\boldsymbol{\alpha}_2+\cdots+k_s\boldsymbol{\alpha}_s=\mathbf{0},$$

故 $\boldsymbol{\alpha}_1,\boldsymbol{\alpha}_2,\cdots,\boldsymbol{\alpha}_s$ 线性相关.

定理 1′　向量组 $\boldsymbol{\alpha}_1,\boldsymbol{\alpha}_2,\cdots,\boldsymbol{\alpha}_s$ 线性无关的充分必要条件是：向量组中任意向量都不能由其余向量线性表示.

定理 2　若向量组 $\boldsymbol{\alpha}_1,\boldsymbol{\alpha}_2,\cdots,\boldsymbol{\alpha}_s$ 线性无关，而向量组 $\boldsymbol{\alpha}_1,\boldsymbol{\alpha}_2,\cdots,\boldsymbol{\alpha}_s$，$\boldsymbol{\beta}$ 线性相关，则向量 $\boldsymbol{\beta}$ 可由向量组 $\boldsymbol{\alpha}_1,\boldsymbol{\alpha}_2,\cdots,\boldsymbol{\alpha}_s$ 线性表示，且表示法唯一.

证明　先证 $\boldsymbol{\beta}$ 可由 $\boldsymbol{\alpha}_1,\boldsymbol{\alpha}_2,\cdots,\boldsymbol{\alpha}_s$ 线性表示.

因为 $\boldsymbol{\alpha}_1,\boldsymbol{\alpha}_2,\cdots,\boldsymbol{\alpha}_s$，$\boldsymbol{\beta}$ 线性相关，所以存在一组不全为零的数 $k_1,k_2,\cdots,k_s,k$，使

$$k_1\boldsymbol{\alpha}_1+k_2\boldsymbol{\alpha}_2+\cdots+k_s\boldsymbol{\alpha}_s+k\boldsymbol{\beta}=\mathbf{0}.$$

注意到 $\boldsymbol{\alpha}_1,\boldsymbol{\alpha}_2,\cdots,\boldsymbol{\alpha}_s$ 线性无关，易知 $k\neq0$，所以

$$\boldsymbol{\beta}=\left(-\frac{k_1}{k}\right)\boldsymbol{\alpha}_1+\left(-\frac{k_2}{k}\right)\boldsymbol{\alpha}_2+\cdots+\left(-\frac{k_s}{k}\right)\boldsymbol{\alpha}_s.$$

再证表示式的唯一性. 若

$$\boldsymbol{\beta}=h_1\boldsymbol{\alpha}_1+\cdots+h_s\boldsymbol{\alpha}_s,\quad \boldsymbol{\beta}=l_1\boldsymbol{\alpha}_1+\cdots+l_s\boldsymbol{\alpha}_s,$$

则有

$$(h_1-l_1)\boldsymbol{\alpha}_1+\cdots+(h_s-l_s)\boldsymbol{\alpha}_s=\mathbf{0}.$$

由 $\boldsymbol{\alpha}_1,\boldsymbol{\alpha}_2,\cdots,\boldsymbol{\alpha}_s$ 线性无关，易知 $h_1=l_1,\cdots,h_s=l_s$.

故表示法是唯一的.

推论　若向量组 $\boldsymbol{\alpha}_1,\boldsymbol{\alpha}_2,\cdots,\boldsymbol{\alpha}_s$ 线性无关，且向量 $\boldsymbol{\beta}$ 不能由 $\boldsymbol{\alpha}_1,\boldsymbol{\alpha}_2,\cdots,\boldsymbol{\alpha}_s$ 线性表示，则向量组 $\boldsymbol{\alpha}_1,\boldsymbol{\alpha}_2,\cdots,\boldsymbol{\alpha}_s$，$\boldsymbol{\beta}$ 线性无关.

定理 3　若向量组中有一部分组线性相关，则整个向量组线性相关.

证明　设向量组 $\boldsymbol{\alpha}_1,\boldsymbol{\alpha}_2,\cdots,\boldsymbol{\alpha}_s$ 中有含 r 个向量的部分组线性相关，不妨设 $\boldsymbol{\alpha}_1,\boldsymbol{\alpha}_2,\cdots,\boldsymbol{\alpha}_r$ 线性相关，则存在不全为零的数 $k_1,k_2,\cdots,k_r$，使

$$k_1\boldsymbol{\alpha}_1+k_2\boldsymbol{\alpha}_2+\cdots+k_r\alpha_r=\mathbf{0},$$

因而

$$k_1\boldsymbol{\alpha}_1+k_2\boldsymbol{\alpha}_2+\cdots+k_r\boldsymbol{\alpha}_r+0\cdot\boldsymbol{\alpha}_{r+1}+\cdots+0\cdot\boldsymbol{\alpha}_s=\mathbf{0}.$$

故 $\boldsymbol{\alpha}_1,\boldsymbol{\alpha}_2,\cdots,\boldsymbol{\alpha}_s$ 线性相关.

定理 3′　若向量组线性无关，则它的任意部分组也线性无关.

定理 4 若向量组线性无关，则在各向量中相应增加分量后仍线性无关.

证明 设 s 个 m 维向量 $\boldsymbol{\alpha}_1,\boldsymbol{\alpha}_2,\cdots,\boldsymbol{\alpha}_s$ 线性无关，在每一个向量中添加$(n-m)$个分量后得到 n 维向量组 $\boldsymbol{\beta}_1,\boldsymbol{\beta}_2,\cdots,\boldsymbol{\beta}_s$. 先证明分量全部添加在相应的 $\boldsymbol{\alpha}_i$ 的后面时成立，即若 $\boldsymbol{\alpha}_i=(a_{i1},a_{i2},\cdots,a_{im})^{\mathrm{T}}$，则相应地 $\boldsymbol{\beta}_i=(a_{i1},a_{i2},\cdots,a_{im},a_{i,m+1},\cdots,a_{in})^{\mathrm{T}}\quad(i=1,2,\cdots,s)$.

设
$$x_1\boldsymbol{\beta}_1+x_2\boldsymbol{\beta}_2+\cdots+x_s\boldsymbol{\beta}_s=\mathbf{0},$$
由此可得齐次方程组
$$\begin{cases}a_{11}x_1+a_{21}x_2+\cdots+a_{s1}x_s=0,\\a_{12}x_1+a_{22}x_2+\cdots+a_{s2}x_s=0,\\\quad\vdots\\a_{1m}x_1+a_{2m}x_2+\cdots+a_{sm}x_s=0,\\a_{1,m+1}x_1+a_{2,m+1}x_2+\cdots+a_{s,m+1}x_s=0,\\\quad\vdots\\a_{1n}x_1+a_{2n}x_2+\cdots+a_{sn}x_s=0.\end{cases}\tag{4.5}$$
该方程组的前 m 个方程表明
$$x_1\boldsymbol{\alpha}_1+x_2\boldsymbol{\alpha}_2+\cdots+x_s\boldsymbol{\alpha}_s=\mathbf{0}.$$
再由 $\boldsymbol{\alpha}_1,\boldsymbol{\alpha}_2,\cdots,\boldsymbol{\alpha}_s$ 线性无关知该方程组只有零解，即方程组(4.5)的前 m 个方程只有零解 $x_1=x_2=\cdots=x_s=0$，从而方程组(4.5)也只有零解，故向量组 $\boldsymbol{\beta}_1,\boldsymbol{\beta}_2,\cdots,\boldsymbol{\beta}_s$ 线性无关.

从上述证明过程可以看出：若分量相应添加在 $\boldsymbol{\alpha}_i$ 的各分量之间，定理仍然成立.

例如，由于 $\boldsymbol{\alpha}_1=(1,0,0)^{\mathrm{T}}$，$\boldsymbol{\alpha}_2=(0,1,0)^{\mathrm{T}}$ 线性无关，所以 $\boldsymbol{\beta}_1=(1,a,0,0)^{\mathrm{T}}$，$\boldsymbol{\beta}_2=(0,b,1,0)^{\mathrm{T}}$ 也线性无关.

定理 4′ 若向量组线性相关，则在各向量中相应减少分量后也线性相关.

例如，由于 $\boldsymbol{\alpha}_1=(1,0,-1,3)^{\mathrm{T}}$，$\boldsymbol{\alpha}_2=(4,-1,2,7)^{\mathrm{T}}$，$\boldsymbol{\alpha}_3=(2,-1,4,1)^{\mathrm{T}}$ 线性相关，所以 $\boldsymbol{\beta}_1=(1,0,-1)^{\mathrm{T}}$，$\boldsymbol{\beta}_2=(4,-1,2)^{\mathrm{T}}$，$\boldsymbol{\beta}_3=(2,-1,4)^{\mathrm{T}}$ 也线性相关. 同样 $\boldsymbol{\gamma}_1=(1,0,3)^{\mathrm{T}}$，$\boldsymbol{\gamma}_2=(4,-1,7)^{\mathrm{T}}$，$\boldsymbol{\gamma}_3=(2,-1,1)^{\mathrm{T}}$ 也线性相关.

4.2.4 向量组间的线性表示

定义 9 设有向量组
$$A:\boldsymbol{\alpha}_1,\boldsymbol{\alpha}_2,\cdots,\boldsymbol{\alpha}_s;\quad B:\boldsymbol{\beta}_1,\boldsymbol{\beta}_2,\cdots,\boldsymbol{\beta}_t,$$

若向量组 B 中的每一个向量都可由向量组 A 线性表示，则称向量组 B 能由向量组 A **线性表示**.

若向量组 A 与向量组 B 能互相线性表示，则称向量组 A 与向量组 B **等价**，记为 $\{\boldsymbol{\alpha}_1,\boldsymbol{\alpha}_2,\cdots,\boldsymbol{\alpha}_s\}\cong\{\boldsymbol{\beta}_1,\boldsymbol{\beta}_2,\cdots,\boldsymbol{\beta}_t\}$.

根据定义，不难验证向量组的等价关系具有以下性质：

(1) 反身性：任一向量组和它自身等价，即

$$\{\boldsymbol{\alpha}_1,\boldsymbol{\alpha}_2,\cdots,\boldsymbol{\alpha}_s\}\cong\{\boldsymbol{\alpha}_1,\boldsymbol{\alpha}_2,\cdots,\boldsymbol{\alpha}_s\};$$

(2) 对称性：如果 $\{\boldsymbol{\alpha}_1,\boldsymbol{\alpha}_2,\cdots,\boldsymbol{\alpha}_s\}\cong\{\boldsymbol{\beta}_1,\boldsymbol{\beta}_2,\cdots,\boldsymbol{\beta}_t\}$，则 $\{\boldsymbol{\beta}_1,\boldsymbol{\beta}_2,\cdots,\boldsymbol{\beta}_t\}\cong\{\boldsymbol{\alpha}_1,\boldsymbol{\alpha}_2,\cdots,\boldsymbol{\alpha}_s\}$；

(3) 传递性：如果 $\{\boldsymbol{\alpha}_1,\boldsymbol{\alpha}_2,\cdots,\boldsymbol{\alpha}_s\}\cong\{\boldsymbol{\beta}_1,\boldsymbol{\beta}_2,\cdots,\boldsymbol{\beta}_t\}$，$\{\boldsymbol{\beta}_1,\boldsymbol{\beta}_2,\cdots,\boldsymbol{\beta}_t\}\cong\{\boldsymbol{\gamma}_1,\boldsymbol{\gamma}_2,\cdots,\boldsymbol{\gamma}_p\}$，则

$$\{\boldsymbol{\alpha}_1,\boldsymbol{\alpha}_2,\cdots,\boldsymbol{\alpha}_s\}\cong\{\boldsymbol{\gamma}_1,\boldsymbol{\gamma}_2,\cdots,\boldsymbol{\gamma}_p\}.$$

定理 5　如果向量组 $\boldsymbol{\alpha}_1,\boldsymbol{\alpha}_2,\cdots,\boldsymbol{\alpha}_s$ 线性无关，并且可由向量组 $\boldsymbol{\beta}_1,\boldsymbol{\beta}_2,\cdots,\boldsymbol{\beta}_t$ 线性表示，则 $s\leqslant t$.

证明　对于 s 使用数学归纳法.

当 $s=1$ 时，定理显然成立.

假设前一个向量组含有 $s-1$ 个向量时定理成立，下面证明前一个向量组含有 s 个向量时定理也成立，此时设

$$\begin{cases}\boldsymbol{\alpha}_1=a_{11}\boldsymbol{\beta}_1+a_{12}\boldsymbol{\beta}_2+\cdots+a_{1t}\boldsymbol{\beta}_t,\\ \boldsymbol{\alpha}_2=a_{21}\boldsymbol{\beta}_1+a_{22}\boldsymbol{\beta}_2+\cdots+a_{2t}\boldsymbol{\beta}_t,\\ \qquad\vdots\\ \boldsymbol{\alpha}_s=a_{s1}\boldsymbol{\beta}_1+a_{s2}\boldsymbol{\beta}_2+\cdots+a_{st}\boldsymbol{\beta}_t.\end{cases}\tag{4.6}$$

由于 $\boldsymbol{\alpha}_1,\boldsymbol{\alpha}_2,\cdots,\boldsymbol{\alpha}_s$ 线性无关，因此一定不会有零向量，故方程组(4.6)的每个等式中 $\boldsymbol{\beta}_1,\boldsymbol{\beta}_2,\cdots,\boldsymbol{\beta}_t$ 前面的系数不能同时为零，对于方程组(4.6)的最后一个等式，不妨设 $a_{st}\neq0$，于是得到

$$\boldsymbol{\beta}_t=\frac{1}{a_{st}}\boldsymbol{\alpha}_s-\frac{a_{s1}}{a_{st}}\boldsymbol{\beta}_1-\frac{a_{s2}}{a_{st}}\boldsymbol{\beta}_2-\cdots-\frac{a_{s,t-1}}{a_{st}}\boldsymbol{\beta}_{t-1},\tag{4.7}$$

将式(4.7)代入方程组(4.6)，合并整理得

$$\begin{cases}\boldsymbol{\alpha}_1+p_1\boldsymbol{\alpha}_s=q_{11}\boldsymbol{\beta}_1+q_{12}\boldsymbol{\beta}_2+\cdots+q_{1,t-1}\boldsymbol{\beta}_{t-1},\\ \boldsymbol{\alpha}_2+p_2\boldsymbol{\alpha}_s=q_{21}\boldsymbol{\beta}_1+q_{22}\boldsymbol{\beta}_2+\cdots+q_{2,t-1}\boldsymbol{\beta}_{t-1},\\ \qquad\vdots\\ \boldsymbol{\alpha}_{s-1}+p_{s-1}\boldsymbol{\alpha}_s=q_{s-1,1}\boldsymbol{\beta}_1+q_{s-1,2}\boldsymbol{\beta}_2+\cdots+q_{s-1,t-1}\boldsymbol{\beta}_{t-1}.\end{cases}\tag{4.8}$$

下面证明 $\boldsymbol{\alpha}_1+p_1\boldsymbol{\alpha}_s,\boldsymbol{\alpha}_2+p_2\boldsymbol{\alpha}_s,\cdots,\boldsymbol{\alpha}_{s-1}+p_{s-1}\boldsymbol{\alpha}_s$ 线性无关.

假设

$$k_1(\boldsymbol{\alpha}_1+p_1\boldsymbol{\alpha}_s)+k_2(\boldsymbol{\alpha}_2+p_2\boldsymbol{\alpha}_s)+\cdots+k_{s-1}(\boldsymbol{\alpha}_{s-1}+p_{s-1}\boldsymbol{\alpha}_s)=\mathbf{0}.$$

由于 $\boldsymbol{\alpha}_1,\boldsymbol{\alpha}_2,\cdots,\boldsymbol{\alpha}_s$ 线性无关，上式的所有系数必须都为零，得

$$k_1=k_2=\cdots=k_{s-1}=0.$$

又 $\boldsymbol{\alpha}_1+p_1\boldsymbol{\alpha}_s,\boldsymbol{\alpha}_2+p_2\boldsymbol{\alpha}_s,\cdots,\boldsymbol{\alpha}_{s-1}+p_{s-1}\boldsymbol{\alpha}_s$ 线性无关，方程组(4.8)表明这 $s-1$ 个线性无关的向量可由 $\boldsymbol{\beta}_1,\boldsymbol{\beta}_2,\cdots,\boldsymbol{\beta}_{t-1}$ 线性表示，由归纳法假设知 $s-1\leqslant t-1$，由此得 $s\leqslant t$. 所以定理对于任意的正整数 s 都成立.

定理 5′ 如果向量组 $\boldsymbol{\alpha}_1,\boldsymbol{\alpha}_2,\cdots,\boldsymbol{\alpha}_s$ 可由向量组 $\boldsymbol{\beta}_1,\boldsymbol{\beta}_2,\cdots,\boldsymbol{\beta}_t$ 线性表示，并且 $s>t$，则向量组 $\boldsymbol{\alpha}_1,\boldsymbol{\alpha}_2,\cdots,\boldsymbol{\alpha}_s$ 线性相关.

推论 1 两个等价的线性无关向量组所含向量的个数相同.

证明 设向量组 $\boldsymbol{\alpha}_1,\boldsymbol{\alpha}_2,\cdots,\boldsymbol{\alpha}_s$ 和 $\boldsymbol{\beta}_1,\boldsymbol{\beta}_2,\cdots,\boldsymbol{\beta}_t$ 都是线性无关向量组，且 $\{\boldsymbol{\alpha}_1,\boldsymbol{\alpha}_2,\cdots,\boldsymbol{\alpha}_s\}\cong\{\boldsymbol{\beta}_1,\boldsymbol{\beta}_2,\cdots,\boldsymbol{\beta}_t\}$. 由定理 5 可知：$s\leqslant t$，且 $t\leqslant s$. 于是 $s=t$，即两个向量组所含向量的个数相同.

推论 2 若向量组所含向量的个数大于其所含向量的维数，则向量组线性相关.

证明 设 $\boldsymbol{\alpha}_1,\boldsymbol{\alpha}_2,\cdots,\boldsymbol{\alpha}_s$ 为 n 维向量组，且 $s>n$，由于向量组 $\boldsymbol{\alpha}_1,\boldsymbol{\alpha}_2,\cdots,\boldsymbol{\alpha}_s$ 能由基本单位向量组 $\boldsymbol{\varepsilon}_1,\boldsymbol{\varepsilon}_2,\cdots,\boldsymbol{\varepsilon}_n$ 线性表示，因此根据定理 5′，向量组 $\boldsymbol{\alpha}_1,\boldsymbol{\alpha}_2,\cdots,\boldsymbol{\alpha}_s$ 线性相关.

4.3 向量组的秩

4.3.1 极大无关向量组

对于任意给定的一个向量组，研究其线性无关的部分组最多可以含多少个向量，在理论及应用上都是十分重要的. 为此，给出以下定义：

定义 10 如果向量组的一个部分组 $\boldsymbol{\alpha}_1,\boldsymbol{\alpha}_2,\cdots,\boldsymbol{\alpha}_r$ 满足条件：

(1) $\boldsymbol{\alpha}_1,\boldsymbol{\alpha}_2,\cdots,\boldsymbol{\alpha}_r$ 线性无关；

(2) 向量组中任意一个向量都可以由这个部分组 $\boldsymbol{\alpha}_1,\boldsymbol{\alpha}_2,\cdots,\boldsymbol{\alpha}_r$ 线性表示(或者说向量组中任意 $r+1$ 个向量都线性相关)，则称部分组 $\boldsymbol{\alpha}_1,\boldsymbol{\alpha}_2,\cdots,\boldsymbol{\alpha}_r$ 为此向量组的一个极大线性无关部分组，简称为**极大无关组**.

例 1　考虑向量组 $\boldsymbol{\alpha}_1=(1,0,0)^{\mathrm{T}}$，$\boldsymbol{\alpha}_2=(0,1,0)^{\mathrm{T}}$，$\boldsymbol{\alpha}_3=(1,1,0)^{\mathrm{T}}$. 显然，部分组 $\boldsymbol{\alpha}_1,\boldsymbol{\alpha}_2$ 线性无关. 向量 $\boldsymbol{\alpha}_1,\boldsymbol{\alpha}_2,\boldsymbol{\alpha}_3$ 中的任一向量都可由 $\boldsymbol{\alpha}_1,\boldsymbol{\alpha}_2$ 线性表示：

$$\boldsymbol{\alpha}_1=\boldsymbol{\alpha}_1+0\cdot\boldsymbol{\alpha}_2;\quad \boldsymbol{\alpha}_2=0\cdot\boldsymbol{\alpha}_1+\boldsymbol{\alpha}_2;\quad \boldsymbol{\alpha}_3=\boldsymbol{\alpha}_1+\boldsymbol{\alpha}_2,$$

所以 $\boldsymbol{\alpha}_1,\boldsymbol{\alpha}_2$ 是向量组 $\boldsymbol{\alpha}_1,\boldsymbol{\alpha}_2,\boldsymbol{\alpha}_3$ 的一个极大无关组.

不难验证 $\boldsymbol{\alpha}_1,\boldsymbol{\alpha}_3$ 及 $\boldsymbol{\alpha}_2,\boldsymbol{\alpha}_3$ 也是 $\boldsymbol{\alpha}_1,\boldsymbol{\alpha}_2,\boldsymbol{\alpha}_3$ 的极大无关组.

注　(1) 一个向量组的极大无关组可以不唯一；

(2) 若向量组 $\boldsymbol{\alpha}_1,\boldsymbol{\alpha}_2,\cdots,\boldsymbol{\alpha}_s$ 是线性无关的，则 $\boldsymbol{\alpha}_1,\boldsymbol{\alpha}_2,\cdots,\boldsymbol{\alpha}_s$ 本身就是它的一个极大无关组；

(3) 只含有零向量的向量组无极大无关组；

(4) 一个向量组的极大无关组所含向量的个数不超过这个向量组中所含向量的维数.

由向量组等价的定义及极大无关组的定义可知：

定理 6　任一向量组和它的极大无关组等价.

由定理 6 及向量组等价的传递性得：

推论 1　向量组的任何两个极大无关组等价.

推论 2　向量组的任何两个极大无关组所含向量的个数相同.

证明　设向量组的两个极大无关组分别为

$$\boldsymbol{\alpha}_1,\boldsymbol{\alpha}_2,\cdots,\boldsymbol{\alpha}_s \text{ 和 } \boldsymbol{\beta}_1,\boldsymbol{\beta}_2,\cdots,\boldsymbol{\beta}_t,$$

由推论 1 知　$\{\boldsymbol{\alpha}_1,\boldsymbol{\alpha}_2,\cdots,\boldsymbol{\alpha}_s\}\cong\{\boldsymbol{\beta}_1,\boldsymbol{\beta}_2,\cdots,\boldsymbol{\beta}_t\}$.

再由 4.2 节定理 5 的推论 1 知 $s=t$.

4.3.2　向量组的秩

定义 11　向量组 $\boldsymbol{\alpha}_1,\boldsymbol{\alpha}_2,\cdots,\boldsymbol{\alpha}_s$ 的极大无关组所含向量的个数称为此**向量组的秩**，记为 $R(\boldsymbol{\alpha}_1,\boldsymbol{\alpha}_2,\cdots,\boldsymbol{\alpha}_s)$.

如果一个向量组仅含有零向量，则规定它的秩为零.

显然，如果向量组 $\boldsymbol{\alpha}_1,\boldsymbol{\alpha}_2,\cdots,\boldsymbol{\alpha}_s$ 线性无关，则 $R(\boldsymbol{\alpha}_1,\boldsymbol{\alpha}_2,\cdots,\boldsymbol{\alpha}_s)=s$，此时称 $\boldsymbol{\alpha}_1,\boldsymbol{\alpha}_2,\cdots,\boldsymbol{\alpha}_s$ 为**满秩向量组**. 否则称为**降秩向量组**.

定理 7　等价向量组的秩相等，即如果 $\{\boldsymbol{\alpha}_1,\boldsymbol{\alpha}_2,\cdots,\boldsymbol{\alpha}_s\}\cong\{\boldsymbol{\beta}_1,\boldsymbol{\beta}_2,\cdots,\boldsymbol{\beta}_t\}$，则 $R(\boldsymbol{\alpha}_1,\boldsymbol{\alpha}_2,\cdots,\boldsymbol{\alpha}_s)=R(\boldsymbol{\beta}_1,\boldsymbol{\beta}_2,\cdots,\boldsymbol{\beta}_t)$.

证明　设 $R(\boldsymbol{\alpha}_1,\boldsymbol{\alpha}_2,\cdots,\boldsymbol{\alpha}_s)=r$，$\boldsymbol{\alpha}_1',\boldsymbol{\alpha}_2',\cdots,\boldsymbol{\alpha}_r'$ 为 $\boldsymbol{\alpha}_1,\boldsymbol{\alpha}_2,\cdots,\boldsymbol{\alpha}_s$ 的一个极大无关组. 又设 $R(\boldsymbol{\beta}_1,\boldsymbol{\beta}_2,\cdots,\boldsymbol{\beta}_t)=p$，$\boldsymbol{\beta}_1',\boldsymbol{\beta}_2',\cdots,\boldsymbol{\beta}_p'$为

$\boldsymbol{\beta}_1, \boldsymbol{\beta}_2, \cdots, \boldsymbol{\beta}_t$ 的一个极大无关组，则有

$$\{\boldsymbol{\alpha}_1, \boldsymbol{\alpha}_2, \cdots, \boldsymbol{\alpha}_s\} \cong \{\boldsymbol{\alpha}'_1, \boldsymbol{\alpha}'_2, \cdots, \boldsymbol{\alpha}'_r\},$$

$$\{\boldsymbol{\beta}_1, \boldsymbol{\beta}_2, \cdots, \boldsymbol{\beta}_t\} \cong \{\boldsymbol{\beta}'_1, \boldsymbol{\beta}'_2, \cdots, \boldsymbol{\beta}'_p\}.$$

又因为 $\{\boldsymbol{\alpha}_1, \boldsymbol{\alpha}_2, \cdots, \boldsymbol{\alpha}_s\} \cong \{\boldsymbol{\beta}_1, \boldsymbol{\beta}_2, \cdots, \boldsymbol{\beta}_t\}$，

所以 $\{\boldsymbol{\alpha}'_1, \boldsymbol{\alpha}'_2, \cdots, \boldsymbol{\alpha}'_r\} \cong \{\boldsymbol{\beta}'_1, \boldsymbol{\beta}'_2, \cdots, \boldsymbol{\beta}'_p\}$.

再由 4.2 节定理 5 的推论 1 知 $r=p$，即等价向量组的秩相等.

推论　若向量组 $\boldsymbol{\alpha}_1, \boldsymbol{\alpha}_2, \cdots, \boldsymbol{\alpha}_s$ 可由向量组 $\boldsymbol{\beta}_1, \boldsymbol{\beta}_2, \cdots, \boldsymbol{\beta}_t$ 线性表示，则 $R(\boldsymbol{\alpha}_1, \boldsymbol{\alpha}_2, \cdots, \boldsymbol{\alpha}_s) \leqslant R(\boldsymbol{\beta}_1, \boldsymbol{\beta}_2, \cdots, \boldsymbol{\beta}_t)$.

证明　由于向量组 $\boldsymbol{\alpha}_1, \boldsymbol{\alpha}_2, \cdots, \boldsymbol{\alpha}_s$ 可由向量组 $\boldsymbol{\beta}_1, \boldsymbol{\beta}_2, \cdots, \boldsymbol{\beta}_t$ 线性表示，所以 $\boldsymbol{\alpha}_1, \boldsymbol{\alpha}_2, \cdots, \boldsymbol{\alpha}_s$ 的极大无关组也可由 $\boldsymbol{\beta}_1, \boldsymbol{\beta}_2, \cdots, \boldsymbol{\beta}_t$ 的极大无关组线性表示，再由 4.2 节定理 5′可得

$$R(\boldsymbol{\alpha}_1, \boldsymbol{\alpha}_2, \cdots, \boldsymbol{\alpha}_s) \leqslant R(\boldsymbol{\beta}_1, \boldsymbol{\beta}_2, \cdots, \boldsymbol{\beta}_t).$$

例 2　求向量组 $\boldsymbol{\alpha}_1=(-1,1,0,1,0)^{\mathrm{T}}$，$\boldsymbol{\alpha}_2=(-1,-2,1,9,1)^{\mathrm{T}}$，$\boldsymbol{\alpha}_3=(0,1,1,2,-1)^{\mathrm{T}}$，$\boldsymbol{\alpha}_4=(1,0,1,1,-1)^{\mathrm{T}}$，$\boldsymbol{\alpha}_5=(1,1,0,-4,-1)^{\mathrm{T}}$ 的秩.

解　因为 $\begin{vmatrix} 0 & 1 & 1 \\ 1 & 0 & 1 \\ 1 & 1 & 0 \end{vmatrix}=2\neq 0$，所以向量 $(0,1,1)^{\mathrm{T}}, (1,0,1)^{\mathrm{T}}$，$(1,1,0)^{\mathrm{T}}$ 线性无关，从而 $\boldsymbol{\alpha}_3=(0,1,1,2,-1)^{\mathrm{T}}$，$\boldsymbol{\alpha}_4=(1,0,1,1,-1)^{\mathrm{T}}$，$\boldsymbol{\alpha}_5=(1,1,0,-4,-1)^{\mathrm{T}}$ 线性无关. 又因为 $\boldsymbol{\alpha}_1=\boldsymbol{\alpha}_3-\boldsymbol{\alpha}_4$，$\boldsymbol{\alpha}_2=\boldsymbol{\alpha}_4-2\boldsymbol{\alpha}_5$，所以 $\boldsymbol{\alpha}_3, \boldsymbol{\alpha}_4, \boldsymbol{\alpha}_5$ 是向量组 $\boldsymbol{\alpha}_1, \boldsymbol{\alpha}_2, \boldsymbol{\alpha}_3, \boldsymbol{\alpha}_4, \boldsymbol{\alpha}_5$ 的一个极大无关组，从而 $R(\boldsymbol{\alpha}_1, \boldsymbol{\alpha}_2, \boldsymbol{\alpha}_3, \boldsymbol{\alpha}_4, \boldsymbol{\alpha}_5)=3$.

该例题用 Python 求解如下：

```
import numpy as np
A=np.array([[-1,1,0,1,0],[-1,-2,1,9,1],[0,1,
1,2,-1],[1,0,1,1,-1],[1,1,0,-4,-1]])
print('向量组的秩为:',np.linalg.matrix_rank(A))
```

运行结果如图 4-3 所示.

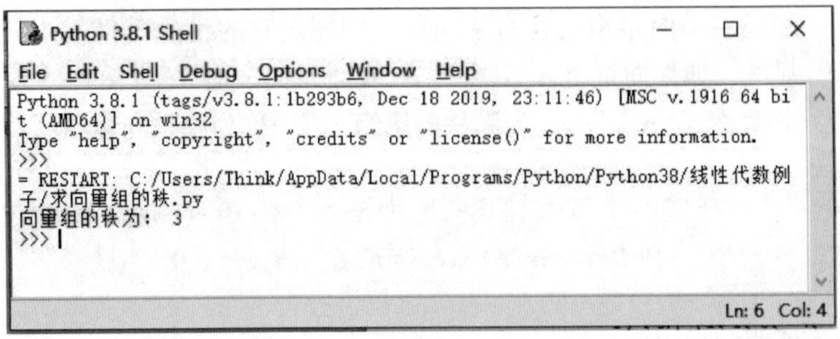

图　4-3

4.3.3 矩阵的秩和向量组的秩的关系

定理 8　矩阵的秩等于它的列向量组的秩，也等于它的行向量组的秩.

证明　设矩阵 $\boldsymbol{A}=(\boldsymbol{\alpha}_1,\boldsymbol{\alpha}_2,\cdots,\boldsymbol{\alpha}_n)$，$R(\boldsymbol{A})=s$，则由矩阵秩的定义知：存在 $\boldsymbol{A}$ 的 s 阶子式 $D_s\neq 0$，从而 D_s 所在的 s 个列向量线性无关；又 $\boldsymbol{A}$ 中所有 $s+1$ 阶子式 $D_{s+1}=0$，故 $\boldsymbol{A}$ 中任意 $s+1$ 个列向量都线性相关，因此 D_s 所在的 s 列是 $\boldsymbol{A}$ 的列向量组的一个极大无关组，所以 $R(\boldsymbol{\alpha}_1,\boldsymbol{\alpha}_2,\cdots,\boldsymbol{\alpha}_n)=s$，即

$$R(\boldsymbol{A})=R(\boldsymbol{\alpha}_1,\boldsymbol{\alpha}_2,\cdots,\boldsymbol{\alpha}_s)=s.$$

同理可证，矩阵 $\boldsymbol{A}$ 的行向量组的秩也等于 s.

我们也称矩阵 $\boldsymbol{A}$ 的列向量组的秩为 $\boldsymbol{A}$ 的列秩，$\boldsymbol{A}$ 的行向量组的秩为 $\boldsymbol{A}$ 的行秩. 从而由定理 8，我们不难得知，矩阵 $\boldsymbol{A}$ 的列秩既等于 $\boldsymbol{A}$ 的行秩也等于 $\boldsymbol{A}$ 的秩.

根据定理 8，如果我们要判定向量组的线性相关性或求它的秩，则可由向量组构造一个矩阵，然后利用初等变换将其化为阶梯形矩阵来求秩. 如果向量组为满秩的，则向量组线性无关，否则，向量组线性相关.

例 3　求例 2 中向量组 $\boldsymbol{\alpha}_1,\boldsymbol{\alpha}_2,\boldsymbol{\alpha}_3,\boldsymbol{\alpha}_4,\boldsymbol{\alpha}_5$ 的秩.

解　因为

$$\boldsymbol{A}\cong(\boldsymbol{\alpha}_1,\boldsymbol{\alpha}_2,\boldsymbol{\alpha}_3,\boldsymbol{\alpha}_4,\boldsymbol{\alpha}_5)=\begin{pmatrix}-1&-1&0&1&1\\1&-2&1&0&1\\0&1&1&1&0\\1&9&2&1&-4\\0&1&-1&-1&-1\end{pmatrix}$$

$$\to\begin{pmatrix}-1&-1&0&1&1\\0&-3&1&1&2\\0&1&1&1&0\\0&8&2&2&-3\\0&1&-1&-1&-1\end{pmatrix}$$

$$\to\begin{pmatrix}-1&-1&0&1&1\\0&1&1&1&0\\0&0&4&4&2\\0&0&-6&-6&-3\\0&0&-2&-2&-1\end{pmatrix}$$

$$\to\begin{pmatrix}-1&-1&0&1&1\\0&1&1&1&0\\0&0&2&2&1\\0&0&0&0&0\\0&0&0&0&0\end{pmatrix},$$

所以 $R(\boldsymbol{A})=R(\boldsymbol{\alpha}_1,\boldsymbol{\alpha}_2,\boldsymbol{\alpha}_3,\boldsymbol{\alpha}_4,\boldsymbol{\alpha}_5)=3$.

例 4 已知向量组 $\boldsymbol{\alpha}_1=(1,-1,2,1,0)$，$\boldsymbol{\alpha}_2=(2,-2,4,-2,0)$，$\boldsymbol{\alpha}_3=(3,0,6,-1,1)$，$\boldsymbol{\alpha}_4=(0,3,0,0,1)$，试求向量组 $\boldsymbol{\alpha}_1,\boldsymbol{\alpha}_2,\boldsymbol{\alpha}_3,\boldsymbol{\alpha}_4$ 的一个极大无关组，并将其余向量由这个极大无关组线性表示.

解 将向量 $\boldsymbol{\alpha}_1,\boldsymbol{\alpha}_2,\boldsymbol{\alpha}_3,\boldsymbol{\alpha}_4$ 看作矩阵的行向量组，构成矩阵

$$\boldsymbol{A}=\begin{pmatrix}1&-1&2&1&0\\2&-2&4&-2&0\\3&0&6&-1&1\\0&3&0&0&1\end{pmatrix}\begin{matrix}\boldsymbol{\alpha}_1\\\boldsymbol{\alpha}_2\\\boldsymbol{\alpha}_3\\\boldsymbol{\alpha}_4\end{matrix},$$

仅对 $\boldsymbol{A}$ 施行初等行变换，把 $\boldsymbol{A}$ 化为行阶梯形矩阵

$$\boldsymbol{A}\to\begin{pmatrix}1&-1&2&1&0\\0&0&0&-4&0\\0&3&0&-4&1\\0&3&0&0&1\end{pmatrix}\begin{matrix}\boldsymbol{\alpha}_1\\\boldsymbol{\alpha}_2-2\boldsymbol{\alpha}_1\\\boldsymbol{\alpha}_3-3\boldsymbol{\alpha}_1\\\boldsymbol{\alpha}_4\end{matrix}$$

$$\to\begin{pmatrix}1&-1&2&1&0\\0&3&0&-4&1\\0&0&0&-4&0\\0&3&0&0&1\end{pmatrix}\begin{matrix}\boldsymbol{\alpha}_1\\\boldsymbol{\alpha}_3-3\boldsymbol{\alpha}_1\\\boldsymbol{\alpha}_2-2\boldsymbol{\alpha}_1\\\boldsymbol{\alpha}_4\end{matrix}$$

$$\to\begin{pmatrix}1&-1&2&1&0\\0&3&0&-4&1\\0&0&0&-4&0\\0&0&0&4&0\end{pmatrix}\begin{matrix}\boldsymbol{\alpha}_1\\\boldsymbol{\alpha}_3-3\boldsymbol{\alpha}_1\\\boldsymbol{\alpha}_2-2\boldsymbol{\alpha}_1\\\boldsymbol{\alpha}_4-\boldsymbol{\alpha}_3+3\boldsymbol{\alpha}_1\end{matrix}$$

$$\to\begin{pmatrix}1&-1&2&1&0\\0&3&0&-4&1\\0&0&0&-4&0\\0&0&0&0&0\end{pmatrix}\begin{matrix}\boldsymbol{\alpha}_1\\\boldsymbol{\alpha}_3-3\boldsymbol{\alpha}_1\\\boldsymbol{\alpha}_2-3\boldsymbol{\alpha}_1\\\boldsymbol{\alpha}_4-\boldsymbol{\alpha}_3+\boldsymbol{\alpha}_2+\boldsymbol{\alpha}_1.\end{matrix}$$

由最后的行阶梯形矩阵知 $R(\boldsymbol{\alpha}_1,\boldsymbol{\alpha}_2,\boldsymbol{\alpha}_3,\boldsymbol{\alpha}_4)=R(\boldsymbol{A})=3$. 从而极大无关组含 3 个向量. 由最后的零行得 $\boldsymbol{\alpha}_4-\boldsymbol{\alpha}_3+\boldsymbol{\alpha}_2+\boldsymbol{\alpha}_1=\mathbf{0}$，即 $\boldsymbol{\alpha}_1=-\boldsymbol{\alpha}_2+\boldsymbol{\alpha}_3-\boldsymbol{\alpha}_4$. 显然 $\{\boldsymbol{\alpha}_1,\boldsymbol{\alpha}_2,\boldsymbol{\alpha}_3,\boldsymbol{\alpha}_4\}\cong\{\boldsymbol{\alpha}_2,\boldsymbol{\alpha}_3,\boldsymbol{\alpha}_4\}$，从而 $R\{\boldsymbol{\alpha}_1,$

$\boldsymbol{\alpha}_2,\boldsymbol{\alpha}_3,\boldsymbol{\alpha}_4\}=R\{\boldsymbol{\alpha}_2,\boldsymbol{\alpha}_3,\boldsymbol{\alpha}_4\}=3$，故 $\boldsymbol{\alpha}_2,\boldsymbol{\alpha}_3,\boldsymbol{\alpha}_4$ 为一个极大无关组. 且向量组的其余向量 $\boldsymbol{\alpha}_1$ 由这个极大无关组线性表示为 $\boldsymbol{\alpha}_1=-\boldsymbol{\alpha}_2+\boldsymbol{\alpha}_3-\boldsymbol{\alpha}_4$.

例 5　已知向量组 $\boldsymbol{\alpha}_1=(1,1,2,3)^{\mathrm{T}}$，$\boldsymbol{\alpha}_2=(1,-1,1,1)^{\mathrm{T}}$，$\boldsymbol{\alpha}_3=(1,3,3,5)^{\mathrm{T}}$，$\boldsymbol{\alpha}_4=(4,-2,5,6)^{\mathrm{T}}$，$\boldsymbol{\alpha}_5=(-3,-1,-5,-7)^{\mathrm{T}}$，

(1) 求 $R(\boldsymbol{\alpha}_1,\boldsymbol{\alpha}_2,\boldsymbol{\alpha}_3,\boldsymbol{\alpha}_4,\boldsymbol{\alpha}_5)$；

(2) 判定 $\boldsymbol{\alpha}_1,\boldsymbol{\alpha}_2,\boldsymbol{\alpha}_3,\boldsymbol{\alpha}_4,\boldsymbol{\alpha}_5$ 的线性相关性；

(3) 求一个极大无关组，并将其余向量由这个极大无关组线性表示.

解　记 $\boldsymbol{\beta}_i=\boldsymbol{\alpha}_i^{\mathrm{T}}(i=1,2,3,4,5)$，则有

$$\boldsymbol{A}=\begin{pmatrix}1&1&2&3\\1&-1&1&1\\1&3&3&5\\4&-2&5&6\\-3&-1&-5&-7\end{pmatrix}\begin{matrix}\boldsymbol{\beta}_1\\\boldsymbol{\beta}_2\\\boldsymbol{\beta}_3\\\boldsymbol{\beta}_4\\\boldsymbol{\beta}_5\end{matrix}\to\begin{pmatrix}1&1&2&3\\0&-2&-1&-2\\0&2&1&2\\0&-6&-3&-6\\0&2&1&2\end{pmatrix}\begin{matrix}\boldsymbol{\beta}_1\\\boldsymbol{\beta}_2-\boldsymbol{\beta}_1\\\boldsymbol{\beta}_3-\boldsymbol{\beta}_1\\\boldsymbol{\beta}_4-4\boldsymbol{\beta}_1\\\boldsymbol{\beta}_5+3\boldsymbol{\beta}_1\end{matrix}$$

$$\to\begin{pmatrix}1&1&2&3\\0&-2&-1&-2\\0&0&0&0\\0&0&0&0\\0&0&0&0\end{pmatrix}\begin{matrix}\boldsymbol{\beta}_1\\\boldsymbol{\beta}_2-\boldsymbol{\beta}_1\\\boldsymbol{\beta}_3+\boldsymbol{\beta}_2-2\boldsymbol{\beta}_1\\\boldsymbol{\beta}_4-3\boldsymbol{\beta}_2-\boldsymbol{\beta}_1\\\boldsymbol{\beta}_5+\boldsymbol{\beta}_2+2\boldsymbol{\beta}_1\end{matrix},$$

由此得 $R(\boldsymbol{\beta}_1,\boldsymbol{\beta}_2,\boldsymbol{\beta}_3,\boldsymbol{\beta}_4,\boldsymbol{\beta}_5)=R(\boldsymbol{A})=2$.

又因 $R(\boldsymbol{A}^{\mathrm{T}})=R(\boldsymbol{A})$，所以 $R(\boldsymbol{\alpha}_1,\boldsymbol{\alpha}_2,\boldsymbol{\alpha}_3,\boldsymbol{\alpha}_4,\boldsymbol{\alpha}_5)=R(\boldsymbol{A}^{\mathrm{T}})=2$，故 $\boldsymbol{\alpha}_1,\boldsymbol{\alpha}_2,\boldsymbol{\alpha}_3,\boldsymbol{\alpha}_4,\boldsymbol{\alpha}_5$ 线性相关，并且极大无关组含两个向量.

由最后的零行得

$$\begin{cases}\boldsymbol{\beta}_3+\boldsymbol{\beta}_2-2\boldsymbol{\beta}_1=\boldsymbol{0},\\\boldsymbol{\beta}_4-3\boldsymbol{\beta}_2-\boldsymbol{\beta}_1=\boldsymbol{0},\\\boldsymbol{\beta}_5+\boldsymbol{\beta}_2+2\boldsymbol{\beta}_1=\boldsymbol{0},\end{cases}$$

从而

$$\begin{cases}\boldsymbol{\alpha}_3+\boldsymbol{\alpha}_2-2\boldsymbol{\alpha}_1=\boldsymbol{0},\\\boldsymbol{\alpha}_4-3\boldsymbol{\alpha}_2-\boldsymbol{\alpha}_1=\boldsymbol{0},\\\boldsymbol{\alpha}_5+\boldsymbol{\alpha}_2+2\boldsymbol{\alpha}_1=\boldsymbol{0},\end{cases}$$

即

$$\begin{cases}\boldsymbol{\alpha}_3=2\boldsymbol{\alpha}_1-\boldsymbol{\alpha}_2,\\\boldsymbol{\alpha}_4=\boldsymbol{\alpha}_1+3\boldsymbol{\alpha}_2,\\\boldsymbol{\alpha}_5=-2\boldsymbol{\alpha}_1-\boldsymbol{\alpha}_2\end{cases}\text{显然}\{\boldsymbol{\alpha}_1,\boldsymbol{\alpha}_2,\boldsymbol{\alpha}_3,\boldsymbol{\alpha}_4,\boldsymbol{\alpha}_5\}\cong\{\boldsymbol{\alpha}_1,\boldsymbol{\alpha}_2\},$$

从而 $R(\boldsymbol{\alpha}_1,\boldsymbol{\alpha}_2,\boldsymbol{\alpha}_3,\boldsymbol{\alpha}_4,\boldsymbol{\alpha}_5)=R(\boldsymbol{\alpha}_1,\boldsymbol{\alpha}_2)=2$，于是 $\boldsymbol{\alpha}_1,\boldsymbol{\alpha}_2$ 为一个极大无关组.

4.4 向量空间

4.4.1 向量空间的概念

定义 12 数集 F 如果满足条件：0 与 1 在 F 中；F 中任意两个数的和、差、积、商仍在 F 中，则称数集 F 为**数域**. 例如：全体实数的集合 $\mathbf{R}$ 是数域，全体有理数的集合 $\mathbf{Q}$ 也是数域.

定义 13 设 V 为一非空集合，V 中的元素用小写希腊字母 $\boldsymbol{\alpha}$, $\boldsymbol{\beta}, \boldsymbol{\gamma}$ 等表示，对 V 中的任意两个元素 $\boldsymbol{\alpha}$、$\boldsymbol{\beta}$ 及数域 F 中的数 k，定义了加法运算(记为 $\boldsymbol{\alpha}+\boldsymbol{\beta}$)及数乘运算(记为 $k\boldsymbol{\alpha}$)，且 $\boldsymbol{\alpha}+\boldsymbol{\beta}\in V$, $k\boldsymbol{\alpha}\in V$，如果加法运算和数乘运算(统称为线性运算)满足下述 8 条运算律：

(1) $\boldsymbol{\alpha}+\boldsymbol{\beta}=\boldsymbol{\beta}+\boldsymbol{\alpha}$;

(2) $(\boldsymbol{\alpha}+\boldsymbol{\beta})+\boldsymbol{\gamma}=\boldsymbol{\alpha}+(\boldsymbol{\beta}+\boldsymbol{\gamma})$;

(3) $\mathbf{0}+\boldsymbol{\alpha}=\boldsymbol{\alpha}$;

(4) $\boldsymbol{\alpha}+(-\boldsymbol{\alpha})=\mathbf{0}$;

(5) $1\cdot\boldsymbol{\alpha}=\boldsymbol{\alpha}$;

(6) $k(l\boldsymbol{\alpha})=(kl)\boldsymbol{\alpha}$;

(7) $(k+l)\boldsymbol{\alpha}=k\boldsymbol{\alpha}+l\boldsymbol{\alpha}$;

(8) $k(\boldsymbol{\alpha}+\boldsymbol{\beta})=k\boldsymbol{\alpha}+k\boldsymbol{\beta}$

(其中 $\boldsymbol{\alpha}, \boldsymbol{\beta}, \boldsymbol{\gamma}$ 为 V 中的任意元素，k，l 为数域 F 中的任意数)，则称 V 为数域 F 上的一个**线性空间**.

例 1 实数域 $\mathbf{R}$ 上的全体 n 维向量的集合 $\mathbf{R}^n$，按照向量的加法与数乘运算是一个线性空间．该线性空间俗称为向量空间.

例 2 实数域 $\mathbf{R}$ 上的 $m\times n$ 矩阵的全体组成的集合 $\mathbf{R}^{m\times n}$，按照矩阵的加法与数乘运算是一个线性空间.

例 3 定义在闭区间 $[a,b]$ 上的全体连续函数的集合 $C[a,b]$，按照函数的加法与乘法是一个线性空间.

例 4 单个零元素组成的集合 $V=\{\mathbf{0}\}$ 是一个线性空间，称为零维空间(这里定义 $\mathbf{0}+\mathbf{0}=\mathbf{0}$，$k\cdot\mathbf{0}=\mathbf{0}$，$k$ 为数域 F 中的数).

由上面的例子可以看出，线性空间的概念比向量空间的概念更具有普遍性．但我们将线性空间中的元素也称为向量(广义的)，则线性空间也称为向量空间.

为了对向量空间进行深入的讨论，就要引入向量(广义的)的线性组合、线性相关、线性无关等概念，而 4.1 节和 4.2 节所讨论的 n 维向量(狭义的)的有关定义和定理可以推广到数域 F 上的线性空间中来，本书接下来便不再叙述这些内容.

定义 14　设 V 是一个向量空间，如果 V 中的 r 个向量 $\boldsymbol{\alpha}_1,\boldsymbol{\alpha}_2,\cdots,\boldsymbol{\alpha}_r$ 满足条件：

(1) $\boldsymbol{\alpha}_1,\boldsymbol{\alpha}_2,\cdots,\boldsymbol{\alpha}_r$ 线性无关；

(2) V 中任一向量都可由 $\boldsymbol{\alpha}_1,\boldsymbol{\alpha}_2,\cdots,\boldsymbol{\alpha}_r$ 线性表示，则称向量组 $\boldsymbol{\alpha}_1,\boldsymbol{\alpha}_2,\cdots,\boldsymbol{\alpha}_r$ 为向量空间 V 的一组**基底**，简称**基**. 数 r 称为向量空间 V 的**维数**，记为 $\dim V$. 即 $\dim V=r$，并称 V 为 r **维向量空间**.

例如，在向量空间 $\mathbf{R}^n$ 中，由于 $\boldsymbol{\varepsilon}_1,\boldsymbol{\varepsilon}_2,\cdots,\boldsymbol{\varepsilon}_n$ 线性无关，而任意向量 $\boldsymbol{\alpha}$ 都能由 $\boldsymbol{\varepsilon}_1,\boldsymbol{\varepsilon}_2,\cdots,\boldsymbol{\varepsilon}_n$ 线性表示，所以 $\dim\mathbf{R}^n=n$.

注　(1) 若把向量空间 V 看作一个向量组，则该向量组的一个极大无关组就是向量空间 V 的一组基. 这个极大无关组所含向量的个数就是线性空间 V 的维数.

(2) 零维向量空间没有基.

本书只讨论实数域 $\mathbf{R}$ 上的 n 维向量空间 $\mathbf{R}^n$.

定义 15　设 $\boldsymbol{\xi}_1,\boldsymbol{\xi}_2,\cdots,\boldsymbol{\xi}_n$ 为 $\mathbf{R}^n$ 的一组基，如果 $\mathbf{R}^n$ 中的向量 $\boldsymbol{\alpha}$ 由基 $\boldsymbol{\xi}_1,\boldsymbol{\xi}_2,\cdots,\boldsymbol{\xi}_n$ 线性表示为

$$\boldsymbol{\alpha}=a_1\boldsymbol{\xi}_1+a_2\boldsymbol{\xi}_2+\cdots+a_n\boldsymbol{\xi}_n,$$

则称系数 $a_1,a_2,\cdots,a_n$ 为向量 $\boldsymbol{\alpha}$ 在基 $\boldsymbol{\xi}_1,\boldsymbol{\xi}_2,\cdots,\boldsymbol{\xi}_n$ 下的**坐标**，记为 $(a_1,a_2,\cdots,a_n)$.

例 5　基本单位向量组 $\boldsymbol{\varepsilon}_1,\boldsymbol{\varepsilon}_2,\cdots,\boldsymbol{\varepsilon}_n$ 为 $\mathbf{R}^n$ 的一组基，显然向量 $\boldsymbol{\alpha}=(a_1,a_2,\cdots,a_n)^{\mathrm{T}}$ 在该组基下的坐标为 $(a_1,a_2,\cdots,a_n)$.

定理 9　设 $\boldsymbol{\xi}_1,\boldsymbol{\xi}_2,\cdots,\boldsymbol{\xi}_n$ 是 $\mathbf{R}^n$ 的一组基，$\boldsymbol{\alpha},\boldsymbol{\beta}$ 是 $\mathbf{R}^n$ 的两个向量，它们在基 $\boldsymbol{\xi}_1,\boldsymbol{\xi}_2,\cdots,\boldsymbol{\xi}_n$ 下的坐标分别为 $(x_1,x_2,\cdots,x_n)$ 和 $(y_1,y_2,\cdots,y_n)$，则 $\boldsymbol{\alpha}+\boldsymbol{\beta}$ 在这组基下的坐标为 $(x_1+y_1,x_2+y_2,\cdots,x_n+y_n)$，$k\boldsymbol{\alpha}(k\in\mathbf{R})$ 在这组基下的坐标为 $(kx_1,kx_2,\cdots,kx_n)$.

由向量的坐标定义及向量的运算易得上述结论.

例 6 在 $\mathbf{R}^3$ 中，求向量 $\boldsymbol{\alpha}=(8,7,2)^{\mathrm{T}}$ 在基 $\boldsymbol{\alpha}_1=(1,0,0)^{\mathrm{T}}$，$\boldsymbol{\alpha}_2=(1,1,0)^{\mathrm{T}}$，$\boldsymbol{\alpha}_3=(1,1,1)^{\mathrm{T}}$ 下的坐标.

解 设 $\boldsymbol{\alpha}=x_1\boldsymbol{\alpha}_1+x_2\boldsymbol{\alpha}_2+x_3\boldsymbol{\alpha}_3$，则有

$$\begin{cases} x_1+x_2+x_3=8, \\ \quad\ \ x_2+x_3=7, \\ \qquad\quad\ x_3=2, \end{cases}$$

解之得 $x_1=1$，$x_2=5$，$x_3=2$，故 $\boldsymbol{\alpha}$ 在基 $\boldsymbol{\alpha}_1,\boldsymbol{\alpha}_2,\boldsymbol{\alpha}_3$ 下的坐标为 $(1,5,2)$.

该例题用 Python 求解如下：

```
import numpy as np
A=np.matrix([[1,1,1],[0,1,1],[0,0,1]])
                                    # 创建系数矩阵 A
b=np.matrix([[8,0,0],[7,0,0],[2,0,0]])
                                    # 创建 b 向量
x=np.linalg.solve(A,b)
print('a 在基 a1,a2,a3 下的坐标为:',x)
```

运行结果如图 4-4 所示.

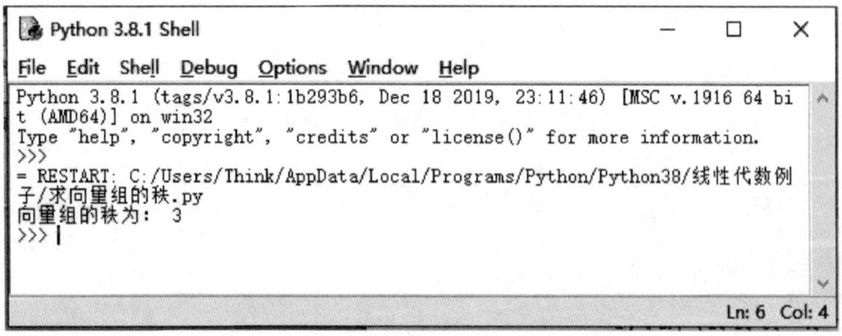

图 4-4

4.4.2 基变换与坐标变换

定义 16 设 $\boldsymbol{\xi}_1,\boldsymbol{\xi}_2,\cdots,\boldsymbol{\xi}_n$ 和 $\boldsymbol{\eta}_1,\boldsymbol{\eta}_2,\cdots,\boldsymbol{\eta}_n$ 为 $\mathbf{R}^n$ 的两组基，它们之间的线性关系为

$$\begin{cases} \boldsymbol{\eta}_1=a_{11}\boldsymbol{\xi}_1+a_{21}\boldsymbol{\xi}_2+\cdots+a_{n1}\boldsymbol{\xi}_n, \\ \boldsymbol{\eta}_2=a_{12}\boldsymbol{\xi}_1+a_{22}\boldsymbol{\xi}_2+\cdots+a_{n2}\boldsymbol{\xi}_n, \\ \qquad\qquad\vdots \\ \boldsymbol{\eta}_n=a_{1n}\boldsymbol{\xi}_1+a_{2n}\boldsymbol{\xi}_2+\cdots+a_{nn}\boldsymbol{\xi}_n, \end{cases}$$

即

$$(\boldsymbol{\eta}_1,\boldsymbol{\eta}_2,\cdots,\boldsymbol{\eta}_n)=(\boldsymbol{\xi}_1,\boldsymbol{\xi}_2,\cdots,\boldsymbol{\xi}_n)\begin{pmatrix}a_{11}&a_{12}&\cdots&a_{1n}\\a_{21}&a_{22}&\cdots&a_{2n}\\\vdots&\vdots&&\vdots\\a_{n1}&a_{n2}&\cdots&a_{nn}\end{pmatrix},\quad(4.9)$$

则矩阵

$$\boldsymbol{A}=\begin{pmatrix}a_{11}&a_{12}&\cdots&a_{1n}\\a_{21}&a_{22}&\cdots&a_{2n}\\\vdots&\vdots&&\vdots\\a_{n1}&a_{n2}&\cdots&a_{nn}\end{pmatrix}$$

称为由基 $\boldsymbol{\xi}_1,\boldsymbol{\xi}_2,\cdots,\boldsymbol{\xi}_n$ 到基 $\boldsymbol{\eta}_1,\boldsymbol{\eta}_2,\cdots,\boldsymbol{\eta}_n$ 的**过渡矩阵**. 式(4.9)可简记为

$$(\boldsymbol{\eta}_1,\boldsymbol{\eta}_2,\cdots,\boldsymbol{\eta}_n)=(\boldsymbol{\xi}_1,\boldsymbol{\xi}_2,\cdots,\boldsymbol{\xi}_n)\boldsymbol{A},$$

并称之为由基 $\boldsymbol{\xi}_1,\boldsymbol{\xi}_2,\cdots,\boldsymbol{\xi}_n$ 到基 $\boldsymbol{\eta}_1,\boldsymbol{\eta}_2,\cdots,\boldsymbol{\eta}_n$ 的**基变换**.

定理 10　设 $\boldsymbol{\alpha}_1,\boldsymbol{\alpha}_2,\cdots,\boldsymbol{\alpha}_n$; $\boldsymbol{\beta}_1,\boldsymbol{\beta}_2,\cdots,\boldsymbol{\beta}_n$ 以及 $\boldsymbol{\gamma}_1,\boldsymbol{\gamma}_2,\cdots,\boldsymbol{\gamma}_n$ 都是 $\mathbf{R}^n$ 的基，$\boldsymbol{A}$，$\boldsymbol{B}$ 为 n 阶矩阵，并且

$$(\boldsymbol{\beta}_1,\boldsymbol{\beta}_2,\cdots,\boldsymbol{\beta}_n)=(\boldsymbol{\alpha}_1,\boldsymbol{\alpha}_2,\cdots,\boldsymbol{\alpha}_n)\boldsymbol{A},$$
$$(\boldsymbol{\gamma}_1,\boldsymbol{\gamma}_2,\cdots,\boldsymbol{\gamma}_n)=(\boldsymbol{\beta}_1,\boldsymbol{\beta}_2,\cdots,\boldsymbol{\beta}_n)\boldsymbol{B},$$

则

$$(\boldsymbol{\gamma}_1,\boldsymbol{\gamma}_2,\cdots,\boldsymbol{\gamma}_n)=(\boldsymbol{\alpha}_1,\boldsymbol{\alpha}_2,\cdots,\boldsymbol{\alpha}_n)\boldsymbol{AB}.$$

定理的结论是显然的.

过渡矩阵具有以下性质：

定理 11　设 $\boldsymbol{\alpha}_1,\boldsymbol{\alpha}_2,\cdots,\boldsymbol{\alpha}_n$ 和 $\boldsymbol{\beta}_1,\boldsymbol{\beta}_2,\cdots,\boldsymbol{\beta}_n$ 均为 $\mathbf{R}^n$ 中的基，且 $(\boldsymbol{\beta}_1,\boldsymbol{\beta}_2,\cdots,\boldsymbol{\beta}_n)=(\boldsymbol{\alpha}_1,\boldsymbol{\alpha}_2,\cdots,\boldsymbol{\alpha}_n)\boldsymbol{A}$，则过渡矩阵 $\boldsymbol{A}$ 可逆，且

$$(\boldsymbol{\alpha}_1,\boldsymbol{\alpha}_2,\cdots,\boldsymbol{\alpha}_n)=(\boldsymbol{\beta}_1,\boldsymbol{\beta}_2,\cdots,\boldsymbol{\beta}_n)\boldsymbol{A}^{-1}.$$

反过来，任意一个 n 阶可逆矩阵 $\boldsymbol{A}$ 都可以作为 $\mathbf{R}^n$ 中由一组基到另一组基的过渡矩阵.

证明　由假设有

$$(\boldsymbol{\beta}_1,\boldsymbol{\beta}_2,\cdots,\boldsymbol{\beta}_n)=(\boldsymbol{\alpha}_1,\boldsymbol{\alpha}_2,\cdots,\boldsymbol{\alpha}_n)\boldsymbol{A},$$

另设由基 $\boldsymbol{\beta}_1,\boldsymbol{\beta}_2,\cdots,\boldsymbol{\beta}_n$ 到基 $\boldsymbol{\alpha}_1,\boldsymbol{\alpha}_2,\cdots,\boldsymbol{\alpha}_n$ 的过渡矩阵为 $\boldsymbol{B}$，则有

$$(\boldsymbol{\alpha}_1,\boldsymbol{\alpha}_2,\cdots,\boldsymbol{\alpha}_n)=(\boldsymbol{\beta}_1,\boldsymbol{\beta}_2,\cdots,\boldsymbol{\beta}_n)\boldsymbol{B},$$

所以有

$$(\boldsymbol{\beta}_1,\boldsymbol{\beta}_2,\cdots,\boldsymbol{\beta}_n)=(\boldsymbol{\beta}_1,\boldsymbol{\beta}_2,\cdots,\boldsymbol{\beta}_n)\boldsymbol{BA},$$
$$(\boldsymbol{\alpha}_1,\boldsymbol{\alpha}_2,\cdots,\boldsymbol{\alpha}_n)=(\boldsymbol{\alpha}_1,\boldsymbol{\alpha}_2,\cdots,\boldsymbol{\alpha}_n)\boldsymbol{AB}.$$

由于 $\boldsymbol{\alpha}_1,\boldsymbol{\alpha}_2,\cdots,\boldsymbol{\alpha}_n$ 和 $\boldsymbol{\beta}_1,\boldsymbol{\beta}_2,\cdots,\boldsymbol{\beta}_n$ 都是 $\mathbf{R}^n$ 中的基，因此 $\boldsymbol{AB}=\boldsymbol{E}=\boldsymbol{BA}$. 从而 $\boldsymbol{A}$ 可逆，且 $\boldsymbol{B}=\boldsymbol{A}^{-1}$.

反过来，若 $\boldsymbol{A}=(a_{ij})_{n\times n}$ 是任一 n 阶可逆矩阵，$\boldsymbol{\alpha}_1,\boldsymbol{\alpha}_2,\cdots,\boldsymbol{\alpha}_n$ 为 $\mathbf{R}^n$ 中一组基，取

$$\begin{aligned}\boldsymbol{\beta}_1&=a_{11}\boldsymbol{\alpha}_1+a_{21}\boldsymbol{\alpha}_2+\cdots+a_{n1}\boldsymbol{\alpha}_n,\\ \boldsymbol{\beta}_2&=a_{12}\boldsymbol{\alpha}_1+a_{22}\boldsymbol{\alpha}_2+\cdots+a_{n2}\boldsymbol{\alpha}_n,\\ &\vdots\\ \boldsymbol{\beta}_n&=a_{1n}\boldsymbol{\alpha}_1+a_{2n}\boldsymbol{\alpha}_2+\cdots+a_{nn}\boldsymbol{\alpha}_n,\end{aligned}$$

于是有

$$(\boldsymbol{\beta}_1,\boldsymbol{\beta}_2,\cdots,\boldsymbol{\beta}_n)=(\boldsymbol{\alpha}_1,\boldsymbol{\alpha}_2,\cdots,\boldsymbol{\alpha}_n)\boldsymbol{A},$$

因 $\boldsymbol{A}$ 可逆，从而有

$$(\boldsymbol{\alpha}_1,\boldsymbol{\alpha}_2,\cdots,\boldsymbol{\alpha}_n)=(\boldsymbol{\beta}_1,\boldsymbol{\beta}_2,\cdots,\boldsymbol{\beta}_n)\boldsymbol{A}^{-1}.$$

这表明向量组 $\boldsymbol{\alpha}_1,\boldsymbol{\alpha}_2,\cdots,\boldsymbol{\alpha}_n$ 可由向量组 $\boldsymbol{\beta}_1,\boldsymbol{\beta}_2,\cdots,\boldsymbol{\beta}_n$ 线性表示，再由假设 $\boldsymbol{\alpha}_1,\boldsymbol{\alpha}_2,\cdots,\boldsymbol{\alpha}_n$ 线性无关知 $\boldsymbol{\beta}_1,\boldsymbol{\beta}_2,\cdots,\boldsymbol{\beta}_n$ 也线性无关. 因而 $\boldsymbol{\beta}_1,\boldsymbol{\beta}_2,\cdots,\boldsymbol{\beta}_n$ 也是 $\mathbf{R}^n$ 的一组基，并且 $\boldsymbol{A}$ 就是由基 $\boldsymbol{\alpha}_1,\boldsymbol{\alpha}_2,\cdots,\boldsymbol{\alpha}_n$ 到基 $\boldsymbol{\beta}_1,\boldsymbol{\beta}_2,\cdots,\boldsymbol{\beta}_n$ 的过渡矩阵.

下面讨论同一向量关于不同基的坐标的关系.

定理 12　设 $\boldsymbol{\alpha}_1,\boldsymbol{\alpha}_2,\cdots,\boldsymbol{\alpha}_n$ 和 $\boldsymbol{\beta}_1,\boldsymbol{\beta}_2,\cdots,\boldsymbol{\beta}_n$ 为 $\mathbf{R}^n$ 中的两组基，且基变换公式为 $(\boldsymbol{\beta}_1,\boldsymbol{\beta}_2,\cdots,\boldsymbol{\beta}_n)=(\boldsymbol{\alpha}_1,\boldsymbol{\alpha}_2,\cdots,\boldsymbol{\alpha}_n)A$，$\mathbf{R}^n$ 中的向量 $\boldsymbol{\alpha}$ 在基 $\boldsymbol{\alpha}_1,\boldsymbol{\alpha}_2,\cdots,\boldsymbol{\alpha}_n$ 和 $\boldsymbol{\beta}_1,\boldsymbol{\beta}_2,\cdots,\boldsymbol{\beta}_n$ 下的坐标分别为 $(x_1,x_2,\cdots,x_n)$ 和 $(y_1,y_2,\cdots,y_n)$，则有

$$\begin{pmatrix}y_1\\y_2\\\vdots\\y_n\end{pmatrix}=\boldsymbol{A}^{-1}\begin{pmatrix}x_1\\x_2\\\vdots\\x_n\end{pmatrix}. \tag{4.10}$$

证明　因

$$(\boldsymbol{\beta}_1,\boldsymbol{\beta}_2,\cdots,\boldsymbol{\beta}_n)=(\boldsymbol{\alpha}_1,\boldsymbol{\alpha}_2,\cdots,\boldsymbol{\alpha}_n)A,$$

又

$$\boldsymbol{\alpha}=x_1\boldsymbol{\alpha}_1+x_2\boldsymbol{\alpha}_2+\cdots+x_n\boldsymbol{\alpha}_n=(\boldsymbol{\alpha}_1,\boldsymbol{\alpha}_2,\cdots,\boldsymbol{\alpha}_n)\begin{pmatrix}x_1\\x_2\\\vdots\\x_n\end{pmatrix},$$

$$\boldsymbol{\alpha}=y_1\boldsymbol{\beta}_1+y_2\boldsymbol{\beta}_2+\cdots+y_n\boldsymbol{\beta}_n=(\boldsymbol{\beta}_1,\boldsymbol{\beta}_2,\cdots,\boldsymbol{\beta}_n)\begin{pmatrix}y_1\\y_2\\\vdots\\y_n\end{pmatrix},$$

$$=(\boldsymbol{\alpha}_1,\boldsymbol{\alpha}_2,\cdots,\boldsymbol{\alpha}_n)\boldsymbol{A}\begin{pmatrix}y_1\\y_2\\\vdots\\y_n\end{pmatrix},$$

所以

$$(\boldsymbol{\alpha}_1,\boldsymbol{\alpha}_2,\cdots,\boldsymbol{\alpha}_n)\begin{pmatrix}x_1\\x_2\\\vdots\\x_n\end{pmatrix}=(\boldsymbol{\alpha}_1,\boldsymbol{\alpha}_2,\cdots,\boldsymbol{\alpha}_n)\boldsymbol{A}\begin{pmatrix}y_1\\y_2\\\vdots\\y_n\end{pmatrix},$$

从而

$$\begin{pmatrix}y_1\\y_2\\\vdots\\y_n\end{pmatrix}=\boldsymbol{A}^{-1}\begin{pmatrix}x_1\\x_2\\\vdots\\x_n\end{pmatrix}.$$

称式(4.10)为**坐标变换公式**.

例 7　已知 $\mathbf{R}^2$ 中的基 $\boldsymbol{\varepsilon}_1=(1,0)^{\mathrm{T}}$，$\boldsymbol{\varepsilon}_2=(0,1)^{\mathrm{T}}$ 及 $\boldsymbol{\eta}_1=(1,1)^{\mathrm{T}}$，$\boldsymbol{\eta}_2=(-1,1)^{\mathrm{T}}$，求向量 $\boldsymbol{a}=(2,2)^{\mathrm{T}}$ 在基 $\boldsymbol{\varepsilon}_1$，$\boldsymbol{\varepsilon}_2$ 下的坐标及 $\boldsymbol{a}$ 在基 $\boldsymbol{\eta}_1$，$\boldsymbol{\eta}_2$ 下的坐标.

解　因为 $\boldsymbol{a}=2\boldsymbol{\varepsilon}_1+2\boldsymbol{\varepsilon}_2$，所以向量 $\boldsymbol{a}$ 在基 $\boldsymbol{\varepsilon}_1$，$\boldsymbol{\varepsilon}_2$ 下的坐标为(2,2).

又因为

$$\boldsymbol{\eta}_1=\boldsymbol{\varepsilon}_1+\boldsymbol{\varepsilon}_2,$$

$$\boldsymbol{\eta}_2=-\boldsymbol{\varepsilon}_1+\boldsymbol{\varepsilon}_2,$$

所以

$$(\boldsymbol{\eta}_1,\boldsymbol{\eta}_2)=(\boldsymbol{\varepsilon}_1,\boldsymbol{\varepsilon}_2)\begin{pmatrix}1&-1\\1&1\end{pmatrix}.$$

记 $\boldsymbol{A}=\begin{pmatrix}1&-1\\1&1\end{pmatrix}$，设 $\boldsymbol{a}$ 在基 $\boldsymbol{\eta}_1,\boldsymbol{\eta}_2$ 下的坐标为$(\boldsymbol{x}_1,\boldsymbol{x}_2)$，则

$$\begin{pmatrix}\boldsymbol{x}_1\\\boldsymbol{x}_2\end{pmatrix}=\boldsymbol{A}^{-1}\begin{pmatrix}2\\2\end{pmatrix}=\begin{pmatrix}2\\0\end{pmatrix},$$

故 $\boldsymbol{a}$ 在基 $\boldsymbol{\eta}_1$，$\boldsymbol{\eta}_2$ 下的坐标为(2,0).

*4.4.3 子空间及其维数

设 W 是 $\mathbf{R}^n$ 的一个非空子集，若对于 W 中的任意两个向量 $\boldsymbol{\alpha}$ 与 $\boldsymbol{\beta}$ 的和 $\boldsymbol{\alpha}+\boldsymbol{\beta}$ 仍在 W 内，则说 W 对于 $\mathbf{R}^n$ 的加法是封闭的；同样，如果 W 中任意向量 $\boldsymbol{\alpha}$ 与任意实数 k 的乘积 $k\boldsymbol{\alpha}$ 仍在 W 内，就说 W 对于数乘是封闭的.

定理 13　设 L 是 $\mathbf{R}^n$ 的一个非空子集，如果 L 对于 $\mathbf{R}^n$ 的加法及数乘是封闭的，则 L 本身也是实数域 $\boldsymbol{R}$ 上的一个向量空间.

证明 因 $\mathbf{R}^n$ 是向量空间，L 是 $\mathbf{R}^n$ 的一个非空子集，所以 L 中的向量加法和数乘运算满足向量空间定义中的(1)、(2)和(5)~(8)这 6 条规律，需要证明的只是 L 中的向量也满足(3)(即 L 中存在零向量)和(4)(即 L 中向量的负向量仍在 L 中).

由于 L 非空，在 L 中必有一个向量 $\boldsymbol{\alpha}$，则根据 L 对数乘运算的封闭性有：由 $0\in\mathbf{R}$，得 $0\boldsymbol{\alpha}=\mathbf{0}\in L$，由 $(-1)\in\mathbf{R}$ 得 $(-1)\boldsymbol{\alpha}=-\boldsymbol{\alpha}\in L$. 因此定理成立.

定义 17 设 L 是 $\mathbf{R}^n$ 的一个非空子集，如果 L 对于 $\mathbf{R}^n$ 的加法及数乘运算是封闭的，则称 L 为 $\mathbf{R}^n$ 的一个子空间.

显然 $\mathbf{R}^n$ 是其自身的子空间.

例 8 由 $\mathbf{R}^n$ 的单个零向量构成的子集 $L=\{\mathbf{0}\}$ 满足定理 13 的条件，所以它是 $\mathbf{R}^n$ 的一个子空间，称为零子空间.

例 9 $\mathbf{R}^n$ 中的向量 $\boldsymbol{\alpha}_1,\boldsymbol{\alpha}_2,\cdots,\boldsymbol{\alpha}_s$ 的一切线性组合组成的集合是 $\mathbf{R}^n$ 的一个子空间，并称为由向量组 $\boldsymbol{\alpha}_1,\boldsymbol{\alpha}_2,\cdots,\boldsymbol{\alpha}_s$ 生成的子空间，且其维数为 $R(\boldsymbol{\alpha}_1,\boldsymbol{\alpha}_2,\cdots,\boldsymbol{\alpha}_s)$，该子空间记作 $L(\boldsymbol{\alpha}_1,\boldsymbol{\alpha}_2,\cdots,\boldsymbol{\alpha}_s)$. 由于子空间 L 是 $\mathbf{R}^n$ 的一个子集，所以 L 中线性无关向量的个数不超过 n，因此

$$\dim L\leqslant\dim\mathbf{R}^n.$$

特别地，我们规定零子空间的维数为零.

关于子空间有下面常用的结论.

定理 14 两个向量组生成相同子空间的充分必要条件是这两个向量组等价.

证明 设 $\boldsymbol{\alpha}_1,\boldsymbol{\alpha}_2,\cdots,\boldsymbol{\alpha}_s$ 与 $\boldsymbol{\beta}_1,\boldsymbol{\beta}_2,\cdots,\boldsymbol{\beta}_t$ 是两个向量组. 如果 $L(\boldsymbol{\alpha}_1,\boldsymbol{\alpha}_2,\cdots,\boldsymbol{\alpha}_s)=L(\boldsymbol{\beta}_1,\boldsymbol{\beta}_2,\cdots,\boldsymbol{\beta}_t)$，则每个向量 $\boldsymbol{\alpha}_i(i=1,2,\cdots,s)$ 作为 $L(\boldsymbol{\beta}_1,\boldsymbol{\beta}_2,\cdots,\boldsymbol{\beta}_t)$ 中的向量都可以被 $\boldsymbol{\beta}_1,\boldsymbol{\beta}_2,\cdots,\boldsymbol{\beta}_t$ 线性表示；同样每个向量 $\boldsymbol{\beta}_j(j=1,2,\cdots,t)$ 作为 $L(\boldsymbol{\alpha}_1,\boldsymbol{\alpha}_2,\cdots,\boldsymbol{\alpha}_s)$ 中的向量也都可以被 $\boldsymbol{\alpha}_1,\boldsymbol{\alpha}_2,\cdots,\boldsymbol{\alpha}_s$ 线性表示，因而 $\{\boldsymbol{\alpha}_1,\boldsymbol{\alpha}_2,\cdots,\boldsymbol{\alpha}_s\}\cong\{\boldsymbol{\beta}_1,\boldsymbol{\beta}_2,\cdots,\boldsymbol{\beta}_t\}$.

反之，若 $\{\boldsymbol{\alpha}_1,\boldsymbol{\alpha}_2,\cdots,\boldsymbol{\alpha}_s\}\cong\{\boldsymbol{\beta}_1,\boldsymbol{\beta}_2,\cdots,\boldsymbol{\beta}_t\}$，则凡是可以被 $\boldsymbol{\alpha}_1,\boldsymbol{\alpha}_2,\cdots,\boldsymbol{\alpha}_s$ 线性表示的向量都可以被 $\boldsymbol{\beta}_1,\boldsymbol{\beta}_2,\cdots,\boldsymbol{\beta}_t$ 线性表示，反过来也一样，从而有

$$L(\boldsymbol{\alpha}_1,\boldsymbol{\alpha}_2,\cdots,\boldsymbol{\alpha}_s)=L(\boldsymbol{\beta}_1,\boldsymbol{\beta}_2,\cdots,\boldsymbol{\beta}_t).$$

习题四

1. 已知向量 $\boldsymbol{\alpha}=(2,-1,0,1)^{\mathrm{T}}$，$\boldsymbol{\beta}=(-1,4,2,3)^{\mathrm{T}}$，$\boldsymbol{\gamma}=(-4,7,0,2)^{\mathrm{T}}$，计算：

(1) $3\boldsymbol{\alpha}-\boldsymbol{\beta}+4\boldsymbol{\gamma}$；　(2) $\dfrac{1}{2}(5\boldsymbol{\alpha}+3\boldsymbol{\beta}-\boldsymbol{\gamma})$.

2. 设 $\boldsymbol{\alpha}+\boldsymbol{\beta}=(2,1,2,3)^{\mathrm{T}}$，$2\boldsymbol{\alpha}+\boldsymbol{\beta}=(1,-4,-2,2)^{\mathrm{T}}$，求向量 $\boldsymbol{\alpha}$，$\boldsymbol{\beta}$.

3. 把向量 $\boldsymbol{\beta}$ 表示为其他向量的线性组合：

(1) $\boldsymbol{\beta}=(3,5,7,9)^{\mathrm{T}}$，$\boldsymbol{\alpha}_1=(1,0,0,0)^{\mathrm{T}}$，$\boldsymbol{\alpha}_2=(0,1,0,0)^{\mathrm{T}}$，$\boldsymbol{\alpha}_3=(0,0,1,0)^{\mathrm{T}}$，$\boldsymbol{\alpha}_4=(0,0,0,1)^{\mathrm{T}}$；

(2) $\boldsymbol{\beta}=(0,0,0,1)^{\mathrm{T}}$，$\boldsymbol{\alpha}_1=(1,1,0,1)^{\mathrm{T}}$，$\boldsymbol{\alpha}_2=(2,1,3,1)^{\mathrm{T}}$，$\boldsymbol{\alpha}_3=(1,1,0,0)^{\mathrm{T}}$，$\boldsymbol{\alpha}_4=(0,1,-1,-1)^{\mathrm{T}}$.

4. 试判断向量 $\boldsymbol{\beta}=(4,5,6)^{\mathrm{T}}$ 可否由向量组 $\boldsymbol{\alpha}_1=(3,-3,2)^{\mathrm{T}}$，$\boldsymbol{\alpha}_2=(-2,1,2)^{\mathrm{T}}$，$\boldsymbol{\alpha}_3=(1,2,-1)^{\mathrm{T}}$ 线性表示；若能，请求出表示式.

5. 证明：如果向量 $\boldsymbol{\beta}$ 不能被向量组 $\boldsymbol{\alpha}_1,\boldsymbol{\alpha}_2,\cdots,\boldsymbol{\alpha}_m$ 线性表示，则 $\boldsymbol{\beta}$ 也不能被 $\boldsymbol{\alpha}_1,\boldsymbol{\alpha}_2,\cdots,\boldsymbol{\alpha}_m$ 的任何部分组线性表示.

6. 已知向量组 $\boldsymbol{\gamma}_1,\boldsymbol{\gamma}_2$ 可由向量组 $\boldsymbol{\beta}_1,\boldsymbol{\beta}_2,\boldsymbol{\beta}_3$ 线性表示为

$$\begin{cases}\boldsymbol{\gamma}_1=3\boldsymbol{\beta}-\boldsymbol{\beta}_2+\boldsymbol{\beta}_3,\\ \boldsymbol{\gamma}_2=\boldsymbol{\beta}_1+2\boldsymbol{\beta}_2+4\boldsymbol{\beta}_3,\end{cases}$$

向量组 $\boldsymbol{\beta}_1,\boldsymbol{\beta}_2,\boldsymbol{\beta}_3$ 可由向量组 $\boldsymbol{\alpha}_1,\boldsymbol{\alpha}_2,\boldsymbol{\alpha}_3$ 线性表示为

$$\begin{cases}\boldsymbol{\beta}_1=2\boldsymbol{\alpha}_1+\boldsymbol{\alpha}_2-5\boldsymbol{\alpha}_3,\\ \boldsymbol{\beta}_2=\boldsymbol{\alpha}_1+3\boldsymbol{\alpha}_2+\boldsymbol{\alpha}_3,\\ \boldsymbol{\beta}_3=-\boldsymbol{\alpha}_1+4\boldsymbol{\alpha}_2-\boldsymbol{\alpha}_3,\end{cases}$$

求向量组 $\boldsymbol{\gamma}_1,\boldsymbol{\gamma}_2$ 由向量组 $\boldsymbol{\alpha}_1,\boldsymbol{\alpha}_2,\boldsymbol{\alpha}_3$ 线性表示的表示式.

7. 已知向量组 B：$\boldsymbol{\beta}_1,\boldsymbol{\beta}_2,\boldsymbol{\beta}_3$ 由向量组 A：$\boldsymbol{\alpha}_1,\boldsymbol{\alpha}_2,\boldsymbol{\alpha}_3$ 线性表示的表示式为

$$\boldsymbol{\beta}_1=\boldsymbol{\alpha}_1-\boldsymbol{\alpha}_2+\boldsymbol{\alpha}_3,\ \boldsymbol{\beta}_2=\boldsymbol{\alpha}_1+\boldsymbol{\alpha}_2-\boldsymbol{\alpha}_3,\ \boldsymbol{\beta}_3=-\boldsymbol{\alpha}_1+\boldsymbol{\alpha}_2+\boldsymbol{\alpha}_3.$$

试将向量组 A 由向量组 B 线性表示.

8. 判定下列向量组是否线性相关：

(1) $\boldsymbol{\alpha}_1=(1,1,-1,1)^{\mathrm{T}}$，$\boldsymbol{\alpha}_2=(1,-1,2,-1)^{\mathrm{T}}$，$\boldsymbol{\alpha}_3=(3,1,0,1)^{\mathrm{T}}$；

(2) $\boldsymbol{\alpha}_1=(0,0,3,-4)^{\mathrm{T}}$，$\boldsymbol{\alpha}_2=(0,-3,1,-7)^{\mathrm{T}}$，$\boldsymbol{\alpha}_3=(1,1,-2,0)^{\mathrm{T}}$.

9. 已知向量组 $\boldsymbol{\alpha}_1=(a,2,1)^{\mathrm{T}}$，$\boldsymbol{\alpha}_2=(2,a,0)^{\mathrm{T}}$，$\boldsymbol{\alpha}_3=(1,-1,1)^{\mathrm{T}}$，问 a 为何值时向量组 $\boldsymbol{\alpha}_1,\boldsymbol{\alpha}_2,\boldsymbol{\alpha}_3$ 线性相关？线性无关？

10. 如果向量组 $\boldsymbol{\alpha}_1,\boldsymbol{\alpha}_2,\cdots,\boldsymbol{\alpha}_m$ 线性无关，试证：

(1) 向量组 $\boldsymbol{\alpha}_1,\boldsymbol{\alpha}_1+\boldsymbol{\alpha}_2,\cdots,\boldsymbol{\alpha}_1+\boldsymbol{\alpha}_2+\cdots+\boldsymbol{\alpha}_m$ 线性无关；

(2) 向量组 $\boldsymbol{\alpha}_1-\boldsymbol{\alpha}_2,\boldsymbol{\alpha}_2-\boldsymbol{\alpha}_3,\cdots,\boldsymbol{\alpha}_{m-1}-\boldsymbol{\alpha}_m,\boldsymbol{\alpha}_m-\boldsymbol{\alpha}_1$ 线性相关.

11. 设 n 维向量组 $\boldsymbol{\alpha}_1=(1,0,0,\cdots,0)^{\mathrm{T}}$，$\boldsymbol{\alpha}_2=(1,1,0,\cdots,0)^{\mathrm{T}},\cdots,\boldsymbol{\alpha}_n=(1,1,\cdots,1)^{\mathrm{T}}$，试证向量组 $\boldsymbol{\alpha}_1,\boldsymbol{\alpha}_2,\cdots,\boldsymbol{\alpha}_n$ 与 n 维基本单位向量组 $\boldsymbol{\varepsilon}_1,\boldsymbol{\varepsilon}_2,\cdots,\boldsymbol{\varepsilon}_n$ 等价.

12. 已知向量组 $\boldsymbol{\alpha}_1,\boldsymbol{\alpha}_2,\cdots,\boldsymbol{\alpha}_r$ 与向量组 $\boldsymbol{\alpha}_1,\boldsymbol{\alpha}_2,\cdots,\boldsymbol{\alpha}_r,\boldsymbol{\alpha}_{r+1},\cdots,\boldsymbol{\alpha}_s$ 有相同的秩，证明：$\{\boldsymbol{\alpha}_1,\boldsymbol{\alpha}_2,\cdots,\boldsymbol{\alpha}_r\}\cong\{\boldsymbol{\alpha}_1,\boldsymbol{\alpha}_2,\cdots,\boldsymbol{\alpha}_r,\boldsymbol{\alpha}_{r+1},\cdots,\boldsymbol{\alpha}_s\}$.

13. 设向量组 $\boldsymbol{\alpha}_1,\boldsymbol{\alpha}_2,\cdots,\boldsymbol{\alpha}_s$ 的秩为 r，$\boldsymbol{\alpha}_{i1},\boldsymbol{\alpha}_{i2},\cdots,\boldsymbol{\alpha}_{ir}$ 是 $\boldsymbol{\alpha}_1,\boldsymbol{\alpha}_2,\cdots,\boldsymbol{\alpha}_s$ 中的 r 个向量，使得 $\boldsymbol{\alpha}_1,\boldsymbol{\alpha}_2,\cdots,\boldsymbol{\alpha}_s$ 中每一个向量都可被它们线性表示．证明：$\boldsymbol{\alpha}_{i1},\boldsymbol{\alpha}_{i2},\cdots,\boldsymbol{\alpha}_{ir}$ 是 $\boldsymbol{\alpha}_1,\boldsymbol{\alpha}_2,\cdots,\boldsymbol{\alpha}_s$ 的一个极大线性无关组.

14. 证明：如果 n 维基本单位向量 $\boldsymbol{\varepsilon}_1,\boldsymbol{\varepsilon}_2,\cdots,\boldsymbol{\varepsilon}_n$ 可由 n 维向量组 $\boldsymbol{\alpha}_1$，$\boldsymbol{\alpha}_2$，$\cdots$，$\boldsymbol{\alpha}_n$ 线性表示，则向量组 $\boldsymbol{\alpha}_1$，$\boldsymbol{\alpha}_2$，$\cdots$，$\boldsymbol{\alpha}_n$ 线性无关.

15. 设 $\boldsymbol{\alpha}_1,\boldsymbol{\alpha}_2,\cdots,\boldsymbol{\alpha}_n$ 是一组 n 维向量，证明：$\boldsymbol{\alpha}_1,\boldsymbol{\alpha}_2,\cdots,\boldsymbol{\alpha}_n$ 线性无关的充要条件是任一 n 维向量都可被它们线性表示.

16. 利用矩阵的初等变换，判别下列向量组的线性相关性，求出它的秩和一个极大无关组，并把其余向量用此极大无关组线性表示：

(1) $\boldsymbol{\alpha}_1=(1,2,5)^{\mathrm{T}}$，$\boldsymbol{\alpha}_2=(3,2,-1)^{\mathrm{T}}$，$\boldsymbol{\alpha}_3=(3,10,-17)^{\mathrm{T}}$；

(2) $\boldsymbol{\alpha}_1=(1,-1,0,4)^{\mathrm{T}}$，$\boldsymbol{\alpha}_2=(2,1,5,6)^{\mathrm{T}}$，$\boldsymbol{\alpha}_3=(1,-1,-2,0)^{\mathrm{T}}$，$\boldsymbol{\alpha}_4=(3,0,7,14)^{\mathrm{T}}$；

(3) $\boldsymbol{\alpha}_1=(1,0,1,0,1)^{\mathrm{T}}$，$\boldsymbol{\alpha}_2=(0,1,1,0,1)^{\mathrm{T}}$，$\boldsymbol{\alpha}_3=(1,1,0,0,1)^{\mathrm{T}}$，$\boldsymbol{\alpha}_4=(-3,-2,3,1,-4)^{\mathrm{T}}$.

17. 判断下列命题是否正确，如果该命题成立，则简述理由，否则，举出反例：

(1) 若存在全为零的数 $k_1=k_2=\cdots=k_s=0$，使得 $k_1\boldsymbol{\alpha}_1+k_2\boldsymbol{\alpha}_2+\cdots+k_s\boldsymbol{\alpha}_s=\mathbf{0}$，则向量组 $\boldsymbol{\alpha}_1,\boldsymbol{\alpha}_2,\cdots,\boldsymbol{\alpha}_s$ 线性

无关；

(2) 如果向量组 $\boldsymbol{\alpha}_1,\boldsymbol{\alpha}_2,\cdots,\boldsymbol{\alpha}_s$ 线性相关，则其任一部分组也线性相关；

(3) 如果向量组 $\boldsymbol{\alpha}_1,\boldsymbol{\alpha}_2,\cdots,\boldsymbol{\alpha}_s$ 线性相关，则其任一向量都可由其余向量线性表示；

(4) 如果向量组 $\boldsymbol{\alpha}_1,\boldsymbol{\alpha}_2,\cdots,\boldsymbol{\alpha}_m$ 中有 r 个向量使得 $\boldsymbol{\alpha}_1,\boldsymbol{\alpha}_2,\cdots,\boldsymbol{\alpha}_m$ 中任意向量均可由这 r 个向量线性表示，则 $R(\boldsymbol{\alpha}_1,\boldsymbol{\alpha}_2,\cdots,\boldsymbol{\alpha}_m)=r$；

(5) 如果两个向量组等价，则它们所含的向量个数相同；

(6) 如果 $R(\boldsymbol{\alpha}_1,\boldsymbol{\alpha}_2,\cdots,\boldsymbol{\alpha}_s)=r$，则向量组 $\boldsymbol{\alpha}_1,\boldsymbol{\alpha}_2,\cdots,\boldsymbol{\alpha}_s$ 中任意 r 个向量都线性无关；

(7) 如果 $R(\boldsymbol{\alpha}_1,\boldsymbol{\alpha}_2,\cdots,\boldsymbol{\alpha}_s)=r$，则向量组 $\boldsymbol{\alpha}_1,\boldsymbol{\alpha}_2,\cdots,\boldsymbol{\alpha}_s$ 中任意多于 r 个向量的向量组都线性相关；

(8) 如果 $R(\boldsymbol{\alpha}_1,\boldsymbol{\alpha}_2,\cdots,\boldsymbol{\alpha}_s)=s$，则向量组 $\boldsymbol{\alpha}_1,\boldsymbol{\alpha}_2,\cdots,\boldsymbol{\alpha}_s$ 中的任一部分组都线性无关.

18. 证明向量组 $\boldsymbol{\alpha}_1=(0,0,\cdots,0,0,1)^{\mathrm{T}}$，$\boldsymbol{\alpha}_2=(0,0,\cdots,0,1,1)^{\mathrm{T}},\cdots$，$\boldsymbol{\alpha}_n=(1,1,\cdots,1,1,1)^{\mathrm{T}}$ 为 $\mathbf{R}^n$ 的一组基，并求 $\boldsymbol{\alpha}=(a_1,a_2,\cdots,a_n)^{\mathrm{T}}$ 在此基下的坐标.

19. 在 $\mathbf{R}^4$ 中，求由基 $\boldsymbol{\xi}_1,\boldsymbol{\xi}_2,\boldsymbol{\xi}_3,\boldsymbol{\xi}_4$ 到基 $\boldsymbol{\eta}_1,\boldsymbol{\eta}_2,\boldsymbol{\eta}_3,\boldsymbol{\eta}_4$ 的过渡矩阵，并求向量 $\boldsymbol{\alpha}$ 在所指基底下的坐标：

(1) $\begin{cases}\boldsymbol{\xi}_1=(1,0,0,0)^{\mathrm{T}}, & \boldsymbol{\eta}_1=(2,1,-1,1)^{\mathrm{T}},\\ \boldsymbol{\xi}_2=(0,1,0,0)^{\mathrm{T}}, & \boldsymbol{\eta}_2=(0,3,1,0)^{\mathrm{T}},\\ \boldsymbol{\xi}_3=(0,0,1,0)^{\mathrm{T}}, & \boldsymbol{\eta}_3=(5,3,2,1)^{\mathrm{T}},\\ \boldsymbol{\xi}_4=(0,0,0,1)^{\mathrm{T}}, & \boldsymbol{\eta}_4=(6,6,1,3)^{\mathrm{T}},\end{cases}$

求 $\boldsymbol{\alpha}=(x_1,x_2,x_3,x_4)^{\mathrm{T}}$ 在基 $\boldsymbol{\eta}_1,\boldsymbol{\eta}_2,\boldsymbol{\eta}_3,\boldsymbol{\eta}_4$ 下的坐标；

(2) $\begin{cases}\boldsymbol{\xi}_1=(1,2,-1,0)^{\mathrm{T}}, & \boldsymbol{\eta}_1=(2,1,0,1)^{\mathrm{T}},\\ \boldsymbol{\xi}_2=(1,-1,1,1)^{\mathrm{T}}, & \boldsymbol{\eta}_2=(0,1,2,2)^{\mathrm{T}},\\ \boldsymbol{\xi}_3=(-1,2,1,1)^{\mathrm{T}}, & \boldsymbol{\eta}_3=(-2,1,1,2)^{\mathrm{T}},\\ \boldsymbol{\xi}_4=(-1,-1,0,1)^{\mathrm{T}}, & \boldsymbol{\eta}_4=(1,3,1,2)^{\mathrm{T}},\end{cases}$

求 $\boldsymbol{\alpha}=(1,0,0,0)^{\mathrm{T}}$ 在基 $\boldsymbol{\xi}_1,\boldsymbol{\xi}_2,\boldsymbol{\xi}_3,\boldsymbol{\xi}_4$ 下的坐标.

20. 求非零向量 $\boldsymbol{\alpha}$，使其在下列两组基下的坐标相同：

$\begin{cases}\boldsymbol{\varepsilon}_1=(1,0,0,0)^{\mathrm{T}},\\ \boldsymbol{\varepsilon}_2=(0,1,0,0)^{\mathrm{T}},\\ \boldsymbol{\varepsilon}_3=(0,0,1,0)^{\mathrm{T}},\\ \boldsymbol{\varepsilon}_4=(0,0,0,1)^{\mathrm{T}};\end{cases}$ $\begin{cases}\boldsymbol{\eta}_1=(2,1,-1,1)^{\mathrm{T}},\\ \boldsymbol{\eta}_2=(0,3,1,0)^{\mathrm{T}},\\ \boldsymbol{\eta}_3=(5,3,2,1)^{\mathrm{T}},\\ \boldsymbol{\eta}_4=(6,6,1,3)^{\mathrm{T}}.\end{cases}$

*21. 在 $\mathbf{R}^4$ 中，求向量 $\boldsymbol{\alpha}_i(i=1,2,3,4)$ 生成的子空间的基与维数.

(1) $\begin{cases}\boldsymbol{\alpha}_1=(2,1,3,1)^{\mathrm{T}},\\ \boldsymbol{\alpha}_2=(1,2,0,1)^{\mathrm{T}},\\ \boldsymbol{\alpha}_3=(-1,1,-3,0)^{\mathrm{T}},\\ \boldsymbol{\alpha}_4=(1,1,1,1)^{\mathrm{T}};\end{cases}$

(2) $\begin{cases}\boldsymbol{\alpha}_1=(2,1,3,-1)^{\mathrm{T}},\\ \boldsymbol{\alpha}_2=(-1,1,3,1)^{\mathrm{T}},\\ \boldsymbol{\alpha}_3=(4,5,3,-1)^{\mathrm{T}},\\ \boldsymbol{\alpha}_4=(1,5,-3,1)^{\mathrm{T}}.\end{cases}$

第 4 章 Python 程序代码汇总

(1) 4.1 节例 1 的 Python 求解源程序

```
import numpy as np
A=np.matrix([[2,5,1,3]])
B=np.matrix([[-1,1,2,0]])
print('向量 a-2b=:\n',A-2*B)
```

(2) 4.1 节例 2 的 Python 求解源程序

```
import numpy as np
A=np.matrix([[2,5,1,3]])
B=np.matrix([[10,1,5,10]])
```

```
C=np.matrix([[4,1,-1,1]])
print('向量(1/2)*a+(1/3)*b-(5/6)*c=:\n',(1/2)
*A+(1/3)*B-(5/6)*C)
```

(3) 4.3 节例 2 的 Python 求解源程序

```
import numpy as np
A=np.array([[-1,1,0,1,0],[-1,-2,1,9,1],[0,1,
1,2,-1],[1,0,1,1,-1],[1,1,0,-4,-1]])
print('向量组的秩为:',np.linalg.matrix_rank(A))
```

(4) 4.4 节例 6 的 Python 求解源程序

```
import numpy as np
A=np.matrix([[1,1,1],[0,1,1],[0,0,1]])
                                  #创建系数矩阵A
b=np.matrix([[8,0,0],[7,0,0],[2,0,0]])
                                  #创建b向量
x=np.linalg.solve(A,b)
print('a在基a1,a2,a3下的坐标为:',x)
```

第 5 章

相似矩阵及二次型

矩阵的特征值与特征向量和矩阵的对角化理论与方法是矩阵理论的重要组成部分，它们在数学各分支、科学技术以及数量经济分析等多个领域中有着广泛的应用.

5.1 特征值与特征向量

5.1.1 引例

为了定量分析工业发展与环境污染的关系，某地区提出如下增长模型：设 x_0 是该地区目前的污染损耗(由土壤、河流、湖泊及大气等污染指数测得)，y_0 是该地区目前的工业产值，以若干年(如 5 年)为一个发展周期，一个周期后的污染损耗和工业产值分别记为 x_1 和 y_1，它们之间的关系是

$$x_1=3x_0+y_0,$$
$$y_1=2x_0+2y_0,$$

写成矩阵形式就是

$$\begin{pmatrix}x_1\\y_1\end{pmatrix}=\begin{pmatrix}3&1\\2&2\end{pmatrix}\begin{pmatrix}x_0\\y_0\end{pmatrix}\text{ 或 }\boldsymbol{\xi}_1=\boldsymbol{A}\boldsymbol{\xi}_0,$$

其中

$$\boldsymbol{\xi}_1=\begin{pmatrix}x_1\\y_1\end{pmatrix},\ \boldsymbol{\xi}_0=\begin{pmatrix}x_0\\y_0\end{pmatrix},\ \boldsymbol{A}=\begin{pmatrix}3&1\\2&2\end{pmatrix}.$$

如果当前的水平 $\boldsymbol{\xi}_0=\begin{pmatrix}1\\1\end{pmatrix}$，则

$$\boldsymbol{\xi}_1=\boldsymbol{A}\boldsymbol{\xi}_0=\begin{pmatrix}3&1\\2&2\end{pmatrix}\begin{pmatrix}1\\1\end{pmatrix}=\begin{pmatrix}4\\4\end{pmatrix}=4\begin{pmatrix}1\\1\end{pmatrix},$$

即 $\boldsymbol{\xi}_1=4\boldsymbol{\xi}_0$. 由此可预测 k 个周期后的污染损耗和工业产值：

$$\boldsymbol{\xi}_k=4\boldsymbol{\xi}_{k-1}=4^2\boldsymbol{\xi}_{k-2}=\cdots=4^k\boldsymbol{\xi}_0.$$

我们发现，矩阵 $\boldsymbol{A}$ 乘以向量 $\boldsymbol{\xi}_0$ 所得向量 $\boldsymbol{\xi}_1=\boldsymbol{A}\boldsymbol{\xi}_0$ 恰是 $\boldsymbol{\xi}_0$ 的 4 倍. 这正是矩阵的特征值和特征向量问题.

5.1.2 特征值与特征向量的概念与求法

定义 1　设 $\boldsymbol{A}$ 是 n 阶方阵，如果存在一个数 λ_0 与非零向量 $\boldsymbol{\alpha}$，使得

$$\boldsymbol{A\alpha}=\lambda_0\boldsymbol{\alpha}, \tag{5.1}$$

则称 λ_0 为 $\boldsymbol{A}$ 的一个特征值，$\boldsymbol{\alpha}$ 为 $\boldsymbol{A}$ 的对应于(或属于)特征值 λ_0 的特征向量.

为了寻求特征值与特征向量，把式(5.1)改写为

$$(\lambda\boldsymbol{E}-\boldsymbol{A})\boldsymbol{\alpha}=\boldsymbol{0}\quad(\boldsymbol{\alpha}\neq\boldsymbol{0}),$$

可见 $\boldsymbol{\alpha}$ 是齐次线性方程组

$$(\lambda\boldsymbol{E}-\boldsymbol{A})\boldsymbol{x}=\boldsymbol{0}$$

的非零解. 这是 n 个未知数 n 个方程的齐次线性方程组，故有非零解的充分必要条件是其系数行列式 $|\lambda\boldsymbol{E}-\boldsymbol{A}|$(称为 $\boldsymbol{A}$ 的特征多项式)为零，即

$$|\lambda\boldsymbol{E}-\boldsymbol{A}|=0. \tag{5.2}$$

方程(5.2)称为 $\boldsymbol{A}$ 的特征方程.

显然，$\boldsymbol{A}$ 的特征值就是 $\boldsymbol{A}$ 的特征方程的根. 因此，$\boldsymbol{A}$ 的特征值也称为 $\boldsymbol{A}$ 的特征根. 在复数范围内，n 阶方阵 $\boldsymbol{A}$ 有 n 个特征值(重根按重数计算).

从以上讨论可以看出，确定一个矩阵 $\boldsymbol{A}$ 的特征值与对应的特征向量的步骤可以归纳为：

(1) 求出 $\boldsymbol{A}$ 的特征方程 $|\lambda\boldsymbol{E}-\boldsymbol{A}|=0$ 的全部根，即得矩阵 $\boldsymbol{A}$ 的全部特征值 $\lambda_1,\lambda_2,\cdots,\lambda_n$.

(2) 将每个特征值 $\lambda=\lambda_i$ 代入齐次线性方程组 $(\lambda\boldsymbol{E}-\boldsymbol{A})\boldsymbol{x}=\boldsymbol{0}$，求出基础解系，就是 $\boldsymbol{A}$ 对应于 λ_i 的特征向量，基础解系的线性组合(零向量除外)就是 $\boldsymbol{A}$ 对应于 λ_i 的全部特征向量.

显然，对应于 λ_i 的全体特征向量再添上零向量就构成齐次线性方程组 $(\lambda_i\boldsymbol{E}-\boldsymbol{A})\boldsymbol{x}=\boldsymbol{0}$ 的解空间，称为 $\boldsymbol{A}$ 的对应于特征值 λ_i 的特征子空间.

例 1　求矩阵 $\boldsymbol{A}=\begin{pmatrix}-2&1&1\\0&2&0\\-4&1&3\end{pmatrix}$ 的特征值与特征向量.

解　$\boldsymbol{A}$ 的特征方程为

$$|\lambda\boldsymbol{E}-\boldsymbol{A}|=\begin{vmatrix}\lambda+2&-1&-1\\0&\lambda-2&0\\4&-1&\lambda-3\end{vmatrix}=(\lambda+1)(\lambda-2)^2=0,$$

故得 $\boldsymbol{A}$ 的特征值为 $\lambda_1=-1$，$\lambda_2=\lambda_3=2$.

当 $\lambda_1=-1$ 时，解线性方程组 $(-\boldsymbol{E}-\boldsymbol{A})\boldsymbol{x}=\boldsymbol{0}$，即

$$\begin{pmatrix}1&-1&-1\\0&-3&0\\4&-1&-4\end{pmatrix}\begin{pmatrix}x_1\\x_2\\x_3\end{pmatrix}=\begin{pmatrix}0\\0\\0\end{pmatrix},$$

得基础解系 $\boldsymbol{\alpha}_1=(1,0,1)^{\mathrm{T}}$，于是对应于 $\lambda_1=-1$ 的全体特征向量为 $k_1\boldsymbol{\alpha}_1$，k_1 为任意非零常数.

当 $\lambda_2=\lambda_3=2$ 时，解线性方程组 $(2\boldsymbol{E}-\boldsymbol{A})\boldsymbol{x}=\boldsymbol{0}$，即

$$\begin{pmatrix}4&-1&-1\\0&0&0\\4&-1&-1\end{pmatrix}\begin{pmatrix}x_1\\x_2\\x_3\end{pmatrix}=\begin{pmatrix}0\\0\\0\end{pmatrix},$$

得基础解系 $\boldsymbol{\alpha}_2=(1,0,4)^{\mathrm{T}}$，$\boldsymbol{\alpha}_3=(1,4,0)^{\mathrm{T}}$，于是对应于 $\lambda_2=\lambda_3=2$ 的全部特征向量为

$$k_2\boldsymbol{\alpha}_2+k_3\boldsymbol{\alpha}_3,$$

其中 k_2，k_3 是不同时为零的任意常数.

该例题用 Python 求解特征值的第一种方法如下：

```
import numpy as np
A=np.matrix([[-2,1,1],[0,2,0],[-4,1,3]]) # 创建
矩阵 A
print('矩阵 A 的特征值为:',np.linalg.eigvals(A))
```

运行结果如图 5-1 所示.

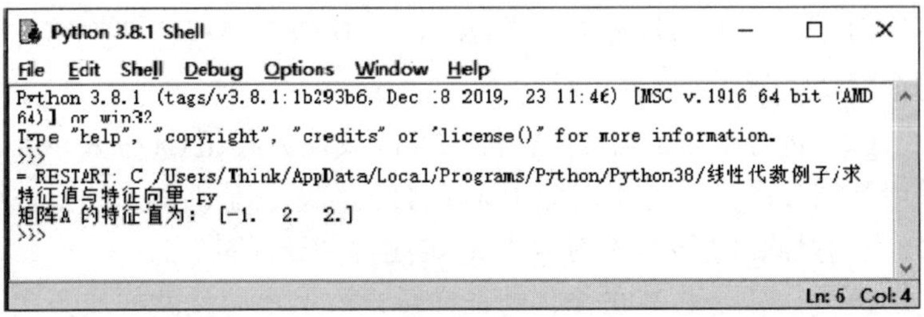

图 5-1

该例题用 Python 求解特征值和特征向量的第二种方法如下：

```
import numpy as np
A=np.matrix([[-2,1,1],[0,2,0],[-4,1,3]])
                                        # 创建矩阵 A
A1,A2=np.linalg.eig(A)
print('矩阵 A 的特征值为:',A1)
print('矩阵 A 的特征向量为:\n',A2)
```

运行结果如图 5-2 所示.

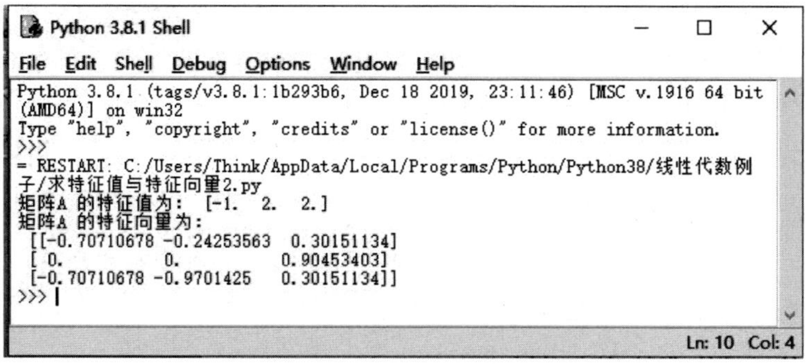

图　5-2

注　eigvals 函数和 eig 函数的常用参数说明基本一致. 这两个函数的差别在于返回的值不一样：eigvals 函数返回的是矩阵的特征值；eig 函数返回的是矩阵的特征值和特征值对应的特征向量，且特征向量是向量单位化之后的值.

例 2　求矩阵 $\boldsymbol{A}=\begin{pmatrix}-1&1&0\\-4&3&0\\1&0&2\end{pmatrix}$ 的特征值与特征向量.

解　$\boldsymbol{A}$ 的特征方程为

$$|\lambda\boldsymbol{E}-\boldsymbol{A}|=\begin{pmatrix}\lambda+1&-1&0\\4&\lambda-3&0\\-1&0&\lambda-2\end{pmatrix}=(\lambda-1)^2(\lambda-2)=0,$$

故得 $\boldsymbol{A}$ 的特征值为 $\lambda_1=2$，$\lambda_2=\lambda_3=1$.

当 $\lambda_1=2$ 时，解齐次线性方程组 $(2\boldsymbol{E}-\boldsymbol{A})\boldsymbol{x}=\boldsymbol{0}$，即

$$\begin{pmatrix}3&-1&0\\4&-1&0\\-1&0&0\end{pmatrix}\begin{pmatrix}x_1\\x_2\\x_3\end{pmatrix}=\begin{pmatrix}0\\0\\0\end{pmatrix},$$

得基础解系 $\boldsymbol{\alpha}_1=(0,0,1)^{\mathrm{T}}$. 于是对应于特征值 $\lambda_1=2$ 的全部特征向量为 $k_1\boldsymbol{\alpha}_1$，k_1 为任意非零常数.

当 $\lambda_2=\lambda_3=1$ 时，解齐次线性方程组 $(\boldsymbol{E}-\boldsymbol{A})\boldsymbol{x}=\boldsymbol{0}$，即

$$\begin{pmatrix}2&-1&0\\4&-2&0\\-1&0&-1\end{pmatrix}\begin{pmatrix}x_1\\x_2\\x_3\end{pmatrix}=\begin{pmatrix}0\\0\\0\end{pmatrix},$$

得基础解系 $\boldsymbol{\alpha}_2=(1,2,-1)^{\mathrm{T}}$. 于是对应于特征值 $\lambda_2=\lambda_3=1$ 的全部特征向量为 $k_2\boldsymbol{\alpha}_2$，k_2 为任意非零常数.

注意到例 1 中对于二重特征值 $\lambda_2=\lambda_3=2$，存在两个线性无关

的特征向量，而例 2 中对应于二重特征值 $\lambda_2=\lambda_3=1$ 的线性无关的特征向量的个数只有一个，这对后面方阵对角化问题的讨论具有重要意义.

用 Python 求解的方法如下：

```
import numpy as np
A=np.matrix([[-1,1,0],[-4,3,0],[1,0,2]])
                                        # 创建矩阵 A
A1,A2=np.linalg.eig(A)
print('矩阵 A 的特征值为:',A1)
print('矩阵 A 的特征向量为:\n',A2)
```

运行结果如图 5-3 所示.

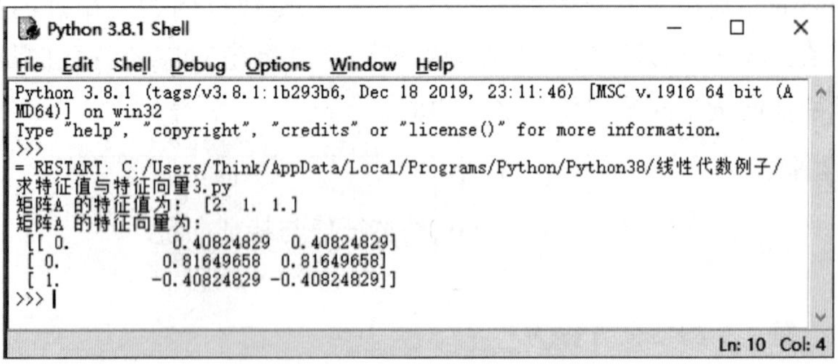

图　5-3

例 3　设 λ 是方阵 $\boldsymbol{A}$ 的特征值，证明：

（1）λ^2 是 $\boldsymbol{A}^2$ 的特征值；

（2）当 $\boldsymbol{A}$ 可逆时，$\dfrac{1}{\lambda}$是 $\boldsymbol{A}^{-1}$的特征值.

证明　设 $\boldsymbol{\alpha}\neq\boldsymbol{0}$ 是 $\boldsymbol{A}$ 的对应于 λ 的特征向量，则 $\boldsymbol{A}\lambda=\lambda\boldsymbol{\alpha}$，于是

（1）$\boldsymbol{A}^2\boldsymbol{\alpha}=\boldsymbol{A}(\boldsymbol{A}\boldsymbol{\alpha})=\boldsymbol{A}(\lambda\boldsymbol{\alpha})=\lambda\boldsymbol{A}\boldsymbol{\alpha}=\lambda^2\boldsymbol{\alpha}$，故 λ^2 是 $\boldsymbol{A}^2$ 的特征值.

（2）当 $\boldsymbol{A}$ 可逆时，由 $\boldsymbol{A}\boldsymbol{\alpha}=\lambda\boldsymbol{\alpha}$ 有 $\boldsymbol{\alpha}=\lambda\boldsymbol{A}^{-1}\boldsymbol{\alpha}$. 因 $\boldsymbol{\alpha}\neq\boldsymbol{0}$，知 $\lambda\neq 0$，故 $\boldsymbol{A}^{-1}\boldsymbol{\alpha}=\dfrac{1}{\lambda}\boldsymbol{\alpha}$，即$\dfrac{1}{\lambda}$是 $\boldsymbol{A}^{-1}$的特征值.

注　进一步容易证明：若 λ 是 $\boldsymbol{A}$ 的特征值，则 $\varphi(\lambda)=a_0+a_1\lambda+a_2\lambda^2+\cdots+a_n\lambda^n$ 是 $\varphi(\boldsymbol{A})=a_0\boldsymbol{E}+a_1\boldsymbol{A}+a_2\boldsymbol{A}^2+\cdots+a_n\boldsymbol{A}^n$ 的特征值. 当 $\boldsymbol{A}$ 可逆时，$\psi(\lambda)=a_{-m}\lambda^{-m}+\cdots+a_{-1}\lambda^{-1}+a_0+a_1\lambda+\cdots+a_n\lambda^n$ 是 $\psi(\boldsymbol{A})=a_{-m}\boldsymbol{A}^{-m}+\cdots+a_{-1}\boldsymbol{A}^{-1}+a_0\boldsymbol{E}+a_1\boldsymbol{A}+\cdots+a_n\boldsymbol{A}^n$ 的特征值.

5.1.3 特征值与特征向量的性质

性质 1　设 $\boldsymbol{A}$ 是 n 阶矩阵，则 $\boldsymbol{A}$ 与 $\boldsymbol{A}^{\mathrm{T}}$ 有相同的特征值.

证明　因为

$$|\lambda\boldsymbol{E}-\boldsymbol{A}^{\mathrm{T}}|=|(\lambda\boldsymbol{E}-\boldsymbol{A})^{\mathrm{T}}|=|\lambda\boldsymbol{E}-\boldsymbol{A}|,$$

所以 $\boldsymbol{A}^{\mathrm{T}}$ 与 $\boldsymbol{A}$ 有相同的特征多项式，故它们的特征值相同.

设 $\boldsymbol{A}=(a_{ij})$ 是 n 阶方阵，则

$$|\lambda\boldsymbol{E}-\boldsymbol{A}|=\begin{vmatrix}\lambda-a_{11} & -a_{12} & \cdots & -a_{1n}\\ -a_{21} & \lambda-a_{22} & \cdots & -a_{2n}\\ \vdots & \vdots & & \vdots\\ -a_{n1} & -a_{n2} & \cdots & \lambda-a_{nn}\end{vmatrix}$$

$$=\lambda^{n}-(a_{11}+a_{22}+\cdots+a_{nn})\lambda^{n-1}+\cdots+(-1)^{n}|\boldsymbol{A}|.$$

由 n 次代数方程的根与系数的关系有：

性质 2　设 n 阶方阵 $\boldsymbol{A}=(a_{ij})$ 的 n 个特征值为 $\lambda_1,\lambda_2,\cdots,\lambda_n$，则

(1) $\lambda_1+\lambda_2+\cdots+\lambda_n=a_{11}+a_{22}+\cdots+a_{nn}$;

(2) $\lambda_1\lambda_2\cdots\lambda_n=|\boldsymbol{A}|$.

其中 $\boldsymbol{A}$ 的全体特征值之和 $a_{11}+a_{22}+\cdots+a_{nn}$ 称为矩阵 $\boldsymbol{A}$ 的迹，记作 $\mathrm{tr}\boldsymbol{A}$.

由此定理很容易有：

推论　n 阶方阵可逆的充分必要条件是它的全部特征值都不为零.

例 4　设三阶矩阵 $\boldsymbol{A}$ 的特征值为 -1，1，2，求 $|\boldsymbol{A}^*+3\boldsymbol{A}-2\boldsymbol{E}|$.

解　由 $\boldsymbol{A}$ 没有零特征值知，$\boldsymbol{A}$ 可逆，故 $\boldsymbol{A}^*=|\boldsymbol{A}|\boldsymbol{A}^{-1}$. 又 $|\boldsymbol{A}|=\lambda_1\lambda_2\lambda_3=-2$，所以

$$\boldsymbol{A}^*+3\boldsymbol{A}-2\boldsymbol{E}=-2\boldsymbol{A}^{-1}+3\boldsymbol{A}-2\boldsymbol{E}.$$

将上式右端记作 $\varphi(\boldsymbol{A})$，有 $\varphi(\lambda)=-\dfrac{2}{\lambda}+3\lambda-2$，故 $\varphi(\boldsymbol{A})$ 的特征值为

$$\varphi(-1)=-3,\varphi(1)=-1,\varphi(2)=3,$$

于是

$$|\boldsymbol{A}^*+3\boldsymbol{A}-2\boldsymbol{E}|=(-3)\times(-1)\times3=9.$$

性质 3 设 $\boldsymbol{A}$ 为 n 阶方阵，$\lambda_1,\lambda_2,\cdots,\lambda_m$ 是 $\boldsymbol{A}$ 的 m 个不同的特征值，$\boldsymbol{\alpha}_1,\boldsymbol{\alpha}_2,\cdots,\boldsymbol{\alpha}_m$ 分别是 $\boldsymbol{A}$ 的对应于 $\lambda_1,\lambda_2,\cdots,\lambda_m$ 的特征向量，则 $\boldsymbol{\alpha}_1,\boldsymbol{\alpha}_2,\cdots,\boldsymbol{\alpha}_m$ 线性无关.

证明 对 m 应用数学归纳法证明：

当 $m=1$ 时，由于特征向量 $\boldsymbol{\alpha}_1$ 为非零向量，故 $\boldsymbol{\alpha}_1$ 线性无关.

设 $\boldsymbol{A}$ 的 $m-1$ 个互不相同的特征值是 $\lambda_1,\lambda_2,\cdots,\lambda_{m-1}$，其分别对应的特征向量 $\boldsymbol{\alpha}_1,\boldsymbol{\alpha}_2,\cdots,\boldsymbol{\alpha}_{m-1}$线性无关.

下面证明对 m 个互不相同的特征值 $\lambda_1,\lambda_2,\cdots,\lambda_{m-1},\lambda_m$，其对应的特征向量 $\boldsymbol{\alpha}_1,\boldsymbol{\alpha}_2,\cdots,\boldsymbol{\alpha}_{m-1},\boldsymbol{\alpha}_m$ 也线性无关. 设有数 $k_1,k_2,\cdots,k_{m-1},k_m$，使

$$k_1\boldsymbol{\alpha}_1+k_2\boldsymbol{\alpha}_2+\cdots+k_{m-1}\boldsymbol{\alpha}_{m-1}+k_m\boldsymbol{\alpha}_m=\boldsymbol{0}, \tag{5.3}$$

在式(5.3)两边左乘矩阵 $\boldsymbol{A}$，并注意到 $\boldsymbol{A}\boldsymbol{\alpha}_i=\lambda_i\boldsymbol{\alpha}_i\ (i=1,2,\cdots,m-1,m)$，有

$$k_1\lambda_1\boldsymbol{\alpha}_1+k_2\lambda_2\boldsymbol{\alpha}_2+\cdots+k_{m-1}\lambda_{m-1}\boldsymbol{\alpha}_{m-1}+k_m\lambda_m\boldsymbol{\alpha}_m=\boldsymbol{0}. \tag{5.4}$$

在式(5.3)两边乘 λ_m，再减去式(5.4)，得

$$k_1(\lambda_m-\lambda_1)\boldsymbol{\alpha}_1+k_2(\lambda_m-\lambda_2)\boldsymbol{\alpha}_2+\cdots+k_{m-1}(\lambda_m-\lambda_{m-1})\boldsymbol{\alpha}_{m-1}=\boldsymbol{0},$$

由归纳法所设 $\boldsymbol{\alpha}_1,\boldsymbol{\alpha}_2,\cdots,\boldsymbol{\alpha}_{m-1}$线性无关，有

$$k_i(\lambda_m-\lambda_i)=0(i=1,2,\cdots,m-1).$$

因 $\lambda_m\neq\lambda_i(i=1,2,\cdots,m-1)$，所以有 $k_1=k_2=\cdots=k_{m-1}=0$，于是式(5.3)化为 $k_m\boldsymbol{\alpha}_m=\boldsymbol{0}(\boldsymbol{\alpha}_m\neq\boldsymbol{0})$，从而有 $k_m=0$. 即式(5.3)中

$$k_1=k_2=\cdots=k_{m-1}=k_m=0,$$

因此 $\boldsymbol{\alpha}_1,\boldsymbol{\alpha}_2,\cdots,\boldsymbol{\alpha}_m$ 线性无关.

利用类似的方法，可以证明下面的推广情形：

性质 4 设 n 阶方阵 $\boldsymbol{A}$ 的相异特征值为 $\lambda_1,\lambda_2,\cdots,\lambda_m$，对应于 λ_i 的线性无关的特征向量为 $\boldsymbol{\alpha}_{i1},\boldsymbol{\alpha}_{i2},\cdots,\boldsymbol{\alpha}_{is_i}(i=1,2,\cdots,m)$，则向量组 $\boldsymbol{\alpha}_{11},\boldsymbol{\alpha}_{12},\cdots,\boldsymbol{\alpha}_{1s_1},\boldsymbol{\alpha}_{21},\boldsymbol{\alpha}_{22},\cdots,\boldsymbol{\alpha}_{2s_2},\cdots,\boldsymbol{\alpha}_{m1},\boldsymbol{\alpha}_{m2},\cdots,\boldsymbol{\alpha}_{ms_m}$ 线性无关.

例如，在本节例 1 中，对应于 $\lambda_1=-1$ 的特征向量为 $\boldsymbol{\alpha}_1=(1,0,1)^{\mathrm{T}}$；对应于 $\lambda_2=\lambda_3=2$ 的特征向量为 $\boldsymbol{\alpha}_2=(1,0,4)^{\mathrm{T}}$，$\boldsymbol{\alpha}_3=(1,4,0)^{\mathrm{T}}$，则 $\boldsymbol{\alpha}_1,\boldsymbol{\alpha}_2,\boldsymbol{\alpha}_3$ 是线性无关的.

例 5 设 λ_1 和 λ_2 是矩阵 $\boldsymbol{A}$ 的两个不同的特征值，对应的特征向量分别为 $\boldsymbol{\alpha}_1$ 和 $\boldsymbol{\alpha}_2$，证明 $\boldsymbol{\alpha}_1+\boldsymbol{\alpha}_2$ 不是 $\boldsymbol{A}$ 的特征向量.

证明 用反证法. 假设 $\boldsymbol{\alpha}_1+\boldsymbol{\alpha}_2$ 是 $\boldsymbol{A}$ 的对应于某特征值 λ_0 的特

征向量，即

$$A(\boldsymbol{\alpha}_1+\boldsymbol{\alpha}_2)=\lambda_0(\boldsymbol{\alpha}_1+\boldsymbol{\alpha}_2)=\lambda_0\boldsymbol{\alpha}_1+\lambda_0\boldsymbol{\alpha}_2.$$

依题设有 $A\boldsymbol{\alpha}_1=\lambda_1\boldsymbol{\alpha}_1$，$A\boldsymbol{\alpha}_2=\lambda_2\boldsymbol{\alpha}_2$，故

$$A(\boldsymbol{\alpha}_1+\boldsymbol{\alpha}_2)=A\boldsymbol{\alpha}_1+A\boldsymbol{\alpha}_2=\lambda_1\boldsymbol{\alpha}_1+\lambda_2\boldsymbol{\alpha}_2,$$

于是 $\lambda_1\boldsymbol{\alpha}_1+\lambda_2\boldsymbol{\alpha}_2=\lambda_0\boldsymbol{\alpha}_1+\lambda_0\boldsymbol{\alpha}_2$，即

$$(\lambda_1-\lambda_0)\boldsymbol{\alpha}_1+(\lambda_2-\lambda_0)\boldsymbol{\alpha}_2=\mathbf{0}.$$

因 $\lambda_1\neq\lambda_2$，按性质 3 知，$\boldsymbol{\alpha}_1,\boldsymbol{\alpha}_2$ 线性无关，故由上式得

$$\lambda_1-\lambda_0=\lambda_2-\lambda_0=0,$$

即 $\lambda_1=\lambda_2$，与题设矛盾. 因此 $\boldsymbol{\alpha}_1+\boldsymbol{\alpha}_2$ 不是 A 的特征向量.

5.1.4 应用示例

在引例中，我们已介绍了工业发展与环境污染的增长模型，下面我们将做进一步的讨论.

记 x_k 和 y_k 为第 k 个周期后的污染损耗和工业产值，则此增长模型为

$$\begin{cases}x_k=3x_{k-1}+y_{k-1},\\ y_k=2x_{k-1}+2y_{k-1}\end{cases}\quad(k=1,2,\cdots),$$

即

$$\begin{pmatrix}x_k\\ y_k\end{pmatrix}=\begin{pmatrix}3&1\\2&2\end{pmatrix}\begin{pmatrix}x_{k-1}\\ y_{k-1}\end{pmatrix}\text{或 }\boldsymbol{\xi}_k=A\boldsymbol{\xi}_{k-1}(k=1,2,\cdots).$$

由此模型及当前的水平 $\boldsymbol{\xi}_0$，可以预测若干发展周期后的水平：

$$\boldsymbol{\xi}_1=A\boldsymbol{\xi}_0,\boldsymbol{\xi}_2=A\boldsymbol{\xi}_1=A^2\boldsymbol{\xi}_0,\cdots,\boldsymbol{\xi}_k=A^k\boldsymbol{\xi}_0,\cdots.$$

如果直接计算 A 的各次幂，计算将十分烦琐. 如果利用矩阵特征值和特征向量的有关性质，不但可使计算大大简化，而且模型的结构和性质也更为清晰. 为此先计算 A 的特征值.

A 的特征多项式为

$$|\lambda E-A|=\begin{vmatrix}\lambda-3&-1\\-2&\lambda-2\end{vmatrix}=(\lambda-1)(\lambda-4),$$

所以，A 的特征值为 $\lambda_1=1$，$\lambda_2=4$.

对于特征值 $\lambda_1=1$，解齐次线性方程组 $(E-A)x=\mathbf{0}$，可得 A 的对应于 $\lambda_1=1$ 的一个特征向量 $\boldsymbol{\alpha}_1=(1,-2)^{\mathrm{T}}$.

对于特征值 $\lambda_2=4$，解齐次线性方程组 $(4E-A)x=\mathbf{0}$，可得 A 的对应于 $\lambda_2=4$ 的一个特征向量 $\boldsymbol{\alpha}_2=(1,1)^{\mathrm{T}}$.

如果当前的水平 $\boldsymbol{\xi}_0$ 恰好为 $\boldsymbol{\alpha}_2$，则

$$\boldsymbol{\xi}_k=A^k\boldsymbol{\xi}_0=A^k\boldsymbol{\alpha}_2=\lambda_2^k\boldsymbol{\alpha}_2=4^k\begin{pmatrix}1\\1\end{pmatrix}.$$

特别地，当 $k=10$ 时，有 $\boldsymbol{\xi}_{10}=(4^{10},4^{10})^{\mathrm{T}}$. 这表明：尽管工业产值可以达到相当高的水平，但照此下去，环境的污染也将直接威胁人类的生存.

如果当前的水平 $\boldsymbol{\xi}_0=(1,7)^{\mathrm{T}}$，则不能直接应用上述方法分析. 此时由于 $\boldsymbol{\xi}_0=-2\boldsymbol{\alpha}_1+3\boldsymbol{\alpha}_2$，于是

$$\begin{aligned}\boldsymbol{\xi}_k&=\boldsymbol{A}^k\boldsymbol{\xi}_0=\boldsymbol{A}^k(-2\boldsymbol{\alpha}_1+3\boldsymbol{\alpha}_2)\\&=(-2)\cdot\lambda_1^k\boldsymbol{\alpha}_1+3\cdot\lambda_2^k\boldsymbol{\alpha}_2\\&=\begin{pmatrix}-2+3\times4^k\\4+3\times4^k\end{pmatrix}.\end{aligned}$$

特别地，当 $k=10$ 时，有 $\boldsymbol{\xi}_{10}=(-2+3\times4^{10},\ 4+3\times4^{10})^{\mathrm{T}}$.

由上面的分析可以看出：尽管 $\boldsymbol{A}$ 的特征向量 $\boldsymbol{\alpha}_1=(1,-2)^{\mathrm{T}}$ 没有实际意义(因为 $\boldsymbol{\alpha}_1$ 中含有负分量)，但任一具有实际意义的向量 $\boldsymbol{\xi}_0$ 都可以表示为 $\boldsymbol{\alpha}_1,\boldsymbol{\alpha}_2$ 的线性组合，从而在分析过程中，$\boldsymbol{\alpha}_1$ 仍具有重要作用.

5.2 相似矩阵与矩阵的对角化

对角矩阵是最简单的一类矩阵. 对于任一 n 阶方阵 $\boldsymbol{A}$，是否可将它化为对角矩阵，并保持 $\boldsymbol{A}$ 的许多原有性质，在理论和应用方面都具有重要意义.

5.2.1 相似矩阵及其性质

定义 2 设 $\boldsymbol{A}$，$\boldsymbol{B}$ 为 n 阶方阵，若有可逆矩阵 $\boldsymbol{P}$，使

$$\boldsymbol{P}^{-1}\boldsymbol{A}\boldsymbol{P}=\boldsymbol{B},$$

则称 $\boldsymbol{B}$ 是 $\boldsymbol{A}$ 的相似矩阵，或称矩阵 $\boldsymbol{A}$ 与 $\boldsymbol{B}$ 相似，记作 $\boldsymbol{A}\sim\boldsymbol{B}$.

例如，设 $\boldsymbol{A}=\begin{pmatrix}3&-1\\-1&3\end{pmatrix}$，$\boldsymbol{P}=\begin{pmatrix}1&-1\\-1&2\end{pmatrix}$，$\boldsymbol{Q}=\begin{pmatrix}-1&1\\1&1\end{pmatrix}$，则

$$\boldsymbol{P}^{-1}\boldsymbol{A}\boldsymbol{P}=\begin{pmatrix}1&-1\\-1&2\end{pmatrix}^{-1}\begin{pmatrix}3&-1\\-1&3\end{pmatrix}\begin{pmatrix}1&-1\\-1&2\end{pmatrix}=\begin{pmatrix}4&0\\0&2\end{pmatrix},$$

$$\boldsymbol{Q}^{-1}\boldsymbol{A}\boldsymbol{Q}=\begin{pmatrix}-1&1\\1&1\end{pmatrix}^{-1}\begin{pmatrix}3&-1\\-1&3\end{pmatrix}\begin{pmatrix}-1&1\\1&1\end{pmatrix}=\begin{pmatrix}4&0\\0&2\end{pmatrix}.$$

由此可知，与 $\boldsymbol{A}$ 相似的矩阵并不唯一，也不一定是对角矩阵.

相似是矩阵间的一种特殊的等价关系，即两个相似矩阵是等价矩阵；反之不然，但相似关系仍具有以下性质：

(1) 反身性 $\boldsymbol{A}\sim\boldsymbol{A}$；

(2) 对称性　若 $\boldsymbol{A}\sim\boldsymbol{B}$，则 $\boldsymbol{B}\sim\boldsymbol{A}$；

(3) 传递性　若 $\boldsymbol{A}\sim\boldsymbol{B}$，$\boldsymbol{B}\sim\boldsymbol{C}$，则 $\boldsymbol{A}\sim\boldsymbol{C}$.

证明　(1)，(2)显然，现证(3)：

由 $\boldsymbol{A}\sim\boldsymbol{B}$，$\boldsymbol{B}\sim\boldsymbol{C}$，必有 n 阶可逆矩阵 $\boldsymbol{P},\boldsymbol{Q}$ 使

$$\boldsymbol{P}^{-1}\boldsymbol{A}\boldsymbol{P}=\boldsymbol{B},\ \boldsymbol{Q}^{-1}\boldsymbol{B}\boldsymbol{Q}=\boldsymbol{C},$$

于是 $\boldsymbol{Q}^{-1}(\boldsymbol{P}^{-1}\boldsymbol{A}\boldsymbol{P})\boldsymbol{Q}=\boldsymbol{C}$，即

$$(\boldsymbol{P}\boldsymbol{Q})^{-1}\boldsymbol{A}(\boldsymbol{P}\boldsymbol{Q})=\boldsymbol{C}.$$

由此可得 $\boldsymbol{A}\sim\boldsymbol{C}$.

相似的两个矩阵之间，还存在着许多共同的性质.

性质 1　若 $\boldsymbol{A}\sim\boldsymbol{B}$，则 $\boldsymbol{A}$ 与 $\boldsymbol{B}$ 有相同的特征多项式和特征值.

证明　只需证明 $\boldsymbol{A}$ 与 $\boldsymbol{B}$ 具有相同的特征多项式. 实际上，由 $\boldsymbol{A}\sim\boldsymbol{B}$，必有可逆矩阵 $\boldsymbol{P}$，使 $\boldsymbol{P}^{-1}\boldsymbol{A}\boldsymbol{P}=\boldsymbol{B}$. 于是

$$\begin{aligned}|\lambda\boldsymbol{E}-\boldsymbol{B}|&=|\lambda\boldsymbol{E}-\boldsymbol{P}^{-1}\boldsymbol{A}\boldsymbol{P}|=|\boldsymbol{P}^{-1}(\lambda\boldsymbol{E}-\boldsymbol{A})\boldsymbol{P}|\\&=|\boldsymbol{P}^{-1}||\lambda\boldsymbol{E}-\boldsymbol{A}||\boldsymbol{P}|=|\lambda\boldsymbol{E}-\boldsymbol{A}|,\end{aligned}$$

因此，$\boldsymbol{A}$ 与 $\boldsymbol{B}$ 有相同的特征值.

注　性质 1 的逆命题一般不成立. 例如，对于矩阵 $\boldsymbol{E}=\begin{pmatrix}1&0\\0&1\end{pmatrix}$，$\boldsymbol{A}=\begin{pmatrix}1&1\\0&1\end{pmatrix}$，容易验证，$\boldsymbol{E}$ 与 $\boldsymbol{A}$ 有相同的特征多项式$(\lambda-1)^2$，但对于任何可逆矩阵 $\boldsymbol{P}$，都有

$$\boldsymbol{P}^{-1}\boldsymbol{E}\boldsymbol{P}=\boldsymbol{E}\neq\boldsymbol{A}.$$

故 $\boldsymbol{E}$ 和 $\boldsymbol{A}$ 不相似.

性质 2　若 $\boldsymbol{A}\sim\boldsymbol{B}$，则 $\boldsymbol{A}^m\sim\boldsymbol{B}^m$，其中 m 为正整数.

证明　由 $\boldsymbol{A}\sim\boldsymbol{B}$，必有可逆矩阵 $\boldsymbol{P}$，使 $\boldsymbol{P}^{-1}\boldsymbol{A}\boldsymbol{P}=\boldsymbol{B}$. 于是

$$\begin{aligned}\boldsymbol{B}^m&=(\boldsymbol{P}^{-1}\boldsymbol{A}\boldsymbol{P})^m=(\boldsymbol{P}^{-1}\boldsymbol{A}\boldsymbol{P})(\boldsymbol{P}^{-1}\boldsymbol{A}\boldsymbol{P})\cdots(\boldsymbol{P}^{-1}\boldsymbol{A}\boldsymbol{P})\\&=\boldsymbol{P}^{-1}\boldsymbol{A}\boldsymbol{P}\boldsymbol{P}^{-1}\boldsymbol{A}\boldsymbol{P}\cdots\boldsymbol{P}^{-1}\boldsymbol{A}\boldsymbol{P}=\boldsymbol{P}^{-1}\boldsymbol{A}^m\boldsymbol{P},\end{aligned}$$

所以 $\boldsymbol{A}^m\sim\boldsymbol{B}^m$.

注　类似可以证明更一般的情形：若 $\boldsymbol{A}\sim\boldsymbol{B}$，则 $\varphi(\boldsymbol{A})\sim\varphi(\boldsymbol{B})$，其中 $\varphi(\boldsymbol{A})=a_0\boldsymbol{E}+a_1\boldsymbol{A}+a_2\boldsymbol{A}^2+\cdots+a_n\boldsymbol{A}^n$.

对于相似矩阵，还具有下述性质(证明留给读者)：

(1) 若 $\boldsymbol{A}\sim\boldsymbol{B}$，则 $|\boldsymbol{A}|=|\boldsymbol{B}|$；

(2) 若 $\boldsymbol{A}\sim\boldsymbol{B}$，则 $\mathrm{tr}\boldsymbol{A}=\mathrm{tr}\boldsymbol{B}$；

(3) 若 $\boldsymbol{A}\sim\boldsymbol{B}$，则 $R(\boldsymbol{A})=R(\boldsymbol{B})$；

(4) 若 $\boldsymbol{A}\sim\boldsymbol{B}$，则 $\boldsymbol{A}^{\mathrm{T}}\sim\boldsymbol{B}^{\mathrm{T}}$；

(5) 若 $\boldsymbol{A}\sim\boldsymbol{B}$，则 $\boldsymbol{A}$ 与 $\boldsymbol{B}$ 有相同的可逆性，且当 $\boldsymbol{A}$ 与 $\boldsymbol{B}$ 都可逆时，$\boldsymbol{A}^{-1}\sim\boldsymbol{B}^{-1}$.

5.2.2 矩阵可对角化的条件

如果 n 阶方阵 $\boldsymbol{A}$ 可以相似于一个 n 阶对角矩阵 $\boldsymbol{\Lambda}$，则称 $\boldsymbol{A}$ 可对角化，称 $\boldsymbol{\Lambda}$ 为 $\boldsymbol{A}$ 的相似标准形. 由性质 1 可知，$\boldsymbol{\Lambda}$ 的对角线元素就是 $\boldsymbol{A}$ 的 n 个特征值. 然而，并非所有的 n 阶矩阵可对角化. 下面，我们将讨论矩阵可对角化的充分必要条件.

定理 1　n 阶方阵 $\boldsymbol{A}$ 相似于 n 阶对角矩阵的充分必要条件是 $\boldsymbol{A}$ 有 n 个线性无关的特征向量.

证明　必要性. 设 $\boldsymbol{A}\sim\boldsymbol{\Lambda}$，其中

$$\boldsymbol{\Lambda}=\mathbf{diag}(\lambda_1,\lambda_2,\cdots,\lambda_n),$$

则存在可逆矩阵 $\boldsymbol{P}$，使

$$\boldsymbol{P}^{-1}\boldsymbol{A}\boldsymbol{P}=\boldsymbol{\Lambda}\text{ 或 }\boldsymbol{A}\boldsymbol{P}=\boldsymbol{P}\boldsymbol{\Lambda}. \tag{5.5}$$

将矩阵 $\boldsymbol{P}$ 按列分块，记 $\boldsymbol{P}=(\boldsymbol{\alpha}_1,\boldsymbol{\alpha}_2,\cdots,\boldsymbol{\alpha}_n)$，其中 $\boldsymbol{\alpha}_i$ 是矩阵 $\boldsymbol{P}$ 的第 i 列($i=1,2,\cdots,n$)，则式(5.5)可写成

$$\boldsymbol{A}(\boldsymbol{\alpha}_1,\boldsymbol{\alpha}_2,\cdots,\boldsymbol{\alpha}_n)=(\boldsymbol{\alpha}_1,\boldsymbol{\alpha}_2,\cdots,\boldsymbol{\alpha}_n)\begin{pmatrix}\lambda_1 & & & \\ & \lambda_2 & & \\ & & \ddots & \\ & & & \lambda_n\end{pmatrix}.$$

由此可得 $\boldsymbol{A}\boldsymbol{\alpha}_i=\lambda_i\boldsymbol{\alpha}_i(i=1,2,\cdots,n)$. 因 $\boldsymbol{P}$ 可逆，$\boldsymbol{\alpha}_i\neq\boldsymbol{0}(i=1,2,\cdots,n)$，且 $\boldsymbol{\alpha}_1,\boldsymbol{\alpha}_2,\cdots,\boldsymbol{\alpha}_n$ 线性无关. 因此 $\boldsymbol{\alpha}_i$ 是 $\boldsymbol{A}$ 的对应于特征值 λ_i 的特征向量，从而 $\boldsymbol{A}$ 有 n 个线性无关的特征向量.

充分性. 设 $\boldsymbol{\alpha}_1,\boldsymbol{\alpha}_2,\cdots,\boldsymbol{\alpha}_n$ 是 $\boldsymbol{A}$ 的 n 个线性无关的特征向量，它们对应的特征值依次为 $\lambda_1,\lambda_2,\cdots,\lambda_n$. 记矩阵 $\boldsymbol{P}=(\boldsymbol{\alpha}_1,\boldsymbol{\alpha}_2,\cdots,\boldsymbol{\alpha}_n)$，则 $\boldsymbol{P}$ 可逆，且

$$\begin{aligned}\boldsymbol{A}\boldsymbol{P}&=\boldsymbol{A}(\boldsymbol{\alpha}_1,\boldsymbol{\alpha}_2,\cdots,\boldsymbol{\alpha}_n)=(\boldsymbol{A}\boldsymbol{\alpha}_1,\boldsymbol{A}\boldsymbol{\alpha}_2,\cdots,\boldsymbol{A}\boldsymbol{\alpha}_n)\\&=(\lambda_1\boldsymbol{\alpha}_1,\lambda_2\boldsymbol{\alpha}_2,\cdots,\lambda_n\boldsymbol{\alpha}_n)\\&=(\boldsymbol{\alpha}_1,\boldsymbol{\alpha}_2,\cdots,\boldsymbol{\alpha}_n)\begin{pmatrix}\lambda_1 & & & \\ & \lambda_2 & & \\ & & \ddots & \\ & & & \lambda_n\end{pmatrix}=\boldsymbol{P}\boldsymbol{\Lambda},\end{aligned}$$

于是有 $\boldsymbol{P}^{-1}\boldsymbol{A}\boldsymbol{P}=\boldsymbol{\Lambda}$，即 $\boldsymbol{A}\sim\boldsymbol{\Lambda}$.

注　(1) 定理的证明过程实际上已给出了把方阵对角化的方法；

（2）$\boldsymbol{P}$ 中列向量的次序与矩阵 $\boldsymbol{\Lambda}$ 对角线上的特征值的次序相对应.

推论　若 n 阶方阵 $\boldsymbol{A}$ 有 n 个不同的特征值，则 $\boldsymbol{A}$ 与对角矩阵 $\boldsymbol{\Lambda}$ 相似.

当 $\boldsymbol{A}$ 的特征方程有重根时，就不一定有 n 个线性无关的特征向量，从而不一定能对角化. 例如，在 5.1 节例 1 中 $\boldsymbol{A}$ 有二重特征值 $\lambda_2=\lambda_3=2$，但因能找到三个线性无关的特征向量，故此 $\boldsymbol{A}$ 可对角化；而在例 2 中 $\boldsymbol{A}$ 也有二重特征值 $\lambda_2=\lambda_3=1$，但却只能找到两个线性无关的特征向量，故此 $\boldsymbol{A}$ 不能对角化.

例 1　已知 $\boldsymbol{A}=\begin{pmatrix}2&0&0\\0&0&1\\0&1&x\end{pmatrix}$ 与 $\boldsymbol{B}=\begin{pmatrix}2&0&0\\0&y&0\\0&0&-1\end{pmatrix}$ 相似.

（1）求 x 和 y；

（2）求一个可逆矩阵 $\boldsymbol{P}$，使 $\boldsymbol{P}^{-1}\boldsymbol{AP}=\boldsymbol{B}$.

解　（1）**方法一**　由于 $\boldsymbol{A}\sim\boldsymbol{B}$，故 $|\lambda\boldsymbol{E}-\boldsymbol{A}|=|\lambda\boldsymbol{E}-\boldsymbol{B}|$，即

$$\begin{vmatrix}\lambda-2&0&0\\0&\lambda&-1\\0&-1&\lambda-x\end{vmatrix}=\begin{vmatrix}\lambda-2&0&0\\0&\lambda-y&0\\0&0&\lambda+1\end{vmatrix},$$

从而 $(\lambda-2)(\lambda^2-x\lambda-1)=(\lambda-2)(\lambda-y)(\lambda+1)$，将 $\lambda=-1$ 代入得 $x=0$. 于是有 $\lambda^2-1=(\lambda-y)(\lambda+1)$. 因此，$y=1$.

方法二　由于 $\boldsymbol{A}\sim\boldsymbol{B}$，故 $|\boldsymbol{A}|=|\boldsymbol{B}|$，$\mathrm{tr}\boldsymbol{A}=\mathrm{tr}\boldsymbol{B}$，即有

$$-2=-2y,\ 2+x=1+y,$$

解得 $x=0$，$y=1$.

（2）由于 $\boldsymbol{A}\sim\boldsymbol{B}$，故 $\boldsymbol{A}$ 与 $\boldsymbol{B}$ 有相同的特征值 2，1，-1. 解齐次线性方程组 $(\lambda\boldsymbol{E}-\boldsymbol{A})\boldsymbol{x}=\boldsymbol{0}$，可分别求得 $\boldsymbol{A}$ 的对应于特征值 2，1，-1 的特征向量

$$\boldsymbol{\alpha}_1=\begin{pmatrix}1\\0\\0\end{pmatrix},\ \boldsymbol{\alpha}_2=\begin{pmatrix}0\\1\\1\end{pmatrix},\ \boldsymbol{\alpha}_3=\begin{pmatrix}0\\-1\\1\end{pmatrix}.$$

于是，可逆矩阵

$$\boldsymbol{P}=(\boldsymbol{\alpha}_1,\boldsymbol{\alpha}_2,\boldsymbol{\alpha}_3)=\begin{pmatrix}1&0&0\\0&1&-1\\0&1&1\end{pmatrix}$$

可使 $\boldsymbol{P}^{-1}\boldsymbol{AP}=\boldsymbol{B}$.

例 2 已知 $A=\begin{pmatrix}3&2&-2\\-k&-1&k\\4&2&-3\end{pmatrix}$ 可对角化，求 k.

解 A 的特征多项式

$$|\lambda E-A|=\begin{vmatrix}\lambda-3&-2&2\\k&\lambda+1&-k\\-4&-2&\lambda+3\end{vmatrix}=\begin{vmatrix}\lambda-1&-2&2\\0&\lambda+1&-k\\\lambda-1&-2&\lambda+3\end{vmatrix}$$

$$=\begin{vmatrix}\lambda-1&-2&2\\0&\lambda+1&-k\\0&0&\lambda+1\end{vmatrix}=(\lambda-1)(\lambda+1)^2,$$

因此，A 的特征值为 $\lambda_1=1$，$\lambda_2=\lambda_3=-1$. 由定理 1 可知，对应二重特征值 $\lambda_2=\lambda_3=-1$，A 应有两个线性无关的特征向量，故线性方程组 $(\lambda_2 E-A)x=0$ 的系数矩阵的秩 $R(\lambda_2 E-A)=1$，而

$$-E-A=\begin{pmatrix}-4&-2&2\\k&0&-k\\-4&-2&2\end{pmatrix}\to\begin{pmatrix}-4&-2&2\\k&0&-k\\0&0&0\end{pmatrix}\to\begin{pmatrix}-2&-2&2\\0&0&-k\\0&0&0\end{pmatrix},$$

故 $k=0$ 时，A 可对角化.

5.2.3 应用示例

在涉及矩阵的问题(实际问题、数学问题等)中，当出现的矩阵为可对角化时，常可通过矩阵的相似标准形分解，找到解决问题的简捷途径.

对实际问题，有时会将问题归结为计算一个矩阵 A 的高次幂 A^k. 作为计算矩阵高次幂的一个实例，考察如下问题：

例 3 在某城市有 15 万人具有本科以上学历，其中有 1.5 万人是教师，据调查，平均每年有 10%的人从教师职业转为其他职业，又有 1%的人从其他职业转为教师职业，试预测 10 年以后这 15 万人中有多少人在从事教师职业.

解 用 ξ_i 表示第 i 年后从事教师职业和其他职业的人数，则 $\xi_0=\begin{pmatrix}1.5\\13.5\end{pmatrix}$，用矩阵 $A=\begin{pmatrix}0.90&0.01\\0.10&0.99\end{pmatrix}$ 表示教师职业和其他职业间的转移，其中 $a_{11}=0.90$ 表示每年有 90%的人原来是教师现在还是教师；$a_{21}=0.10$ 表示每年有 10%的人从教师职业转为其他职业. 显然

$$\xi_1=A\xi_0=\begin{pmatrix}0.90&0.01\\0.10&0.99\end{pmatrix}\begin{pmatrix}1.5\\13.5\end{pmatrix}=\begin{pmatrix}1.485\\13.515\end{pmatrix},$$

即一年后，从事教师职业和其他职业的人数分别为 1.485 万和 13.515 万．又

$$\boldsymbol{\xi}_2=\boldsymbol{A}\boldsymbol{\xi}_1=\boldsymbol{A}^2\boldsymbol{\xi}_0,\cdots,\boldsymbol{\xi}_n=\boldsymbol{A}\boldsymbol{\xi}_{n-1}=\cdots=\boldsymbol{A}^n\boldsymbol{\xi}_0,$$

所以 $\boldsymbol{\xi}_{10}=\boldsymbol{A}^{10}\boldsymbol{\xi}_0$. 为计算 $\boldsymbol{A}^{10}$ 先需把 $\boldsymbol{A}$ 对角化.

$$|\lambda\boldsymbol{E}-\boldsymbol{A}|=\begin{pmatrix}\lambda-0.9 & -0.01\\ -0.1 & \lambda-0.99\end{pmatrix}=(\lambda-0.9)(\lambda-0.99)-0.001$$

$$=\lambda^2-1.89\lambda+0.890=0,$$

解出 $\lambda_1=1$，$\lambda_2=0.89$. 由于 $\lambda_1\neq\lambda_2$，故 $\boldsymbol{A}$ 可对角化.

将 $\lambda_1=1$，$\lambda_2=0.89$ 分别代入 $(\lambda\boldsymbol{E}-\boldsymbol{A})\boldsymbol{x}=\boldsymbol{0}$，得其对应的特征向量依次为

$$\boldsymbol{\alpha}_1=\begin{pmatrix}1\\10\end{pmatrix},\ \boldsymbol{\alpha}_2=\begin{pmatrix}1\\-1\end{pmatrix}.$$

令 $\boldsymbol{P}=(\boldsymbol{\alpha}_1,\boldsymbol{\alpha}_2)=\begin{pmatrix}1 & 1\\10 & -1\end{pmatrix}$，有

$$\boldsymbol{P}^{-1}\boldsymbol{A}\boldsymbol{P}=\boldsymbol{\Lambda}=\begin{pmatrix}1 & 0\\0 & 0.89\end{pmatrix},\ \boldsymbol{A}=\boldsymbol{P}\boldsymbol{\Lambda}\boldsymbol{P}^{-1},$$

$$\boldsymbol{A}^{10}=(\boldsymbol{P}\boldsymbol{\Lambda}\boldsymbol{P}^{-1})(\boldsymbol{P}\boldsymbol{\Lambda}\boldsymbol{P}^{-1})\cdots(\boldsymbol{P}\boldsymbol{\Lambda}\boldsymbol{P}^{-1})=\boldsymbol{P}\boldsymbol{\Lambda}^{10}\boldsymbol{P}^{-1},$$

而

$$\boldsymbol{P}^{-1}=-\frac{1}{11}\begin{pmatrix}-1 & -1\\-10 & 1\end{pmatrix}=\frac{1}{11}\begin{pmatrix}1 & 1\\10 & -1\end{pmatrix},$$

$$\boldsymbol{\xi}_{10}=\boldsymbol{P}\boldsymbol{\Lambda}^{10}\boldsymbol{P}^{-1}\boldsymbol{\xi}_0=\begin{pmatrix}1 & 1\\10 & -1\end{pmatrix}\cdot\begin{pmatrix}1 & 0\\0 & 0.89^{10}\end{pmatrix}\cdot\frac{1}{11}\begin{pmatrix}1 & 1\\10 & -1\end{pmatrix}\begin{pmatrix}1.5\\13.5\end{pmatrix}$$

$$=\frac{1}{11}\begin{pmatrix}1 & 1\\10 & -1\end{pmatrix}\begin{pmatrix}1 & 0\\0 & 0.311817\end{pmatrix}\begin{pmatrix}1 & 1\\10 & -1\end{pmatrix}\begin{pmatrix}1.5\\13.5\end{pmatrix}=\begin{pmatrix}1.5425\\13.4575\end{pmatrix}.$$

所以 10 年后，有 1.54 万人当教师，13.46 万人从事其他职业.

*5.2.4　矩阵的若尔当(Jordan)标准形简介

我们已知，并非每个 n 阶矩阵 $\boldsymbol{A}$ 都可对角化．然而，当 $\boldsymbol{A}$ 不可对角化时，$\boldsymbol{A}$ 却一定可以与一类准对角矩阵相似. 我们首先引入下列定义.

定义 3　形如 $\begin{pmatrix}\lambda & 1 & & & \\ & \lambda & 1 & & \\ & & \ddots & \ddots & \\ & & & \lambda & 1\\ & & & & \lambda\end{pmatrix}$ 的 n 阶矩阵，称为一个 n 阶若尔当块(矩阵).

如果在一个准对角矩阵

$$J=\begin{pmatrix} J_1 & & & \\ & J_2 & & \\ & & \ddots & \\ & & & J_s \end{pmatrix}$$

中，$J_1,J_2,\cdots,J_s$ 都是约当块，则 J 称为一个约当形矩阵.

注　对角矩阵可视为每个若尔当块都为一阶的若尔当形矩阵.

例如，设

$$J=\left(\begin{array}{cc:c:ccc} -1 & 1 & 0 & 0 & 0 & 0 \\ 0 & -1 & 0 & 0 & 0 & 0 \\ \vdots & \vdots & \vdots & \vdots & \vdots & \vdots \\ 0 & 0 & 2 & 0 & 0 & 0 \\ \vdots & \vdots & \vdots & \vdots & \vdots & \vdots \\ 0 & 0 & 0 & 2 & 1 & 0 \\ 0 & 0 & 0 & 0 & 2 & 1 \\ 0 & 0 & 0 & 0 & 0 & 2 \end{array}\right),$$

则矩阵 J 是一个若尔当形矩阵，其中 3 个若尔当块分别为

$$J_1=\begin{pmatrix} -1 & 1 \\ 0 & -1 \end{pmatrix},\ J_2=(2),\ J_3=\begin{pmatrix} 2 & 1 & 0 \\ 0 & 2 & 1 \\ 0 & 0 & 2 \end{pmatrix}.$$

定理 2　任意 n 阶矩阵 A 都与一个若尔当形矩阵 J 相似，其中 J 的主对角元素恰好是 A 的特征值，且某一特征值出现的个数等于它的重数.

证明略.

与 A 相似的若尔当形矩阵称为 A 的若尔当标准形.

例如，矩阵 $A=\begin{pmatrix} -1 & 1 & 0 \\ -4 & 3 & 0 \\ 1 & 0 & 2 \end{pmatrix}$ 有两个特征值 $\lambda_1=2$，$\lambda_2=\lambda_3=1$，且仅有两个线性无关的特征向量 $\alpha_1=(0,0,1)^{\mathrm{T}}$，$\alpha_2=(1,2,-1)^{\mathrm{T}}$（5.1 节例 2），所以 A 不与对角形矩阵相似，但它与若尔当形矩阵 $J=\begin{pmatrix} 2 & 0 & 0 \\ 0 & 1 & 1 \\ 0 & 0 & 1 \end{pmatrix}$ 相似，即 J 为 A 的若尔当标准形. 实际上，设 $P=\begin{pmatrix} 0 & 1 & 0 \\ 0 & 2 & 1 \\ 1 & -1 & -1 \end{pmatrix}$，则不难验证 $P^{-1}AP=J$.

5.3 实对称矩阵的特征值和特征向量

在经济管理以及其他实际问题中经常遇到实对称矩阵．实对称矩阵的特征值与特征向量具有许多特殊的性质．在讨论有关实对称矩阵之前，先介绍一些预备知识.

5.3.1 向量的内积

在第 4 章关于 n 维向量组的讨论中，只讨论了向量的线性运算和线性相关性问题，而对于向量的度量(如长度、夹角等)问题并未进行讨论.

在空间解析几何中，两个向量

$$\boldsymbol{\alpha}=\begin{pmatrix}a_1\\a_2\\a_3\end{pmatrix},\ \boldsymbol{\beta}=\begin{pmatrix}b_1\\b_2\\b_3\end{pmatrix}$$

的内积定义为

$$[\boldsymbol{\alpha},\boldsymbol{\beta}]=a_1b_1+a_2b_2+a_3b_3,$$

而向量 $\boldsymbol{\alpha}$ 的长度定义为

$$\|\boldsymbol{\alpha}\|=\sqrt{a_1^2+a_2^2+a_3^2}=\sqrt{[\boldsymbol{\alpha},\boldsymbol{\alpha}]},$$

并且 $\boldsymbol{\alpha}, \boldsymbol{\beta}$ 的夹角 θ 满足 $[\boldsymbol{\alpha},\boldsymbol{\beta}]=\|\boldsymbol{\alpha}\|\cdot\|\boldsymbol{\beta}\|\cdot\cos\theta$，$0\leqslant\theta\leqslant\pi$.

我们可以把三维向量的内积推广到 n 维向量，定义 n 维向量的内积、长度和夹角.

定义 4　设 $\boldsymbol{\alpha}=(a_1,a_2,\cdots,a_n)^{\mathrm{T}}$，$\boldsymbol{\beta}=(b_1,b_2,\cdots,b_n)^{\mathrm{T}}$ 为 $\mathbf{R}^n$ 中的两个向量，则称

$$\boldsymbol{\alpha}^{\mathrm{T}}\boldsymbol{\beta}=(a_1,a_2,\cdots,a_n)\begin{pmatrix}b_1\\b_2\\\vdots\\b_n\end{pmatrix}=a_1b_1+a_2b_2+\cdots+a_nb_n$$

为向量 $\boldsymbol{\alpha}$ 与 $\boldsymbol{\beta}$ 的内积，记作 $[\boldsymbol{\alpha},\boldsymbol{\beta}]$，即

$$[\boldsymbol{\alpha},\boldsymbol{\beta}]=a_1b_1+a_2b_2+\cdots+a_nb_n.$$

容易证明内积满足下列性质：

(1) $[\boldsymbol{\alpha},\boldsymbol{\beta}]=[\boldsymbol{\beta},\boldsymbol{\alpha}]$；

(2) $[k\boldsymbol{\alpha},\boldsymbol{\beta}]=k[\boldsymbol{\alpha},\boldsymbol{\beta}]$；

(3) $[\boldsymbol{\alpha}+\boldsymbol{\beta},\boldsymbol{\gamma}]=[\boldsymbol{\alpha},\boldsymbol{\gamma}]+[\boldsymbol{\beta},\boldsymbol{\gamma}]$；

(4) $[\boldsymbol{\alpha},\boldsymbol{\alpha}]\geqslant 0$，当且仅当 $\boldsymbol{\alpha}=\mathbf{0}$ 时等号成立.

其中 $\boldsymbol{\alpha}, \boldsymbol{\beta}, \boldsymbol{\gamma}$ 为 $\mathbf{R}^n$ 中的任意向量，$k \in \mathbf{R}$.

有了向量内积的概念，则可以给出 n 维向量长度的概念.

定义 5　设 $\boldsymbol{\alpha}=(a_1, a_2, \cdots, a_n)^{\mathrm{T}}$ 为 $\mathbf{R}^n$ 中的向量，称

$$\sqrt{[\boldsymbol{\alpha}, \boldsymbol{\alpha}]}=\sqrt{a_1^2+a_2^2+\cdots+a_n^2}$$

为向量 $\boldsymbol{\alpha}$ 的长度(也称范数)，记作 $\|\boldsymbol{\alpha}\|$，即

$$\|\boldsymbol{\alpha}\|=\sqrt{a_1^2+a_2^2+\cdots+a_n^2}.$$

向量的长度具有下述性质：

(1) 非负性 $\|\boldsymbol{\alpha}\| \geqslant 0$;

(2) 齐次性 $\|k\boldsymbol{\alpha}\|=|k| \cdot \|\boldsymbol{\alpha}\|$;

(3) 三角不等式 $\|\boldsymbol{\alpha}+\boldsymbol{\beta}\| \leqslant \|\boldsymbol{\alpha}\|+\|\boldsymbol{\beta}\|$.

当 $\|\boldsymbol{\alpha}\|=1$ 时，称 $\boldsymbol{\alpha}$ 为单位向量或标准向量. 任一非零向量除以它的长度后就成了单位向量. 这一过程叫作向量的单位化或标准化.

容易证明，向量的内积满足

$$[\boldsymbol{\alpha}, \boldsymbol{\beta}]^2 \leqslant [\boldsymbol{\alpha}, \boldsymbol{\alpha}][\boldsymbol{\beta}, \boldsymbol{\beta}] \text{ 或 } |[\boldsymbol{\alpha}, \boldsymbol{\beta}]| \leqslant \|\boldsymbol{\alpha}\| \cdot \|\boldsymbol{\beta}\|,$$

上式称为柯西-施瓦茨(Cauchy-Schwarz)不等式. 由此可得

$$\left|\frac{[\boldsymbol{\alpha}, \boldsymbol{\beta}]}{\|\boldsymbol{\alpha}\| \cdot \|\boldsymbol{\beta}\|}\right| \leqslant 1 (\text{当 } \|\boldsymbol{\alpha}\| \cdot \|\boldsymbol{\beta}\| \neq 0 \text{ 时}).$$

于是可定义向量的夹角：

定义 6　设 $\boldsymbol{\alpha}, \boldsymbol{\beta}$ 为 $\mathbf{R}^n$ 中的两个非零向量，则称

$$\theta=\arccos \frac{[\boldsymbol{\alpha}, \boldsymbol{\beta}]}{\|\boldsymbol{\alpha}\| \cdot \|\boldsymbol{\beta}\|}$$

为向量 $\boldsymbol{\alpha}$ 与 $\boldsymbol{\beta}$ 的夹角.

定义 7　设 $\boldsymbol{\alpha}, \boldsymbol{\beta}$ 为 $\mathbf{R}^n$ 中的向量，若 $[\boldsymbol{\alpha}, \boldsymbol{\beta}]=0$，则称向量 $\boldsymbol{\alpha}$ 与 $\boldsymbol{\beta}$ 正交(或垂直)，记作 $\boldsymbol{\alpha} \perp \boldsymbol{\beta}$.

显然，零向量与任何向量都正交.

定义 8　若一个非零向量组(即该向量组中的向量都不是零向量)中任意两个向量都正交，则称此向量组为正交向量组.

若一个正交向量组中每一个向量都是单位向量，则称此向量组为单位正交向量组或标准正交向量组.

例如，向量组 $\boldsymbol{\alpha}_1=\left(0, \frac{1}{\sqrt{2}}, \frac{1}{\sqrt{2}}\right)^{\mathrm{T}}$，$\boldsymbol{\alpha}_2=(1,0,0)^{\mathrm{T}}$，$\boldsymbol{\alpha}_3=$

$\left(0,-\frac{1}{\sqrt{2}},\frac{1}{\sqrt{2}}\right)^{\mathrm{T}}$ 和基本单位向量组 $\boldsymbol{\varepsilon}_1,\boldsymbol{\varepsilon}_2,\boldsymbol{\varepsilon}_3$ 就是两个等价的单位正交向量组.

定理 3　正交向量组必是线性无关的向量组.

证明　设 n 维向量 $\boldsymbol{\alpha}_1,\boldsymbol{\alpha}_2,\cdots,\boldsymbol{\alpha}_r$ 是正交向量组，即有

$$[\boldsymbol{\alpha}_i,\boldsymbol{\alpha}_j]=0(i\neq j). \tag{5.6}$$

设有数 $k_1,k_2,\cdots,k_r$，使

$$k_1\boldsymbol{\alpha}_1+k_2\boldsymbol{\alpha}_2+\cdots+k_r\boldsymbol{\alpha}_r=\mathbf{0},$$

以 $\boldsymbol{\alpha}_i$ 与上式两端同时做内积运算，并利用式(5.6)可得

$$k_i[\boldsymbol{\alpha}_i,\boldsymbol{\alpha}_i]=0.$$

由 $\boldsymbol{\alpha}_i\neq\mathbf{0}$ 知，$[\boldsymbol{\alpha}_i,\boldsymbol{\alpha}_i]>0$，于是必有

$$k_i=0(i=1,2,\cdots,r),$$

因此 $\boldsymbol{\alpha}_1,\boldsymbol{\alpha}_2,\cdots,\boldsymbol{\alpha}_r$ 是一个线性无关的向量组.

例 1

已知两个向量 $\boldsymbol{\alpha}_1=\begin{pmatrix}1\\1\\1\end{pmatrix}$，$\boldsymbol{\alpha}_2=\begin{pmatrix}1\\1\\-2\end{pmatrix}$ 正交，求一个非零向量 $\boldsymbol{\alpha}_3$，使 $\boldsymbol{\alpha}_1,\boldsymbol{\alpha}_2,\boldsymbol{\alpha}_3$ 为正交向量组.

解　设 $\boldsymbol{\alpha}_3=\begin{pmatrix}x_1\\x_2\\x_3\end{pmatrix}$，则 $[\boldsymbol{\alpha}_1,\boldsymbol{\alpha}_3]=\boldsymbol{\alpha}_1^{\mathrm{T}}\boldsymbol{\alpha}_3=0$，$[\boldsymbol{\alpha}_2,\boldsymbol{\alpha}_3]=\boldsymbol{\alpha}_2^{\mathrm{T}}\boldsymbol{\alpha}_3=0$，即

$$\begin{pmatrix}\boldsymbol{\alpha}_1^{\mathrm{T}}\\\boldsymbol{\alpha}_2^{\mathrm{T}}\end{pmatrix}\begin{pmatrix}x_1\\x_2\\x_3\end{pmatrix}=\begin{pmatrix}0\\0\end{pmatrix},\quad\begin{pmatrix}1&1&1\\1&1&-2\end{pmatrix}\begin{pmatrix}x_1\\x_2\\x_3\end{pmatrix}=\begin{pmatrix}0\\0\end{pmatrix}.$$

由 $\widetilde{\boldsymbol{A}}=\left(\begin{array}{ccc|c}1&1&1&0\\1&1&-2&0\end{array}\right)\rightarrow\left(\begin{array}{ccc|c}1&1&1&0\\0&0&-3&0\end{array}\right)\rightarrow\left(\begin{array}{ccc|c}1&1&0&0\\0&0&1&0\end{array}\right)$，

得 $\begin{cases}x_1=-x_2,\\x_3=0,\end{cases}$ 从而有基础解系

$$\boldsymbol{\xi}=\begin{pmatrix}-1\\1\\0\end{pmatrix}.$$

取 $\boldsymbol{\alpha}_3=\boldsymbol{\xi}$，即可使 $\boldsymbol{\alpha}_1,\boldsymbol{\alpha}_2,\boldsymbol{\alpha}_3$ 为正交向量组.

我们常常采用正交向量组作为向量空间的基，称此基为向量空间的正交基. 例如，例 1 中的 $\boldsymbol{\alpha}_1,\boldsymbol{\alpha}_2,\boldsymbol{\alpha}_3$ 就是向量空间 $\mathbf{R}^3$ 的一

组基．基向量都是单位向量的正交基又称标准正交基．它实际上是一个单位正交向量组．

给定 n 维向量空间 $\mathbf{R}^n$ 中的一组线性无关的向量，我们可以通过适当的变换方法由它们构造出一个正交向量组，这个变换的方法称为施密特(Schmidt)正交化方法．它是用线性无关向量组 $\boldsymbol{\alpha}_1, \boldsymbol{\alpha}_2, \cdots, \boldsymbol{\alpha}_r$ 构造出一组与之等价的向量组 $\boldsymbol{\beta}_1, \boldsymbol{\beta}_2, \cdots, \boldsymbol{\beta}_r$. 构造方法如下：

$$\boldsymbol{\beta}_1 = \boldsymbol{\alpha}_1;$$

$$\boldsymbol{\beta}_2 = \boldsymbol{\alpha}_2 - \frac{[\boldsymbol{\beta}_1, \boldsymbol{\alpha}_2]}{[\boldsymbol{\beta}_1, \boldsymbol{\beta}_1]}\boldsymbol{\beta}_1;$$

$$\vdots$$

$$\boldsymbol{\beta}_r = \boldsymbol{\alpha}_r - \frac{[\boldsymbol{\beta}_1, \boldsymbol{\alpha}_r]}{[\boldsymbol{\beta}_1, \boldsymbol{\beta}_1]}\boldsymbol{\beta}_1 - \frac{[\boldsymbol{\beta}_2, \boldsymbol{\alpha}_r]}{[\boldsymbol{\beta}_2, \boldsymbol{\beta}_2]}\boldsymbol{\beta}_2 - \cdots - \frac{[\boldsymbol{\beta}_{r-1}, \boldsymbol{\alpha}_r]}{[\boldsymbol{\beta}_{r-1}, \boldsymbol{\beta}_{r-1}]}\boldsymbol{\beta}_{r-1}.$$

容易验证 $\boldsymbol{\beta}_1, \boldsymbol{\beta}_2, \cdots, \boldsymbol{\beta}_r$ 两两正交，且 $\boldsymbol{\beta}_1, \boldsymbol{\beta}_2, \cdots, \boldsymbol{\beta}_r$ 与 $\boldsymbol{\alpha}_1, \boldsymbol{\alpha}_2, \cdots, \boldsymbol{\alpha}_r$ 等价.

如果对彼此正交的向量组 $\boldsymbol{\beta}_1, \boldsymbol{\beta}_2, \cdots, \boldsymbol{\beta}_r$ 再分别单位化，即

$$\boldsymbol{\gamma}_1 = \frac{\boldsymbol{\beta}_1}{\|\boldsymbol{\beta}_1\|}, \boldsymbol{\gamma}_2 = \frac{\boldsymbol{\beta}_2}{\|\boldsymbol{\beta}_2\|}, \cdots, \boldsymbol{\gamma}_r = \frac{\boldsymbol{\beta}_r}{\|\boldsymbol{\beta}_r\|},$$

则 $\boldsymbol{\gamma}_1, \boldsymbol{\gamma}_2, \cdots, \boldsymbol{\gamma}_r$ 为单位正交向量组. 当 $r=n$ 时，$\boldsymbol{\gamma}_1, \boldsymbol{\gamma}_2, \cdots, \boldsymbol{\gamma}_n$ 即为向量空间 $\mathbf{R}^n$ 的一组标准正交基.

例 2 设 $\boldsymbol{\alpha}_1 = \begin{pmatrix} 1 \\ 2 \\ -1 \end{pmatrix}$，$\boldsymbol{\alpha}_2 = \begin{pmatrix} -1 \\ 3 \\ 1 \end{pmatrix}$，$\boldsymbol{\alpha}_3 = \begin{pmatrix} 4 \\ -1 \\ 0 \end{pmatrix}$. 试用施密特正交化方法将这组向量化为 $\mathbf{R}^3$ 的一组标准正交基.

解 先将 $\boldsymbol{\alpha}_1, \boldsymbol{\alpha}_2, \boldsymbol{\alpha}_3$ 正交化，取

$$\boldsymbol{\beta}_1 = \boldsymbol{\alpha}_1 = \begin{pmatrix} 1 \\ 2 \\ -1 \end{pmatrix}, \boldsymbol{\beta}_2 = \boldsymbol{\alpha}_2 - \frac{[\boldsymbol{\beta}_1, \boldsymbol{\alpha}_2]}{[\boldsymbol{\beta}_1, \boldsymbol{\beta}_1]}\boldsymbol{\beta}_1 = \begin{pmatrix} -1 \\ 3 \\ 1 \end{pmatrix} - \frac{4}{6}\begin{pmatrix} 1 \\ 2 \\ -1 \end{pmatrix} = \frac{5}{3}\begin{pmatrix} -1 \\ 1 \\ 1 \end{pmatrix},$$

$$\boldsymbol{\beta}_3 = \boldsymbol{\alpha}_3 - \frac{[\boldsymbol{\beta}_1, \boldsymbol{\alpha}_3]}{[\boldsymbol{\beta}_1, \boldsymbol{\beta}_1]}\boldsymbol{\beta}_1 - \frac{[\boldsymbol{\beta}_2, \boldsymbol{\alpha}_3]}{[\boldsymbol{\beta}_2, \boldsymbol{\beta}_2]}\boldsymbol{\beta}_2 = \begin{pmatrix} 4 \\ -1 \\ 0 \end{pmatrix} - \frac{1}{3}\begin{pmatrix} 1 \\ 2 \\ -1 \end{pmatrix} + \frac{5}{3}\begin{pmatrix} -1 \\ 1 \\ 1 \end{pmatrix} = 2\begin{pmatrix} 1 \\ 0 \\ 1 \end{pmatrix}.$$

再将它们单位化，取

$$\boldsymbol{\gamma}_1 = \frac{\boldsymbol{\beta}_1}{\|\boldsymbol{\beta}_1\|} = \frac{1}{\sqrt{6}}\begin{pmatrix} 1 \\ 2 \\ -1 \end{pmatrix}, \quad \boldsymbol{\gamma}_2 = \frac{\boldsymbol{\beta}_2}{\|\boldsymbol{\beta}_2\|} = \frac{1}{\sqrt{3}}\begin{pmatrix} -1 \\ 1 \\ 1 \end{pmatrix}, \quad \boldsymbol{\gamma}_3 = \frac{\boldsymbol{\beta}_3}{\|\boldsymbol{\beta}_3\|} = \frac{1}{\sqrt{2}}\begin{pmatrix} 1 \\ 0 \\ 1 \end{pmatrix},$$

则 $\boldsymbol{\gamma}_1, \boldsymbol{\gamma}_2, \boldsymbol{\gamma}_3$ 即为所求.

对于例 2 给出的标准正交基 $\boldsymbol{\gamma}_1, \boldsymbol{\gamma}_2, \boldsymbol{\gamma}_3$ 为列构成的矩阵

$$Q=\begin{pmatrix} \frac{1}{\sqrt{6}} & -\frac{1}{\sqrt{3}} & \frac{1}{\sqrt{2}} \\ \frac{2}{\sqrt{6}} & \frac{1}{\sqrt{3}} & 0 \\ -\frac{1}{\sqrt{6}} & \frac{1}{\sqrt{3}} & \frac{1}{\sqrt{2}} \end{pmatrix},$$

可以验证它满足

$$Q^{\mathrm{T}}Q=E.$$

由此得到正交矩阵的概念，即：

定义 9　若 n 阶方阵 Q 满足 $Q^{\mathrm{T}}Q=E$，则称 Q 为正交矩阵.

由正交矩阵 Q 的定义，显然有下面的性质：

(1) $Q^{-1}=Q^{\mathrm{T}}$，且 Q^{-1}(或 Q^{T})也是正交矩阵；

(2) $|Q|=-1$ 或 1；

(3) 两个正交矩阵的乘积仍为正交矩阵.

定理 4　Q 为正交矩阵的充分必要条件是 Q 的列(行)向量组是单位正交向量组.

证明　将 Q 按列分块得 $Q=(\alpha_1,\alpha_2,\cdots,\alpha_n)$，则 $Q^{\mathrm{T}}Q=E$ 等价于

$$\begin{pmatrix} \alpha_1^{\mathrm{T}} \\ \alpha_2^{\mathrm{T}} \\ \vdots \\ \alpha_n^{\mathrm{T}} \end{pmatrix}(\alpha_1,\ \alpha_2,\ \cdots,\ \alpha_n)=\begin{pmatrix} \alpha_1^{\mathrm{T}}\alpha_1 & \alpha_1^{\mathrm{T}}\alpha_2 & \cdots & \alpha_1^{\mathrm{T}}\alpha_n \\ \alpha_2^{\mathrm{T}}\alpha_1 & \alpha_2^{\mathrm{T}}\alpha_2 & \cdots & \alpha_2^{\mathrm{T}}\alpha_n \\ \vdots & \vdots & & \vdots \\ \alpha_n^{\mathrm{T}}\alpha_1 & \alpha_n^{\mathrm{T}}\alpha_2 & \cdots & \alpha_n^{\mathrm{T}}\alpha_n \end{pmatrix}=E,$$

即

$$\alpha_i^{\mathrm{T}}\alpha_j=\delta_{ij}=\begin{cases} 1 & i=j, \\ 0 & i\neq j \end{cases}\quad (i,\ j=1,2,\cdots,n).$$

由于 $Q^{\mathrm{T}}Q=E$ 与 $QQ^{\mathrm{T}}=E$ 等价，故上述结论对 Q 的行向量组的情形也成立.

注　由此定理即知，只要我们求出了 $\mathbf{R}^n$ 的一组标准正交基 $\alpha_1,\alpha_2,\cdots,\alpha_n$，则以这 n 个向量为列(或行)构造出的 n 阶矩阵 Q 就是一个 n 阶正交矩阵．反之亦然.

5.3.2　实对称矩阵的特征值与特征向量的性质

性质 1　实对称矩阵的特征值为实数.

证明　设 A 是 n 阶实对称矩阵，λ 是 A 在复数范围内的任一

特征值，对应于λ 的特征向量为 $\boldsymbol{\alpha}=(a_1,a_2,\cdots,a_n)^{\mathrm{T}}$，则

$$\boldsymbol{A\alpha}=\lambda\boldsymbol{\alpha},\ \boldsymbol{\alpha}\neq\boldsymbol{0}.$$

用$\bar{\lambda}$表示λ 的共轭复数，$\bar{\boldsymbol{\alpha}}$表示$\boldsymbol{\alpha}$ 的共轭向量，则$\boldsymbol{A}\bar{\boldsymbol{\alpha}}=\bar{\boldsymbol{A}}\,\bar{\boldsymbol{\alpha}}=\overline{\boldsymbol{A\alpha}}=\overline{\lambda\boldsymbol{\alpha}}=\bar{\lambda}\,\bar{\boldsymbol{\alpha}}$. 于是有

$$\bar{\boldsymbol{\alpha}}^{\mathrm{T}}\boldsymbol{A\alpha}=\bar{\boldsymbol{\alpha}}^{\mathrm{T}}(\boldsymbol{A\alpha})=\bar{\boldsymbol{\alpha}}^{\mathrm{T}}(\lambda\boldsymbol{\alpha})=\lambda\bar{\boldsymbol{\alpha}}^{\mathrm{T}}\boldsymbol{\alpha},$$

及 $$\bar{\boldsymbol{\alpha}}^{\mathrm{T}}\boldsymbol{A\alpha}=(\bar{\boldsymbol{\alpha}}^{\mathrm{T}}\boldsymbol{A}^{\mathrm{T}})\boldsymbol{\alpha}=(\boldsymbol{A}\bar{\boldsymbol{\alpha}})^{\mathrm{T}}\boldsymbol{\alpha}=(\bar{\lambda}\,\bar{\boldsymbol{\alpha}})^{\mathrm{T}}\boldsymbol{\alpha}=\bar{\lambda}\,\bar{\boldsymbol{\alpha}}^{\mathrm{T}}\boldsymbol{\alpha}.$$

两式相减，得

$$(\lambda-\bar{\lambda})\bar{\boldsymbol{\alpha}}^{\mathrm{T}}\boldsymbol{\alpha}=\boldsymbol{0}.$$

但因 $\boldsymbol{\alpha}\neq\boldsymbol{0}$，所以

$$\begin{aligned}\bar{\boldsymbol{\alpha}}^{\mathrm{T}}\boldsymbol{\alpha}&=[\bar{\boldsymbol{\alpha}},\boldsymbol{\alpha}]=\bar{a}_1a_1+\bar{a}_2a_2+\cdots+\bar{a}_na_n\\&=|a_1|^2+|a_2|^2+\cdots+|a_n|^2\neq0,\end{aligned}$$

故 $\lambda-\bar{\lambda}=0$，即 $\lambda=\bar{\lambda}$，这说明 λ 是实数.

注 （1）一般对称矩阵的特征值不一定是实数．例如，$\begin{pmatrix}\mathrm{i}&1\\1&0\end{pmatrix}$是对称矩阵，但它的特征值是$\dfrac{\mathrm{i}\pm\sqrt{3}}{2}$，不是实数；

（2）根据该性质，实对称矩阵的特征向量，可取实向量.

性质 2 实对称矩阵 $\boldsymbol{A}$ 的对应于不同特征值的特征向量相互正交.

证明 设 λ_1，λ_2 是 $\boldsymbol{A}$ 的不同特征值，$\boldsymbol{\alpha}_1$，$\boldsymbol{\alpha}_2$ 是对应的特征向量，则

$$\boldsymbol{A\alpha}_1=\lambda_1\boldsymbol{\alpha}_1,\ \boldsymbol{A\alpha}_2=\lambda_2\boldsymbol{\alpha}_2.$$

在上面第一式两边左乘 $\boldsymbol{\alpha}_2^{\mathrm{T}}$，得

$$\boldsymbol{\alpha}_2^{\mathrm{T}}\boldsymbol{A\alpha}_1=\lambda_1\boldsymbol{\alpha}_2^{\mathrm{T}}\boldsymbol{\alpha}_1.$$

注意到 $\boldsymbol{\alpha}_2^{\mathrm{T}}\boldsymbol{A\alpha}_1=(\boldsymbol{A}^{\mathrm{T}}\boldsymbol{\alpha}_2)^{\mathrm{T}}\boldsymbol{\alpha}_1=(\boldsymbol{A\alpha}_2)^{\mathrm{T}}\boldsymbol{\alpha}_1=\lambda_2\boldsymbol{\alpha}_2^{\mathrm{T}}\boldsymbol{\alpha}_1$ 代入上式，有

$$(\lambda_2-\lambda_1)\ \boldsymbol{\alpha}_2^{\mathrm{T}}\boldsymbol{\alpha}_1=0.$$

由于 $\lambda_1\neq\lambda_2$，故 $\boldsymbol{\alpha}_2^{\mathrm{T}}\boldsymbol{\alpha}_1=0$，即 $\boldsymbol{\alpha}_2$ 与 $\boldsymbol{\alpha}_1$ 正交.

性质 3 设 $\boldsymbol{A}$ 为 n 阶实对称矩阵，λ 是 $\boldsymbol{A}$ 的特征方程的 r 重根，则 $R(\lambda\boldsymbol{E}-\boldsymbol{A})=n-r$，从而对应于特征值 λ 恰有 r 个线性无关的特征向量.

这个性质不予证明.

5.3.3 实对称矩阵的对角化

由性质 3 及 5.2 节定理 1 可知，实对称矩阵一定可对角化.

定理 5　设 $\boldsymbol{A}$ 为 n 阶实对称矩阵，则必有正交矩阵 $\boldsymbol{Q}$，使

$$\boldsymbol{Q}^{-1}\boldsymbol{A}\boldsymbol{Q}=\boldsymbol{Q}^{\mathrm{T}}\boldsymbol{A}\boldsymbol{Q}=\boldsymbol{\Lambda},$$

其中 $\boldsymbol{\Lambda}$ 是以 $\boldsymbol{A}$ 的 n 个特征值为对角元素的对角矩阵.

证明　设 $\boldsymbol{A}$ 的互不相同的特征值为 $\lambda_1,\lambda_2,\cdots,\lambda_s$，它们的重数分别为

$$r_1,r_2,\cdots,r_s(r_1+r_2+\cdots+r_s=n).$$

根据性质 1 和性质 3 知，对应特征值 $\lambda_i(i=1,2,\cdots,s)$ 恰有 r_i 个线性无关的特征向量，把它们进行施密特正交化，即得 r_i 个两两正交的单位特征向量，从而 $\boldsymbol{A}$ 有 n 个两两正交的单位特征向量. 把它们依次按列排列构成正交矩阵 $\boldsymbol{Q}$，有

$$\boldsymbol{Q}^{-1}\boldsymbol{A}\boldsymbol{Q}=\boldsymbol{Q}^{\mathrm{T}}\boldsymbol{A}\boldsymbol{Q}=\mathbf{diag}(\lambda_1,\cdots,\lambda_1,\lambda_2,\cdots,\lambda_2,\cdots,\lambda_s,\cdots,\lambda_s)=\boldsymbol{\Lambda},$$

其中对角矩阵 $\boldsymbol{\Lambda}$ 的对角元素含 r_1 个 λ_1，r_2 个 $\lambda_2,\cdots,r_s$ 个 λ_s，恰是 $\boldsymbol{A}$ 的 n 个特征值.

注　由于齐次线性方程组 $(\lambda_i\boldsymbol{E}-\boldsymbol{A})\boldsymbol{x}=\boldsymbol{0}$ 的基础解系不唯一，故这个定理证明中所求的正交矩阵 $\boldsymbol{Q}$ 也是不唯一的.

例 3

设实对称矩阵 $\boldsymbol{A}=\begin{pmatrix}0&-1&1\\-1&0&1\\1&1&0\end{pmatrix}$，求一个正交矩阵 $\boldsymbol{Q}$，使 $\boldsymbol{Q}^{-1}\boldsymbol{A}\boldsymbol{Q}$ 为对角矩阵.

解　$\boldsymbol{A}$ 的特征方程为

$$|\lambda\boldsymbol{E}-\boldsymbol{A}|=\begin{vmatrix}\lambda&1&-1\\1&\lambda&-1\\-1&-1&\lambda\end{vmatrix}=(\lambda-1)^2(\lambda+2)=0,$$

解得 $\lambda_1=-2$，$\lambda_2=\lambda_3=1$.

当 $\lambda_1=-2$ 时，解方程组 $(-2\boldsymbol{E}-\boldsymbol{A})\boldsymbol{x}=\boldsymbol{0}$，得基础解系

$$\boldsymbol{\alpha}_1=(-1,-1,1)^{\mathrm{T}}.$$

当 $\lambda_2=\lambda_3=1$ 时，解方程组 $(\boldsymbol{E}-\boldsymbol{A})\boldsymbol{x}=\boldsymbol{0}$，得基础解系

$$\boldsymbol{\alpha}_2=(-1,1,0)^{\mathrm{T}},\ \boldsymbol{\alpha}_3=(1,0,1)^{\mathrm{T}}.$$

将 $\boldsymbol{\alpha}_2$，$\boldsymbol{\alpha}_3$ 正交化，取 $\boldsymbol{\beta}_2=\boldsymbol{\alpha}_2$，

$$\boldsymbol{\beta}_3=\boldsymbol{\alpha}_3-\frac{[\boldsymbol{\beta}_2,\boldsymbol{\alpha}_3]}{[\boldsymbol{\beta}_2,\boldsymbol{\beta}_2]}\beta_2=\begin{pmatrix}1\\0\\1\end{pmatrix}+\frac{1}{2}\begin{pmatrix}-1\\1\\0\end{pmatrix}=\frac{1}{2}\begin{pmatrix}1\\1\\2\end{pmatrix},$$

再将 $\boldsymbol{\alpha}_1,\boldsymbol{\alpha}_2,\boldsymbol{\alpha}_3$ 单位化，得

$$\boldsymbol{\gamma}_1=\frac{\boldsymbol{\alpha}_1}{\|\boldsymbol{\alpha}_1\|}=\frac{1}{\sqrt{3}}\begin{pmatrix}-1\\-1\\1\end{pmatrix},\boldsymbol{\gamma}_2=\frac{\boldsymbol{\beta}_2}{\|\boldsymbol{\beta}_2\|}=\frac{1}{\sqrt{2}}\begin{pmatrix}-1\\1\\0\end{pmatrix},\boldsymbol{\gamma}_3=\frac{\boldsymbol{\beta}_3}{\|\boldsymbol{\beta}_3\|}=\frac{1}{\sqrt{6}}\begin{pmatrix}1\\1\\2\end{pmatrix}.$$

将 $\boldsymbol{\gamma}_1,\boldsymbol{\gamma}_2,\boldsymbol{\gamma}_3$ 构成正交矩阵

$$\boldsymbol{Q}=(\boldsymbol{\gamma}_1,\boldsymbol{\gamma}_2,\boldsymbol{\gamma}_3)=\begin{pmatrix} -\frac{1}{\sqrt{3}} & -\frac{1}{\sqrt{2}} & \frac{1}{\sqrt{6}} \\ -\frac{1}{\sqrt{3}} & \frac{1}{\sqrt{2}} & \frac{1}{\sqrt{6}} \\ \frac{1}{\sqrt{3}} & 0 & \frac{2}{\sqrt{6}} \end{pmatrix},$$

有

$$\boldsymbol{Q}^{-1}\boldsymbol{A}\boldsymbol{Q}=\boldsymbol{Q}^{\mathrm{T}}\boldsymbol{A}\boldsymbol{Q}=\begin{pmatrix} -2 & 0 & 0 \\ 0 & 1 & 0 \\ 0 & 0 & 1 \end{pmatrix}.$$

该例题用 Python 求解如下：

```
import numpy as np
A=np.mat([[0,-1,1],[-1,0,1],[1,1,0]])
A1,A2=np.linalg.eig(A)
print('矩阵 A 的特征值为:',A1)
print('矩阵 A 的特征向量为:\n',A2)
#构建矩阵 Q
Q=np.mat(A2)
print('矩阵 P 为:\n',Q)
#构建对角矩阵
D=np.diag(A1)
print('对角矩阵为:\n',D)
```

运行结果如图 5-4 所示.

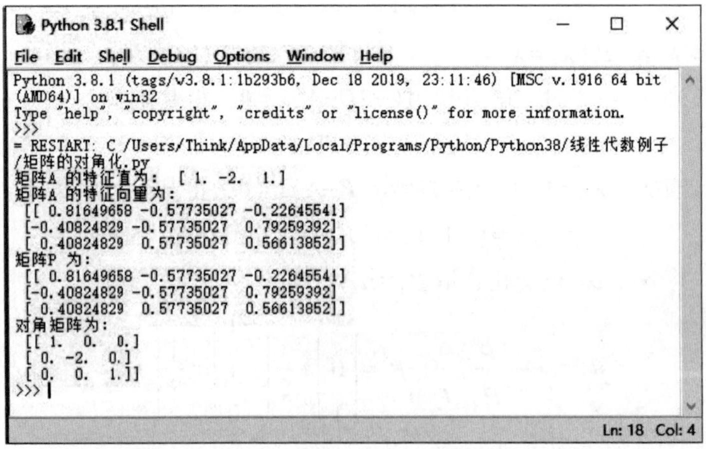

图 5-4

注 由于计算机解决该类问题的时候使用的是数值计算的方法，所求出的结果是一个接近精确解的近似解，所以在此处所求

取的结果是一个近似数.

例 4　设三阶实对称矩阵 $\boldsymbol{A}$ 的特征值为 $\lambda_1=0$，$\lambda_2=1$(二重)，$\boldsymbol{A}$ 的对应于 λ_1 的特征向量为 $\boldsymbol{\alpha}_1=(0,1,1)^{\mathrm{T}}$，求 $\boldsymbol{A}$.

解　三阶实对称矩阵必可对角化，对应于二重特征值 $\lambda_2=1$ 的线性无关的特征向量应有两个，设为 $\boldsymbol{\alpha}_2$，$\boldsymbol{\alpha}_3$. 根据性质 2，$\boldsymbol{\alpha}_2$ 和 $\boldsymbol{\alpha}_3$ 都与 $\boldsymbol{\alpha}_1$ 正交.

设与 $\boldsymbol{\alpha}_1$ 正交的向量为 $\boldsymbol{\alpha}=(x_1,x_2,x_3)^{\mathrm{T}}$，则

$$\boldsymbol{\alpha}_1^{\mathrm{T}}\boldsymbol{\alpha}=(0,1,1)\begin{pmatrix}x_1\\x_2\\x_3\end{pmatrix}=x_2+x_3=0,$$

解出齐次线性方程组的基础解系为

$$\boldsymbol{\alpha}_2=(1,0,0)^{\mathrm{T}},\ \boldsymbol{\alpha}_3=(0,-1,1)^{\mathrm{T}}.$$

由于 $\boldsymbol{\alpha}_2$ 与 $\boldsymbol{\alpha}_3$ 正交，故只需将 $\boldsymbol{\alpha}_1,\boldsymbol{\alpha}_2,\boldsymbol{\alpha}_3$ 单位化：

$$\boldsymbol{\beta}_1=\frac{\boldsymbol{\alpha}_1}{\|\boldsymbol{\alpha}_1\|}=\begin{pmatrix}0\\\frac{1}{\sqrt{2}}\\\frac{1}{\sqrt{2}}\end{pmatrix},\ \boldsymbol{\beta}_2=\frac{\boldsymbol{\alpha}_2}{\|\boldsymbol{\alpha}_2\|}=\begin{pmatrix}1\\0\\0\end{pmatrix},\ \boldsymbol{\beta}_3=\frac{\boldsymbol{\alpha}_3}{\|\boldsymbol{\alpha}_3\|}=\begin{pmatrix}0\\-\frac{1}{\sqrt{2}}\\\frac{1}{\sqrt{2}}\end{pmatrix}.$$

构造矩阵

$$\boldsymbol{Q}=(\boldsymbol{\beta}_1,\boldsymbol{\beta}_2,\boldsymbol{\beta}_3)=\begin{pmatrix}0&1&0\\\frac{1}{\sqrt{2}}&0&-\frac{1}{\sqrt{2}}\\\frac{1}{\sqrt{2}}&0&\frac{1}{\sqrt{2}}\end{pmatrix},\ \boldsymbol{\Lambda}=\begin{pmatrix}0&&\\&1&\\&&1\end{pmatrix},$$

则 $\boldsymbol{Q}$ 为正交矩阵，且 $\boldsymbol{Q}^{-1}\boldsymbol{A}\boldsymbol{Q}=\boldsymbol{\Lambda}$. 因此

$$\begin{aligned}\boldsymbol{A}&=\boldsymbol{Q}\boldsymbol{\Lambda}\boldsymbol{Q}^{-1}=\boldsymbol{Q}\boldsymbol{\Lambda}\boldsymbol{Q}^{\mathrm{T}}\\&=\begin{pmatrix}0&1&0\\\frac{1}{\sqrt{2}}&0&-\frac{1}{\sqrt{2}}\\\frac{1}{\sqrt{2}}&0&\frac{1}{\sqrt{2}}\end{pmatrix}\begin{pmatrix}0&&\\&1&\\&&1\end{pmatrix}\begin{pmatrix}0&\frac{1}{\sqrt{2}}&\frac{1}{\sqrt{2}}\\1&0&0\\0&-\frac{1}{\sqrt{2}}&\frac{1}{\sqrt{2}}\end{pmatrix}\\&=\begin{pmatrix}1&0&0\\0&\frac{1}{2}&-\frac{1}{2}\\0&-\frac{1}{2}&\frac{1}{2}\end{pmatrix}.\end{aligned}$$

例 5　设 $\boldsymbol{A}$，$\boldsymbol{B}$ 是 n 阶实对称矩阵，证明：存在正交矩阵 $\boldsymbol{Q}$，使 $\boldsymbol{Q}^{-1}\boldsymbol{A}\boldsymbol{Q}=\boldsymbol{B}$ 的充分必要条件是 $\boldsymbol{A}$，$\boldsymbol{B}$ 有相同的特征值.

证明　必要性. 设有正交矩阵 $\boldsymbol{Q}$，使 $\boldsymbol{Q}^{-1}\boldsymbol{A}\boldsymbol{Q}=\boldsymbol{B}$，则 $\boldsymbol{A}\sim\boldsymbol{B}$，故 $\boldsymbol{A}$ 与 $\boldsymbol{B}$ 具有相同的特征值.

充分性. 设实对称矩阵 $\boldsymbol{A},\boldsymbol{B}$ 的特征值均为 $\lambda_1,\lambda_2,\cdots,\lambda_n$，则存在正交矩阵 $\boldsymbol{Q}_1,\boldsymbol{Q}_2$，使得

$$\boldsymbol{Q}_1^{-1}\boldsymbol{A}\boldsymbol{Q}_1=\begin{pmatrix}\lambda_1 & & & \\ & \lambda_2 & & \\ & & \ddots & \\ & & & \lambda_n\end{pmatrix},\quad \boldsymbol{Q}_2^{-1}\boldsymbol{A}\boldsymbol{Q}_2=\begin{pmatrix}\lambda_1 & & & \\ & \lambda_2 & & \\ & & \ddots & \\ & & & \lambda_n\end{pmatrix},$$

即
$$\boldsymbol{Q}_1^{-1}\boldsymbol{A}\boldsymbol{Q}_1=\boldsymbol{Q}_2^{-1}\boldsymbol{B}\boldsymbol{Q}_2,$$
于是
$$\boldsymbol{B}=\boldsymbol{Q}_2\boldsymbol{Q}_1^{-1}\boldsymbol{A}\boldsymbol{Q}_1\boldsymbol{Q}_2^{-1}=(\boldsymbol{Q}_1\boldsymbol{Q}_2^{-1})^{-1}\boldsymbol{A}(\boldsymbol{Q}_1\boldsymbol{Q}_2^{-1}).$$
令 $\boldsymbol{Q}=\boldsymbol{Q}_1\boldsymbol{Q}_2^{-1}$，则 $\boldsymbol{Q}$ 仍为正交矩阵，且
$$\boldsymbol{B}=\boldsymbol{Q}^{-1}\boldsymbol{A}\boldsymbol{Q}.$$

注　本例说明，当 $\boldsymbol{A},\boldsymbol{B}$ 是实对称矩阵时，5.2 节性质 1 的逆命题也是成立的.

例 6　某试验生产线每年一月份进行熟练工的人数统计，然后将 $\frac{1}{6}$ 熟练工支援其他生产部门，其缺额由招收新的非熟练工补齐，新老非熟练工经过培训及实践至年终考核有 $\frac{2}{5}$ 成为熟练工，设第 n 年一月份统计的熟练工和非熟练工所占百分比分别为 x_n,y_n，记成 $\begin{pmatrix}x_n\\ y_n\end{pmatrix}$.

(1) 求 $\begin{pmatrix}x_{n+1}\\ y_{n+1}\end{pmatrix}$ 与 $\begin{pmatrix}x_n\\ y_n\end{pmatrix}$ 的关系式，并写成矩阵形式.

(2) 当 $\begin{pmatrix}x_1\\ y_1\end{pmatrix}=\begin{pmatrix}1/2\\ 1/2\end{pmatrix}$ 时，求 $\begin{pmatrix}x_{n+1}\\ y_{n+1}\end{pmatrix}$.

解　(1) 由题设，可知

$$\begin{cases}x_{n+1}=\dfrac{5}{6}x_n+\dfrac{2}{5}\left(\dfrac{1}{6}x_n+y_n\right),\\ y_{n+1}=\dfrac{3}{5}\left(\dfrac{1}{6}x_n+y_n\right),\end{cases}$$

整理可得
$$\begin{cases}x_{n+1}=\dfrac{9}{10}x_n+\dfrac{2}{5}y_n,\\ y_{n+1}=\dfrac{1}{10}x_n+\dfrac{3}{5}y_n,\end{cases}$$

矩阵形式为

$$\begin{pmatrix} x_{n+1} \\ y_{n+1} \end{pmatrix} = \begin{pmatrix} \frac{9}{10} & \frac{2}{5} \\ \frac{1}{10} & \frac{3}{5} \end{pmatrix} \begin{pmatrix} x_n \\ y_n \end{pmatrix}.$$

（2）由（1）有 $\begin{pmatrix} x_{n+1} \\ y_{n+1} \end{pmatrix} = \begin{pmatrix} \frac{9}{10} & \frac{2}{5} \\ \frac{1}{10} & \frac{3}{5} \end{pmatrix}^n \begin{pmatrix} x_1 \\ y_1 \end{pmatrix}$，设 $\boldsymbol{A} = \begin{pmatrix} \frac{9}{10} & \frac{2}{5} \\ \frac{1}{10} & \frac{3}{5} \end{pmatrix}$，由 $|\lambda \boldsymbol{E} - \boldsymbol{A}| = 0$，得 $\boldsymbol{A}$ 的所有特征值为 $\lambda_1 = 1$，$\lambda_2 = \frac{1}{2}$，对应的特征向量分别为

$$\boldsymbol{\alpha}_1 = (4,1)^{\mathrm{T}},\ \boldsymbol{\alpha}_2 = (-1,1)^{\mathrm{T}},$$

所以存在可逆矩阵 $\boldsymbol{P} = (\boldsymbol{\alpha}_1, \boldsymbol{\alpha}_2) = \begin{pmatrix} 4 & -1 \\ 1 & 1 \end{pmatrix}$，使得 $\boldsymbol{P}^{-1}\boldsymbol{A}\boldsymbol{P} = \begin{pmatrix} 1 & 0 \\ 0 & \frac{1}{2} \end{pmatrix} = \boldsymbol{\Lambda}$，即 $\boldsymbol{A} = \boldsymbol{P}\boldsymbol{\Lambda}\boldsymbol{P}^{-1}$.

从而

$$\boldsymbol{A}^n = \boldsymbol{P}\boldsymbol{\Lambda}^n\boldsymbol{P}^{-1} = \frac{1}{5}\begin{pmatrix} 4 & -1 \\ 1 & 1 \end{pmatrix}\begin{pmatrix} 1 & 0 \\ 0 & \left(\frac{1}{2}\right)^n \end{pmatrix}\begin{pmatrix} 1 & 1 \\ -1 & 4 \end{pmatrix} = \frac{1}{5}\begin{pmatrix} 4+\left(\frac{1}{2}\right)^n & 4-4\left(\frac{1}{2}\right)^n \\ 1-\left(\frac{1}{2}\right)^n & 1+4\left(\frac{1}{2}\right)^n \end{pmatrix},$$

因此

$$\begin{pmatrix} x_{n+1} \\ y_{n+1} \end{pmatrix} = \begin{pmatrix} \frac{9}{10} & \frac{2}{5} \\ \frac{1}{10} & \frac{3}{5} \end{pmatrix}^n \begin{pmatrix} x_1 \\ y_1 \end{pmatrix} = \frac{1}{5}\begin{pmatrix} 4+\left(\frac{1}{2}\right)^n & 4-4\left(\frac{1}{2}\right)^n \\ 1-\left(\frac{1}{2}\right)^n & 1+4\left(\frac{1}{2}\right)^n \end{pmatrix}\begin{pmatrix} \frac{1}{2} \\ \frac{1}{2} \end{pmatrix} = \frac{1}{10}\begin{pmatrix} 8-3\left(\frac{1}{2}\right)^n \\ 2+3\left(\frac{1}{2}\right)^n \end{pmatrix}.$$

该例题用 Python 求解如下：

```
import numpy as np
A=np.mat([[0.9,0.4],[0.1,0.6]])
A1,A2=np.linalg.eig(A)
print('矩阵A的特征值为:\n',A1)
print('矩阵A的特征向量为:\n',A2)
```

运行结果如图 5-5 所示.

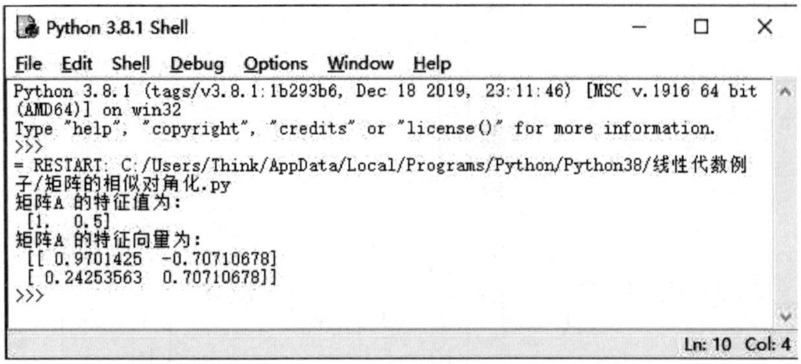

图 5-5

5.4 二次型及其基本概念

二次型的理论起源于解析几何中二次曲线和二次曲面方程化为标准形的问题. 这种理论不仅在数学领域，而且在包括经济学在内的许多其他学科中都有广泛的应用. 本章将介绍二次型及其标准形的理论，并给出化二次型为标准形的方法，根据二次型本身固有的特性，引出正定二次型及其判别方法.

5.4.1 二次型及其矩阵

我们知道，在解析几何中，以坐标原点为中心的二次曲线

$$ax_2+bxy+cy_2=d,$$

可以通过适当的坐标变换消去其中的交叉项，化为只有平方项的形式

$$a'x'^2+c'y'^2=d,$$

这是二次曲线的标准形. 由标准形，容易识别曲线的类型，研究曲线的性质.

一般地，对于二次齐次函数

$$f(x_1,x_2,\cdots,x_n)=a_{11}x_1^2+2a_{12}x_1x_2+\cdots+2a_{1n}x_1x_n+a_{22}x_2^2+\cdots+2a_{2n}x_2x_n+\cdots+a_{nn}x_n^2, \tag{5.7}$$

要消掉其中的交叉项,也就是要寻找合适的坐标变换

$$\begin{pmatrix} x_1 \\ x_2 \\ \vdots \\ x_n \end{pmatrix}=\boldsymbol{C}\begin{pmatrix} y_1 \\ y_2 \\ \vdots \\ y_n \end{pmatrix}, \tag{5.8}$$

其中 $\boldsymbol{C}$ 是 n 阶方阵，使式(5.7)化为

$$d_1y_1^2+d_2y_2^2+\cdots+d_ny_n^2 \tag{5.9}$$

的形式.

定义 10　形如式(5.7)的二次齐次多项式称为 n 元二次型，简称二次型，并简记为 f. 式(5.9)称为二次型(5.7)的标准形.

当 a_{ij} 为复数时，f 称为复二次型；当 a_{ij} 为实数时，f 称为实二次型. 本章仅限于在实数范围内讨论实二次型.

取 $a_{ji}=a_{ij}$，则 $2a_{ij}x_ix_j=a_{ij}x_ix_j+a_{ji}x_jx_i$. 于是式(5.7)可写成

$$\begin{aligned}f(x_1,x_2,\cdots,x_n) &= a_{11}x_1^2+a_{12}x_1x_2+\cdots+a_{1n}x_1x_n+\\&\quad a_{21}x_2x_1+a_{22}x_2^2+\cdots+a_{2n}x_2x_n+\cdots+\\&\quad a_{n1}x_nx_1+a_{n2}x_nx_2+\cdots+a_{nn}x_n^2\\&=\sum_{i=1}^{n}\sum_{j=1}^{n}a_{ij}x_ix_j.\end{aligned} \tag{5.10}$$

为了便于讨论，我们将二次型写成矩阵形式. 由式(5.10)有

$$\begin{aligned}f(x_1,x_2,\cdots,x_n)&=x_1(a_{11}x_1+a_{12}x_2+\cdots+a_{1n}x_n)+\\&\quad x_2(a_{21}x_1+a_{22}x_2+\cdots+a_{2n}x_n)+\cdots+\\&\quad x_n(a_{n1}x_1+a_{n2}x_2+\cdots+a_{nn}x_n)\\&=(x_1,x_2,\cdots,x_n)\begin{pmatrix}a_{11}&a_{12}&\cdots&a_{1n}\\a_{21}&a_{22}&\cdots&a_{2n}\\\vdots&\vdots&&\vdots\\a_{n1}&a_{n2}&\cdots&a_{nn}\end{pmatrix}\begin{pmatrix}x_1\\x_2\\\vdots\\x_n\end{pmatrix}.\end{aligned}$$

记

$$\boldsymbol{A}=\begin{pmatrix}a_{11}&a_{12}&\cdots&a_{1n}\\a_{21}&a_{22}&\cdots&a_{2n}\\\vdots&\vdots&&\vdots\\a_{n1}&a_{n2}&\cdots&a_{nn}\end{pmatrix},\quad \boldsymbol{x}=\begin{pmatrix}x_1\\x_2\\\vdots\\x_n\end{pmatrix},$$

则二次型可记为

$$f=\boldsymbol{x}^{\mathrm{T}}\boldsymbol{A}\boldsymbol{x},$$

其中 $\boldsymbol{A}$ 为实对称矩阵. 例如，二次型 $f=2x_1x_2+3x_{23}$(一般不特别指明二次型 f 的变量个数时，以式中出现的个数为准)用矩阵记号写出来就是

$$f=(x_1,x_2,x_3)\begin{pmatrix}0&1&0\\1&0&0\\0&0&3\end{pmatrix}\begin{pmatrix}x_1\\x_2\\x_3\end{pmatrix};$$

标准形(5.9)用矩阵记号写出来就是

$$(y_1,y_2,\cdots,y_n)\begin{pmatrix} d_1 & & & \\ & d_2 & & \\ & & \ddots & \\ & & & d_n \end{pmatrix}\begin{pmatrix} y_1 \\ y_2 \\ \vdots \\ y_n \end{pmatrix}.$$

由上面的讨论，我们知道给定一个 n 元实二次型 f，就唯一地确定一个 n 阶实对称矩阵 $\boldsymbol{A}$，反之，任给一个 n 阶实对称矩阵 $\boldsymbol{A}$，也可以唯一地构造一个 n 元实二次型 $f=\boldsymbol{x}^{\mathrm{T}}\boldsymbol{A}\boldsymbol{x}$. 这样，实二次型与实对称矩阵之间存在一一对应的关系. 因此，我们把实对称矩阵 $\boldsymbol{A}$ 叫作实二次型 f 的矩阵，也把 f 叫作实对称矩阵 $\boldsymbol{A}$ 的二次型. 矩阵 $\boldsymbol{A}$ 的秩称为二次型 f 的秩.

例 1　写出二次型 $f=\boldsymbol{x}^{\mathrm{T}}\begin{pmatrix} 1 & 3 & 5 \\ 2 & 4 & 6 \\ 7 & 8 & 5 \end{pmatrix}\boldsymbol{x}$ 的矩阵.

解　由于 $\begin{pmatrix} 1 & 3 & 5 \\ 2 & 4 & 6 \\ 7 & 8 & 5 \end{pmatrix}$ 不是对称矩阵，故不是二次型 f 的矩阵. 令 $\boldsymbol{x}=(x_1,x_2,x_3)^{\mathrm{T}}$，将二次型展开，得

$$\begin{aligned} f &= (x_1,x_2,x_3)\begin{pmatrix} 1 & 3 & 5 \\ 2 & 4 & 6 \\ 7 & 8 & 5 \end{pmatrix}\begin{pmatrix} x_1 \\ x_2 \\ x_3 \end{pmatrix} \\ &= x_1^2+4x_2^2+5x_3^2+5x_1x_2+12x_1x_3+14x_2x_3 \\ &= (x_1,x_2,x_3)\begin{pmatrix} 1 & \frac{5}{2} & 6 \\ \frac{5}{2} & 4 & 7 \\ 6 & 7 & 5 \end{pmatrix}\begin{pmatrix} x_1 \\ x_2 \\ x_3 \end{pmatrix}. \end{aligned}$$

因此二次型 f 的矩阵为

$$\boldsymbol{A}=\begin{pmatrix} 1 & \frac{5}{2} & 6 \\ \frac{5}{2} & 4 & 7 \\ 6 & 7 & 5 \end{pmatrix}.$$

注　二次型 $f=\boldsymbol{x}^{\mathrm{T}}\boldsymbol{A}\boldsymbol{x}$ 中的矩阵 $\boldsymbol{A}$ 为实对称矩阵.

例 2　已知二次型

$$f=5x_1^2+5x_2^2+tx_3^2-2x_1x_2+6x_1x_3-6x_2x_3$$

的秩为 2，求参数 t.

解　二次型 f 的矩阵为

$$A=\begin{pmatrix}5 & -1 & 3\\ -1 & 5 & -3\\ 3 & -3 & t\end{pmatrix},$$

由 $R(A)=2$，知 $|A|=0$，即 $24(t-3)=0$. 于是有

$$t=3.$$

5.4.2 矩阵的合同

若记 $x=\begin{pmatrix}x_1\\ x_2\\ \vdots\\ x_n\end{pmatrix}$，$y=\begin{pmatrix}y_1\\ y_2\\ \vdots\\ y_n\end{pmatrix}$，则坐标变换(5.8)可写成

$$x=Cy.$$

这是一个线性变换. 因坐标变换 $x=Cy$ 中的矩阵 C 是一个可逆矩阵，所以这样的变换又称可逆线性变换，简称可逆变换.

对于一般二次型 $f=x^{\mathrm{T}}Ax$，经可逆变换 $x=Cy$，可将其化为

$$f=x^{\mathrm{T}}Ax=(Cy)^{\mathrm{T}}A(Cy)=y^{\mathrm{T}}(C^{\mathrm{T}}AC)y=y^{\mathrm{T}}By,$$

其中 $B=C^{\mathrm{T}}AC$. 显然，B 为对称矩阵，所以，$y^{\mathrm{T}}By$ 为变量 y_1，$y_2,\cdots,y_n$ 的二次型. 由于 C 为可逆矩阵，故 $R(B)=R(A)$. 这可归结为下述定理：

定理 6　二次型经可逆变换后化为新的二次型，且新二次型与原二次型的秩相等.

定义 11　设 A，B 是两个 n 阶方阵，如果存在可逆矩阵 C，使 $B=C^{\mathrm{T}}AC$，则称矩阵 A 与 B 合同，或 A 合同于 B，记作 $A\simeq B$. 显然两矩阵间的合同关系也是一种特殊的等价关系，它具有以下性质：

(1) 反身性　$A\simeq A$；

(2) 对称性　若 $A\simeq B$，则 $B\simeq A$；

(3) 传递性　若 $A\simeq B$，$B\simeq C$，则 $A\simeq C$. 请读者自己验证.

定理 7　设 A，B 是实对称矩阵，则 A 与 B 合同的充分必要条件是二次型 $x^{\mathrm{T}}Ax$ 可经可逆变换化为 $y^{\mathrm{T}}By$.

证明　必要性. 若 A 与 B 合同，则存在可逆矩阵 C，使得 $B=C^{\mathrm{T}}AC$. 令 $x=Cy$，则

$$x^{\mathrm{T}}Ax=(Cy)^{\mathrm{T}}A(Cy)=y^{\mathrm{T}}C^{\mathrm{T}}ACy=y^{\mathrm{T}}By.$$

充分性. 若存在可逆变换 $x=Cy$，使得

$$x^{\mathrm{T}}Ax=y^{\mathrm{T}}C^{\mathrm{T}}ACy=y^{\mathrm{T}}By,$$

由于变量 $y_1,y_2,\cdots,y_n$ 的二次型的矩阵是唯一的，$C^{\mathrm{T}}AC$ 是实对称矩阵，故 $B=C^{\mathrm{T}}AC$. 即 A 与 B 合同.

由此，二次型能否化简为只含平方项的标准形问题归结为实对称矩阵能否合同于对角矩阵的问题.

5.5 化二次型为标准形

本节我们将讨论如何通过可逆变换 $x=Cy$，化二次型 $f=x^{\mathrm{T}}Ax$ 为标准形

$$f=d_1y_1^2+d_2y_2^2+\cdots+d_ny_n^2,$$

即对实对称矩阵 A，寻找可逆矩阵 C，使 $C^{\mathrm{T}}AC$ 为对角矩阵 $\mathbf{diag}(d_1,d_2,\cdots,d_n)$.

下面介绍三种化二次型为标准形的方法.

5.5.1 正交变换法

由于二次型的矩阵是实对称矩阵，由 5.3 节的定理 5 知，任给一个实对称矩阵 A，总有正交矩阵 Q，使 $Q^{\mathrm{T}}AQ=\Lambda=\mathbf{diag}(\lambda_1,\lambda_2,\cdots,\lambda_n)$. 以正交矩阵 Q 为系数矩阵的线性变换 $x=Qy$ 又称正交线性变换，简称正交变换. 于是有：

定理 8 任给二次型 $f=x^{\mathrm{T}}Ax$，总有正交变换 $x=Qy$，使 f 化为标准形

$$f=\lambda_1y_1^2+\lambda_2y_2^2+\cdots+\lambda_ny_n^2,$$

其中 $\lambda_1,\lambda_2,\cdots,\lambda_n$ 是 f 的矩阵 A 的特征值.

用正交变换化二次型为标准形的基本步骤为：

(1) 写出二次型 f 的矩阵 A；

(2) 求出 A 的所有特征值 $\lambda_1,\lambda_2,\cdots,\lambda_n$；

(3) 求出对应于各特征值的线性无关的特征向量 $\alpha_1,\alpha_2,\cdots,\alpha_n$；

(4) 将特征向量 $\alpha_1,\alpha_2,\cdots,\alpha_n$ 正交化、单位化，得 $\beta_1,\beta_2,\cdots,\beta_n$，构造正交矩阵 $Q=(\beta_1,\beta_2,\cdots,\beta_n)$；

(5) 用正交变换 $x=Qy$，将 f 化为标准形 $f=\lambda_1y_1^2+\lambda_2y_2^2+\cdots+\lambda_ny_n^2$.

例 1　求一个正交变换，化二次型

$$f=x_1^2-2x_2^2-2x_3^2-4x_1x_2+4x_1x_3+8x_2x_3$$

为标准形，并指出方程 $f=1$ 表示何种二次曲面.

解　二次型 f 的矩阵为

$$\boldsymbol{A}=\begin{pmatrix}1&-2&2\\-2&-2&4\\2&4&-2\end{pmatrix},$$

它的特征方程为

$$|\lambda\boldsymbol{E}-\boldsymbol{A}|=\begin{vmatrix}\lambda-1&2&-2\\2&\lambda+2&-4\\-2&-4&\lambda+2\end{vmatrix}=(\lambda+7)(\lambda-2)^2=0.$$

于是 $\boldsymbol{A}$ 的特征值为 $\lambda_1=-7$，$\lambda_2=\lambda_3=2$.

当 $\lambda_1=-7$ 时，解方程组 $(-7\boldsymbol{E}-\boldsymbol{A})\boldsymbol{x}=\boldsymbol{0}$，得基础解系 $\boldsymbol{\alpha}_1=(1,2,-2)^{\mathrm{T}}$，单位化后得 $\boldsymbol{\beta}_1=\dfrac{1}{3}(1,2,-2)^{\mathrm{T}}$.

当 $\lambda_2=\lambda_3=2$ 时，解方程组 $(2\boldsymbol{E}-\boldsymbol{A})\boldsymbol{x}=\boldsymbol{0}$，得基础解系 $\boldsymbol{\alpha}_2=(-2,1,0)^{\mathrm{T}}$，$\boldsymbol{\alpha}_3=(2,0,1)^{\mathrm{T}}$，正交单位化后得

$$\boldsymbol{\beta}_2=\frac{1}{\sqrt{5}}(-2,1,0)^{\mathrm{T}},\ \boldsymbol{\beta}_3=\frac{1}{3\sqrt{5}}(2,4,5)^{\mathrm{T}}.$$

由 $\boldsymbol{\beta}_1,\boldsymbol{\beta}_2,\boldsymbol{\beta}_3$ 构成正交矩阵

$$\boldsymbol{Q}=(\boldsymbol{\beta}_1,\boldsymbol{\beta}_2,\boldsymbol{\beta}_3)=\begin{pmatrix}\frac{1}{3}&-\frac{2}{\sqrt{5}}&\frac{2}{3\sqrt{5}}\\\frac{2}{3}&\frac{1}{\sqrt{5}}&\frac{4}{3\sqrt{5}}\\-\frac{2}{3}&0&\frac{\sqrt{5}}{3}\end{pmatrix},$$

作正交变换 $\boldsymbol{x}=\boldsymbol{Q}\boldsymbol{y}$，即

$$\begin{cases}x_1=\dfrac{1}{3}y_1-\dfrac{2}{\sqrt{5}}y_2+\dfrac{2}{3\sqrt{5}}y_3,\\x_2=\dfrac{2}{3}y_1+\dfrac{1}{\sqrt{5}}y_2+\dfrac{4}{3\sqrt{5}}y_3,\\x_3=-\dfrac{2}{3}y_1+\dfrac{\sqrt{5}}{3}y_3,\end{cases}$$

将它代入原二次型后得标准形

$$f=-7y_1^2+2y_2^2+2y_3^2.$$

显然，$f=1$ 表示的二次曲面为单叶双曲面.

注　正交变换化二次型为标准形，具有保持向量内积和长度

的优点，从而在解析几何中，正交变换不改变方程表示的曲线或曲面的形状.

事实上，设 $\boldsymbol{x}=\boldsymbol{Q}\boldsymbol{y}$ 为正交变换，且 $\boldsymbol{Q}\boldsymbol{\alpha}_1=\boldsymbol{\beta}_1$，$\boldsymbol{Q}\boldsymbol{\alpha}_2=\boldsymbol{\beta}_2$，则

$$[\boldsymbol{\beta}_1,\boldsymbol{\beta}_2]=\boldsymbol{\beta}_1^{\mathrm{T}}\boldsymbol{\beta}_2=\boldsymbol{\alpha}_1^{\mathrm{T}}\boldsymbol{Q}^{\mathrm{T}}\boldsymbol{Q}\boldsymbol{\alpha}_2=\boldsymbol{\alpha}_1^{\mathrm{T}}\boldsymbol{\alpha}_2=[\boldsymbol{\alpha}_1,\boldsymbol{\alpha}_2].$$

特别地，有

$$\|\boldsymbol{\beta}_1\|=\|\boldsymbol{\alpha}_1\|.$$

5.5.2 配方法

把一个二次型化为标准形，如果不限于正交变换，还有其他方法可以把二次型化为标准形，其中常用的方法之一就是拉格朗日(Lagrange)配方法．拉格朗日配方法的步骤为：

(1) 若二次型含有 x_i 的平方项，则先把含有 x_i 的乘积项集中，然后配方，再对其余的变量重复上述过程直到所有变量都配成平方项为止，经过可逆变换，就得到标准形.

(2) 若二次型中不含有平方项，但是 $a_{ij}\neq 0(i\neq j)$，则先作变换

$$\begin{cases}x_i=y_i+y_j,\\ x_j=y_i-y_j,\\ x_k=y_k\end{cases}\quad(k=1,2,\cdots,n\text{ 且 }k\neq i,\ j),$$

化二次型为含有平方项的二次型，然后再按(1)中方法配方.

例 2 用配方法化二次型

$$f=x_1^2+2x_2^2+5x_3^2+2x_1x_2+2x_1x_3+6x_2x_3$$

为标准形，并求所用的变换矩阵.

解 由于 f 中含变量 x_1 的平方项，故把含 x_1 的项合并起来，配方可得

$$\begin{aligned}f&=x_1^2+2x_1x_2+2x_1x_3+2x_2^2+5x_3^2+6x_2x_3\\&=(x_1+x_2+x_3)^2-x_2^2-x_3^2-2x_2x_3+2x_2^2+5x_3^2+6x_2x_3\\&=(x_1+x_2+x_3)^2+x_2^2+4x_2x_3+4x_3^2,\end{aligned}$$

上式右端除第一项外已不再含 x_1，继续配方，可得

$$f=(x_1+x_2+x_3)^2+(x_2+2x_3)^2,$$

于是可做如下线性变换：

$$\begin{cases}y_1=x_1+x_2+x_3,\\ y_2=x_2+2x_3,\\ y_3=x_3,\end{cases}\qquad\text{即}\begin{cases}x_1=y_1-y_2+y_3,\\ x_2=y_2-2y_3,\\ x_3=y_3,\end{cases}$$

就把 f 化为标准形 $f=y_1^2+y_2^2$，所用变换矩阵为

$$\boldsymbol{C}=\begin{pmatrix}1&-1&1\\0&1&-2\\0&0&1\end{pmatrix}\quad(|\boldsymbol{C}|=1\neq 0).$$

例 3　用配方法化二次型

$$f=2x_1x_2+2x_1x_3-6x_2x_3$$

为标准形，并求所用的变换矩阵.

解　在 f 中不含平方项. 由于含有 x_1x_2 乘积项，故令

$$\begin{cases}x_1=y_1+y_2,\\ x_2=y_1-y_2,\\ x_3=y_3,\end{cases}$$

代入可得

$$f=2y_1^2-2y_2^2-4y_1y_2+8y_2y_3,$$

再配方得　$$f=2(y_1-y_3)^2-2(y_2-2y_3)^2+6y_3^2.$$

令

$$\begin{cases}z_1=y_1-y_3,\\ z_2=y_2-2y_3,\\ z_3=y_3,\end{cases}\qquad \text{即}\begin{cases}y_1=z_1+z_3,\\ y_2=z_2+2z_3,\\ y_3=z_3,\end{cases}$$

就把 f 化为标准形

$$f=2z_1^2-2z_2^2+6z_3^2,$$

所用变换矩阵为

$$\boldsymbol{C}=\begin{pmatrix}1&1&0\\1&-1&0\\0&0&1\end{pmatrix}\begin{pmatrix}1&0&1\\0&1&2\\0&0&1\end{pmatrix}=\begin{pmatrix}1&1&3\\1&-1&-1\\0&0&1\end{pmatrix}\ (|\boldsymbol{C}|=-2\neq0).$$

一般地，任何二次型都可用上面的方法找到变换矩阵，从而得到可逆变换，把二次型化成标准形.

定理 9　任何二次型都可以经过可逆变换化为标准形.

由该定理及上节定理 2，即有：

推论　任何实对称矩阵都与一个对角矩阵合同.

5.5.3 初等变换法

根据定理 4，任一 n 元二次型 $f=\boldsymbol{x}^{\mathrm{T}}\boldsymbol{A}\boldsymbol{x}$ 都可找到可逆变换 $\boldsymbol{x}=\boldsymbol{C}\boldsymbol{y}$ 将其化为标准形，即存在可逆矩阵 $\boldsymbol{C}$，使 $\boldsymbol{C}^{\mathrm{T}}\boldsymbol{A}\boldsymbol{C}$ 为对角矩阵. 而任一可逆矩阵都可写成若干初等矩阵的乘积，即存在初等矩阵 $\boldsymbol{P}_1,\boldsymbol{P}_2,\cdots,\boldsymbol{P}_s$，使 $\boldsymbol{C}=\boldsymbol{P}_1\boldsymbol{P}_2\cdots\boldsymbol{P}_s$. 于是

$$\boldsymbol{C}^{\mathrm{T}}\boldsymbol{A}\boldsymbol{C}=\boldsymbol{P}_s^{\mathrm{T}}\cdots\boldsymbol{P}_2^{\mathrm{T}}\boldsymbol{P}_1^{\mathrm{T}}\boldsymbol{A}\boldsymbol{P}_1\boldsymbol{P}_2\cdots\boldsymbol{P}_s.$$

上式说明：对于实对称矩阵 $\boldsymbol{A}$ 相继施以初等列变换，同时施以同种初等行变换，矩阵 $\boldsymbol{A}$ 就合同于一个对角矩阵. 由此得到化

二次型为标准形的初等变换法：

（1）构造 $2n\times n$ 矩阵 $\begin{pmatrix} \boldsymbol{A} \\ \hdashline \boldsymbol{E} \end{pmatrix}$，对 $\boldsymbol{A}$ 每施以一次初等行变换，就对 $\begin{pmatrix} \boldsymbol{A} \\ \hdashline \boldsymbol{E} \end{pmatrix}$ 施行一次同种的初等列变换；

（2）当 $\boldsymbol{A}$ 化为对角矩阵时，$\boldsymbol{E}$ 就变为所求的可逆矩阵 $\boldsymbol{C}$；

（3）得到可逆变换矩阵 $\boldsymbol{C}$ 及二次型的标准形.

例 4　用初等变换法化例 3 中的二次型

$$f=2x_1x_2+2x_1x_3-6x_2x_3$$

为标准形，并求所用的变换矩阵.

解　二次型 f 的矩阵为

$$\boldsymbol{A}=\begin{pmatrix} 0 & 1 & 1 \\ 1 & 0 & -3 \\ 1 & -3 & 0 \end{pmatrix},$$

于是，

$$\begin{pmatrix} \boldsymbol{A} \\ \hdashline \boldsymbol{E} \end{pmatrix}=\begin{pmatrix} 0 & 1 & 1 \\ 1 & 0 & -3 \\ 1 & -3 & 0 \\ \hdashline 1 & 0 & 0 \\ 0 & 1 & 0 \\ 0 & 0 & 1 \end{pmatrix} \xrightarrow[c_1+c_2]{r_1+r_2} \begin{pmatrix} 2 & 1 & -2 \\ 1 & 0 & -3 \\ -2 & -3 & 0 \\ \hdashline 1 & 0 & 0 \\ 1 & 1 & 0 \\ 0 & 0 & 1 \end{pmatrix}$$

$$\xrightarrow[\substack{c_2-\frac{1}{2}c_1 \\ c_3+c_1}]{\substack{r_2-\frac{1}{2}r_1 \\ r_3+r_1}} \begin{pmatrix} 2 & 0 & 0 \\ 0 & -\frac{1}{2} & -2 \\ 0 & -2 & -2 \\ \hdashline 1 & -\frac{1}{2} & 1 \\ 1 & \frac{1}{2} & 1 \\ 0 & 0 & 1 \end{pmatrix} \xrightarrow[c_3-4c_2]{r_3-4r_2} \begin{pmatrix} 2 & 0 & 0 \\ 0 & -\frac{1}{2} & 0 \\ 0 & 0 & 6 \\ \hdashline 1 & -\frac{1}{2} & 3 \\ 1 & \frac{1}{2} & -1 \\ 0 & 0 & 1 \end{pmatrix}.$$

这样，矩阵 $\boldsymbol{A}$ 就化为了对角矩阵，相应的二次型化成了标准形

$$f=2y_1^2-\frac{1}{2}y_2^2+6y_3^2,$$

所用的变换矩阵为

$$\boldsymbol{C}=\begin{pmatrix} 1 & -\frac{1}{2} & 3 \\ 1 & \frac{1}{2} & -1 \\ 0 & 0 & 1 \end{pmatrix}.$$

比较例 3 和例 4 的结果可以看到，选取的变换矩阵不同，化出的二次型的标准形一般也不同，但有两点是相同的：一是标准形中平方项的项数，即二次型的秩，这一点由上节定理 1 即知；另一相同之处就是标准形中正平方项和负平方项的项数，这一点将在下一节加以研究.

5.6 惯性定理和正定二次型

5.6.1 惯性定理

同一二次型化为标准形，由于采用的可逆变换不同而使标准形不同，也就是说，二次型的标准形不是唯一的，那么这些不同的标准形有什么关系呢？

二次型 $f=\boldsymbol{x}^{\mathrm{T}}\boldsymbol{A}\boldsymbol{x}$ 化为标准形 $f=k_1y_1^2+k_2y_2^2+\cdots+k_ry_r^2$ 后，如果 $\boldsymbol{A}$ 的秩为 r，因任何可逆变换不改变二次型的秩，所以其标准形中非零系数有且仅有 r 项不为零．再经过一次可逆变换，可以适当排列变量的次序，把系数为正的排在前面，将其化为

$$f=c_1y_1^2+\cdots+c_py_p^2-c_{p+1}y_{p+1}^2-\cdots-c_ry_r^2, \tag{5.11}$$

其中 $c_i>0(i=1,2,\cdots,r)$．于是由定理 5 可知对任意实二次型 f，经过不同的可逆变换化为标准形后，正平方项的个数和负平方项的个数都是由 f 唯一确定的. 实二次型的标准形保持其正平方项个数和负平方项个数不变的特性，称为实二次型的惯性. 因此，常称定理 5 为惯性定理. 这里不予证明．二次型 f 的标准形(5.11)中正平方项的个数 p 称为二次型的正惯性指数，负平方项的个数 $r-p$ 称为负惯性指数．正惯性指数与负惯性指数的和为 r，恰等于二次型 f 的秩．若对二次型 f 的标准形(5.11)进一步做可逆变换

$$\begin{cases} y_1=\dfrac{1}{\sqrt{c_1}}z_1, \\ \quad\vdots \\ y_r=\dfrac{1}{\sqrt{c_r}}z_r, \\ y_{r+1}=z_{r+1}, \\ \quad\vdots \\ y_n=z_n, \end{cases}$$

则二次型可以化为

$$f=z_1^2+\cdots+z_p^2-z_{p+1}^2-\cdots-z_r^2, \tag{5.12}$$

称式(5.12)为二次型 f 的规范形.

显然，将一个标准形化为规范形的过程中，二次型的正平方项个数和负平方项个数也保持不变. 于是由惯性定理及上节定理 4 可以得到：

推论 1　任意实二次型都可以通过可逆变换化为规范形，且规范形是唯一的.

例如，上节例 4 中，二次型 $f=2x_1x_2+2x_2x_3-6x_2x_3$ 的标准形为

$$f=2y_1^2-\frac{1}{2}y_2^2+6y_3^2,$$

再做可逆变换

$$\begin{cases} y_1=\dfrac{1}{\sqrt{2}}z_1, \\ y_2=\sqrt{2}z_3, \\ y_3=\dfrac{1}{\sqrt{6}}z_3, \end{cases}$$

即

$$\begin{pmatrix} y_1 \\ y_2 \\ y_3 \end{pmatrix}=\begin{pmatrix} \dfrac{1}{\sqrt{2}} & 0 & 0 \\ 0 & 0 & \sqrt{2} \\ 0 & \dfrac{1}{\sqrt{6}} & 0 \end{pmatrix}\begin{pmatrix} z_1 \\ z_2 \\ z_3 \end{pmatrix},$$

则二次型可化为规范形

$$f=z_1^2+z_2^2-z_3^2.$$

利用矩阵的语言，推论 1 可以叙述为：

推论 2　任意实对称矩阵 $\boldsymbol{A}$ 合同于对角矩阵

$$\boldsymbol{\Lambda}=\begin{pmatrix} \boldsymbol{E}_p & & \\ & -\boldsymbol{E}_{r-p} & \\ & & \boldsymbol{O} \end{pmatrix},$$

且 p 与 $r-p$ 是由 $\boldsymbol{A}$ 唯一确定的.

称上述对角矩阵 $\boldsymbol{\Lambda}$ 为实对称矩阵 $\boldsymbol{A}$ 的规范形. 于是有：

推论 3　实对称矩阵 $\boldsymbol{A}$ 与 $\boldsymbol{B}$ 合同的充分必要条件是 $\boldsymbol{A}$ 与 $\boldsymbol{B}$ 有相同的规范形.

5.6.2　正定二次型

根据二次型的标准形和规范形，将二次型进行分类在理论和

应用上具有重要意义，其中，标准形系数全为正的正定二次型占有特殊的地位．下面我们给出正定二次型的定义及常用判别条件.

定义 12　设实二次型 $f=\boldsymbol{x}^{\mathrm{T}}\boldsymbol{A}\boldsymbol{x}$，如果对于任意的 $\boldsymbol{x}=(x_1,x_2,\cdots,x_n)^{\mathrm{T}}\neq\boldsymbol{0}$，都有

$$f(x_1,x_2,\cdots,x_n)>0,$$

则称 f 为正定二次型，其矩阵 $\boldsymbol{A}$ 称为正定矩阵.

例如，二次型 $f(x_1,x_2,\cdots,x_n)=x_1^2+x_2^2+\cdots+x_n^2$ 是正定二次型，因为对任意的 $\boldsymbol{x}=(x_1,x_2,\cdots,x_n)^{\mathrm{T}}\neq\boldsymbol{0}$ 有 $f(x_1,x_2,\cdots,x_n)>0$. 但二次型 $f(x_1,x_2,\cdots,x_n)=x_1^2+x_2^2+\cdots+x_r^2(r<n)$ 不是正定二次型，因为对于 $\boldsymbol{x}=(0,\cdots,0,x_{r+1},\cdots,x_n)^{\mathrm{T}}\neq\boldsymbol{0}$，有 $f(x_1,x_2,\cdots,x_n)=0$.

由此可见，利用二次型的标准形或规范形很容易判断二次型的正定性.

根据正定二次型的定义，有：

定理 10　二次型

$$f(x_1,x_2,\cdots,x_n)=d_1x_1^2+d_2x_2^2+\cdots+d_nx_n^2$$

正定的充分必要条件是 $d_i>0(i=1,2,\cdots,n)$.

证明　充分性显然.

必要性　用反证法．设有 $d_k\leqslant0$，取 $x_k=1$ 而 $x_i=0(i\neq k)$，代入二次型得

$$f(0,\cdots,0,1,0,\cdots,0)=d_k\leqslant0,$$

与二次型 $f(x_1,x_2,\cdots,x_n)$ 正定矛盾.

定理 11　可逆变换不改变二次型的正定性.

证明　设二次型 $f=\boldsymbol{x}^{\mathrm{T}}\boldsymbol{A}\boldsymbol{x}$ 为正定二次型，经可逆变换 $\boldsymbol{x}=\boldsymbol{C}\boldsymbol{y}$，有

$$f=\boldsymbol{x}^{\mathrm{T}}\boldsymbol{A}\boldsymbol{x}=(\boldsymbol{C}\boldsymbol{y})^{\mathrm{T}}\boldsymbol{A}(\boldsymbol{C}\boldsymbol{y})=\boldsymbol{y}^{\mathrm{T}}(\boldsymbol{C}^{\mathrm{T}}\boldsymbol{A}\boldsymbol{C})\boldsymbol{y}.$$

对任意的 $\boldsymbol{y}\neq\boldsymbol{0}$，由 $\boldsymbol{C}$ 可逆可得 $\boldsymbol{x}\neq\boldsymbol{0}$，因此

$$f=\boldsymbol{y}^{\mathrm{T}}(\boldsymbol{C}^{\mathrm{T}}\boldsymbol{A}\boldsymbol{C})\boldsymbol{y}=\boldsymbol{x}^{\mathrm{T}}\boldsymbol{A}\boldsymbol{x}>0,$$

即二次型 $f=\boldsymbol{y}^{\mathrm{T}}(\boldsymbol{C}^{\mathrm{T}}\boldsymbol{A}\boldsymbol{C})\boldsymbol{y}$ 仍为正定二次型.

这样，总可以通过可逆变换，将实二次型化为标准形来判定其正定性.

就二次型的标准形(或规范形)来判别二次型的正定性，还有下列重要的结果：

定理 12　设 n 元二次型 $f=\boldsymbol{x}^{\mathrm{T}}\boldsymbol{A}\boldsymbol{x}$，则下列命题等价：

(1) f 为正定二次型；

(2) f 的正惯性指数为 n，即 $\boldsymbol{A}\simeq\boldsymbol{E}$；

(3) 存在可逆矩阵 $\boldsymbol{P}$，使得 $\boldsymbol{A}=\boldsymbol{P}^{\mathrm{T}}\boldsymbol{P}$；

(4) $\boldsymbol{A}$ 的特征值全大于零.

证明　(1)⇒(2). 根据上节定理 4，存在可逆变换 $\boldsymbol{x}=\boldsymbol{C}\boldsymbol{y}$，使得

$$f=\boldsymbol{x}^{\mathrm{T}}\boldsymbol{A}\boldsymbol{x}=\boldsymbol{y}^{\mathrm{T}}(\boldsymbol{C}^{\mathrm{T}}\boldsymbol{A}\boldsymbol{C})\boldsymbol{y}=d_1^2y_1^2+d_2^2y_2^2+\cdots+d_n^2y_n^2.$$

假设 f 的惯性指数 $<n$，则至少存在一个 $d_i\leqslant 0$.

由定理 6，f 不恒大于零，与(1)矛盾，故 f 的惯性指数为 n，从而由定理 5 的推论 2 知，$\boldsymbol{A}\simeq\boldsymbol{E}$.

(2)⇒(3). 设 $\boldsymbol{A}\simeq\boldsymbol{E}$，则存在可逆矩阵 $\boldsymbol{C}$，使得 $\boldsymbol{C}^{\mathrm{T}}\boldsymbol{A}\boldsymbol{C}=\boldsymbol{E}$，即 $\boldsymbol{A}=(\boldsymbol{C}^{\mathrm{T}})^{-1}\boldsymbol{C}^{-1}=(\boldsymbol{C}^{-1})^{\mathrm{T}}\boldsymbol{C}^{-1}$. 令 $\boldsymbol{P}=\boldsymbol{C}^{-1}$，则有 $\boldsymbol{A}=\boldsymbol{P}^{\mathrm{T}}\boldsymbol{P}$.

(3)⇒(4). 设 λ 为 $\boldsymbol{A}$ 的任一特征值，$\boldsymbol{x}$ 为对应的特征向量，则有 $\boldsymbol{A}\boldsymbol{x}=\lambda\boldsymbol{x}$. 由(3)有 $\boldsymbol{P}^{\mathrm{T}}\boldsymbol{P}\boldsymbol{x}=\lambda\boldsymbol{x}$，左乘 $\boldsymbol{x}^{\mathrm{T}}$ 有 $\boldsymbol{x}^{\mathrm{T}}\boldsymbol{P}^{\mathrm{T}}\boldsymbol{P}\boldsymbol{x}=\lambda\boldsymbol{x}^{\mathrm{T}}\boldsymbol{x}$，即 $[\boldsymbol{P}\boldsymbol{x},\boldsymbol{P}\boldsymbol{x}]=\lambda[\boldsymbol{x},\boldsymbol{x}]$. 由 $\boldsymbol{x}\neq\boldsymbol{0}$，从而 $\boldsymbol{P}\boldsymbol{x}\neq\boldsymbol{0}$，故 $\boldsymbol{A}$ 的特征值

$$\lambda=\frac{[\boldsymbol{P}\boldsymbol{x},\boldsymbol{P}\boldsymbol{x}]}{[\boldsymbol{x},\boldsymbol{x}]}>0.$$

(4)⇒(1). 对于 n 阶实对称矩阵 $\boldsymbol{A}$，存在正交矩阵 $\boldsymbol{Q}$，使得

$$\boldsymbol{Q}^{\mathrm{T}}\boldsymbol{A}\boldsymbol{Q}=\mathbf{diag}(\lambda_1,\lambda_2,\cdots,\lambda_n),$$

其中 $\lambda_1,\lambda_2,\cdots,\lambda_n$ 为 $\boldsymbol{A}$ 的全部特征值. 做正交变换 $\boldsymbol{x}=\boldsymbol{Q}\boldsymbol{y}$，得

$$f=\boldsymbol{x}^{\mathrm{T}}\boldsymbol{A}\boldsymbol{x}=\lambda_1y_1^2+\lambda_2y_2^2+\cdots+\lambda_ny_n^2,$$

由于已知 $\lambda_1,\lambda_2,\cdots,\lambda_n$ 全大于零，故由定理 6 和定理 7 知，$f=\boldsymbol{x}^{\mathrm{T}}\boldsymbol{A}\boldsymbol{x}$ 正定.

例 1　证明：若 $\boldsymbol{A}$ 是正定矩阵，则 $\boldsymbol{A}^{-1}$ 也是正定矩阵.

证明　方法一　由 $\boldsymbol{A}^{\mathrm{T}}=\boldsymbol{A}$，有 $(\boldsymbol{A}^{-1})^{\mathrm{T}}=(\boldsymbol{A}^{\mathrm{T}})^{-1}=\boldsymbol{A}^{-1}$，即 $\boldsymbol{A}^{-1}$ 也是对称矩阵. 又 $\boldsymbol{A}$ 是正定矩阵，所以存在可逆矩阵 $\boldsymbol{C}$，使 $\boldsymbol{A}=\boldsymbol{C}^{\mathrm{T}}\boldsymbol{C}$. 于是 $\boldsymbol{A}^{-1}=(\boldsymbol{C}^{\mathrm{T}}\boldsymbol{C})^{-1}=\boldsymbol{C}^{-1}(\boldsymbol{C}^{-1})^{\mathrm{T}}$. 记 $\boldsymbol{P}^{\mathrm{T}}=\boldsymbol{C}^{-1}$，则 $\boldsymbol{A}^{-1}=\boldsymbol{P}^{\mathrm{T}}\boldsymbol{P}$. 因此 $\boldsymbol{A}^{-1}$ 也是正定矩阵.

方法二　若 $\boldsymbol{A}$ 为正定矩阵，其特征值为 $\lambda_1,\lambda_2,\cdots,\lambda_n$，则 $\lambda_i>0(i=1,2,\cdots,n)$. 而 $\boldsymbol{A}^{-1}$ 的特征值为 $\dfrac{1}{\lambda_i}>0(i=1,2,\cdots,n)$，因此 $\boldsymbol{A}^{-1}$ 也是正定矩阵.

下面我们先给出二次型 $f=\boldsymbol{x}^{\mathrm{T}}\boldsymbol{A}\boldsymbol{x}$ 正定的两个必要条件，再给一个充分必要条件.

定理 13　设 n 元二次型 $f=\boldsymbol{x}^{\mathrm{T}}\boldsymbol{A}\boldsymbol{x}$ 正定，则

(1) $\boldsymbol{A}$ 的主对角元素 $a_{ii}>0(i=1,2,\cdots,n)$；

(2) $\boldsymbol{A}$ 的行列式 $|\boldsymbol{A}|>0$.

证明　(1)因为 $f=\boldsymbol{x}^{\mathrm{T}}\boldsymbol{A}\boldsymbol{x}$ 正定，所以对于基本单位向量 $\boldsymbol{\varepsilon}_i(i=1,2,\cdots,n)$，由定义有 $a_{ii}=\boldsymbol{\varepsilon}_i^{\mathrm{T}}\boldsymbol{A}\boldsymbol{\varepsilon}_i>0$.

(2) 因为 $f=\boldsymbol{x}^{\mathrm{T}}\boldsymbol{A}\boldsymbol{x}$ 正定，$\boldsymbol{A}$ 的特征值 $\lambda_i>0(i=1,2,\cdots,n)$，从而 $|\boldsymbol{A}|=\lambda_1\lambda_2\cdots\lambda_n>0$.

注　利用这个定理，对某些实对称矩阵可以快速地给出它非正定的判定，但该定理给出的是二次型 $f=\boldsymbol{x}^{\mathrm{T}}\boldsymbol{A}\boldsymbol{x}$(实对称矩阵 $\boldsymbol{A}$)正定的必要而非充分条件．例如，

$$\boldsymbol{A}=\begin{pmatrix}1&2\\2&4\end{pmatrix},\ \boldsymbol{B}=\begin{pmatrix}4&5\\5&2\end{pmatrix},\ \boldsymbol{C}=\begin{pmatrix}-3&2\\2&3\end{pmatrix},\ \boldsymbol{D}=\begin{pmatrix}1&2&0&0\\2&1&0&0\\0&0&1&2\\0&0&2&1\end{pmatrix}$$

都不是正定矩阵. 这是因为 $|\boldsymbol{A}|=0$，$|\boldsymbol{B}|<0$ 和 $c_{11}<0$，而对于 $\boldsymbol{D}$，虽有 $d_{ii}>0(i=1,2,3,4)$，且 $|\boldsymbol{D}|=9>0$，但其特征值不全大于零(留给读者验证)，由定理 8 的(1)与(4)等价知 $\boldsymbol{D}$ 不是正定矩阵.

定理 14　n 元二次型 $\boldsymbol{x}^{\mathrm{T}}\boldsymbol{A}\boldsymbol{x}$ 正定的充分必要条件是 $\boldsymbol{A}$ 的各阶顺序主子式全大于零，即

$$a_{11}>0,\ \begin{vmatrix}a_{11}&a_{12}\\a_{21}&a_{22}\end{vmatrix}>0,\cdots,\ \begin{vmatrix}a_{11}&a_{12}&\cdots&a_{1n}\\a_{21}&a_{22}&\cdots&a_{2n}\\\vdots&\vdots&&\vdots\\a_{n1}&a_{n2}&\cdots&a_{nn}\end{vmatrix}>0.$$

证明从略.

例 2　设二次型

$$f=t(x_1^2+x_2^2+x_3^2)+2x_1x_2-2x_2x_3+2x_1x_3,$$

试问 t 取何值时，f 是正定二次型?

解　f 的矩阵为

$$\boldsymbol{A}=\begin{pmatrix}t&1&1\\1&t&-1\\1&-1&t\end{pmatrix},$$

要 f 正定，则其矩阵 $\boldsymbol{A}$ 的各阶顺序主子式必须全大于零，即

$$t>0,\quad \begin{vmatrix} t & 1 \\ 1 & t \end{vmatrix}=t^2-1>0,\quad \begin{vmatrix} t & 1 & 1 \\ 1 & t & -1 \\ 1 & -1 & t \end{vmatrix}=(t-2)(t+1)^2>0,$$

解之得 $t>2$. 即当 $t>2$ 时，f 为正定二次型.

在实际应用中，也会遇到负定、半正定、半负定或不定二次型. 这里我们仅介绍它们的定义，并直接列出有关结论.

定义 13 设实二次型 $f=\boldsymbol{x}^{\mathrm{T}}\boldsymbol{A}\boldsymbol{x}$，对于任意的 $\boldsymbol{x}=(x_1,x_2,\cdots,x_n)^{\mathrm{T}}\neq\boldsymbol{0}$，

(1) 若总有 $f(x_1,x_2,\cdots,x_n)<0$，则称 f 为负定二次型，其矩阵 $\boldsymbol{A}$ 称为负定矩阵；

(2) 若总有 $f(x_1,x_2,\cdots,x_n)\geqslant 0(\leqslant 0)$，且有 $\boldsymbol{x}_0=(x_1^0,x_2^0,\cdots,x_n^0)\neq\boldsymbol{0}$，使 $\boldsymbol{x}_0^{\mathrm{T}}\boldsymbol{A}\boldsymbol{x}_0=0$，则称 f 为半正定(半负定)二次型，其矩阵 $\boldsymbol{A}$ 称为半正定(半负定)矩阵；

(3) 若对某些 $\boldsymbol{x}$ 有 $f(x_1,x_2,\cdots,x_n)>0$，而对另一些 $\boldsymbol{x}$ 又有 $f(x_1,x_2,\cdots,x_n)<0$，则称 f 为不定二次型其矩阵 $\boldsymbol{A}$ 称为不定矩阵.

根据定义，类似于正定二次型，可以证明下面定理：

定理 15 设 n 元二次型 $f=\boldsymbol{x}^{\mathrm{T}}\boldsymbol{A}\boldsymbol{x}$，则下列命题等价：

(1) f 为负定矩阵；

(2) f 的惯性指数为 n，即 $\boldsymbol{A}\simeq-\boldsymbol{E}$；

(3) 存在可逆矩阵 $\boldsymbol{P}$，使得 $\boldsymbol{A}=-\boldsymbol{P}^{\mathrm{T}}\boldsymbol{P}$；

(4) $\boldsymbol{A}$ 的特征值全小于零；

(5) $\boldsymbol{A}$ 的奇数阶顺序主子式全小于零，偶数阶顺序主子式全大于零，即

$$(-1)^k\begin{vmatrix} a_{11} & a_{12} & \cdots & a_{1k} \\ a_{21} & a_{22} & \cdots & a_{2k} \\ \vdots & \vdots & & \vdots \\ a_{k1} & a_{k2} & \cdots & a_{kk} \end{vmatrix}>0\quad (k=1,2,\cdots,n).$$

定理 16 设 n 元二次型 $f=\boldsymbol{x}^{\mathrm{T}}\boldsymbol{A}\boldsymbol{x}$，则下列命题等价：

(1) f 为半正定矩阵；

(2) f 的正惯性指数为 $R(\boldsymbol{A})=r<n$，即 $\boldsymbol{A}\simeq\begin{pmatrix}\boldsymbol{E}_r & \boldsymbol{O} \\ \boldsymbol{O} & \boldsymbol{O}\end{pmatrix}$；

(3) 存在不可逆矩阵 $\boldsymbol{P}$，使得 $\boldsymbol{A}=\boldsymbol{P}^{\mathrm{T}}\boldsymbol{P}$；

(4) $\boldsymbol{A}$ 的特征值全大于等于零，但至少有一个等于零；

(5) $\boldsymbol{A}$ 的各阶主子式大于等于零，即

$$\begin{vmatrix} a_{i_1i_1} & a_{i_1i_2} & \cdots & a_{i_1i_k} \\ a_{i_2i_1} & a_{i_2i_2} & \cdots & a_{i_2i_k} \\ \vdots & \vdots & & \vdots \\ a_{i_ki_1} & a_{i_ki_2} & \cdots & a_{i_ki_k} \end{vmatrix} \geqslant 0 \quad (1 \leqslant i_1 < i_2 < \cdots < i_k \leqslant n, k = 1, 2, \cdots, n),$$

但至少有一个主子式等于零.

注　实对称矩阵 $\boldsymbol{A}$ 的顺序主子式大于或等于零时，$\boldsymbol{A}$ 不一定是半正定的，例如 $\boldsymbol{A}=\begin{pmatrix} 0 & 0 \\ 0 & -1 \end{pmatrix}$. 因此半正定的这个性质与正定是不同的.

关于半负定二次型的相应定理，读者不难自行写出.

5.6.3　应用示例

多元函数极值的理论是微分学中应用很广泛的内容，但在一般的微积分教科书中仅对二元函数取极值的充分条件进行了讨论，对于两个以上变量的情形不做介绍. 下面以三元函数为例，将矩阵与二次型的理论、方法应用于极值研究 . 对于 n 元函数，读者可得到类似的结果.

例 3　设三元函数 $y=f(x_1,x_2,x_3)$ 在点 $\boldsymbol{x}_0=(x_1^0,x_2^0,x_3^0)$ 的邻域内具有二阶连续偏导数，则 $f(x_1,x_2,x_3)$ 在 $\boldsymbol{x}=\boldsymbol{x}_0$ 处的二阶泰勒展开式为

$$f(x_1,x_2,x_3) = f(x_1^0,x_2^0,x_3^0) + \sum_{i=1}^{n} \left.\frac{\partial f}{\partial x_i}\right|_{\boldsymbol{x}=\boldsymbol{x}_0} (x_i - x_i^0) + \frac{1}{2!}\sum_{i=1}^{n}\sum_{j=1}^{n} \left.\frac{\partial^2 f}{\partial x_i \partial x_j}\right|_{\boldsymbol{x}=\boldsymbol{x}_0} (x_i - x_i^0)(x_j - x_j^0) + \boldsymbol{\alpha},$$

其中 $\boldsymbol{\alpha}$ 为 $\boldsymbol{x}\to\boldsymbol{x}_0$ 时 $(x_1-x_1^0)^2+(x_2-x_2^0)^2+(x_3-x_3^0)^2$ 的高阶无穷小量.

若记

$$f(\boldsymbol{x})=f(x_1,x_2,x_3),$$

$$f(\boldsymbol{x}_0)=f(x_1^0,x_2^0,x_3^0),$$

$$\Delta\boldsymbol{x}=(x_1-x_1^0,x_2-x_2^0,x_3-x_3^0)^{\mathrm{T}},$$

$$\mathbf{grad}f(\boldsymbol{x}_0)=\left(\left.\frac{\partial f}{\partial x_1}\right|_{\boldsymbol{x}=\boldsymbol{x}_0},\left.\frac{\partial f}{\partial x_2}\right|_{\boldsymbol{x}=\boldsymbol{x}_0},\left.\frac{\partial f}{\partial x_3}\right|_{\boldsymbol{x}=\boldsymbol{x}_0}\right),$$

$$\boldsymbol{H}(\boldsymbol{x}_0)=\left(\frac{\partial^2 f}{\partial x_i \partial x_j}\bigg|_{x=x_0}\right)_{3\times 3}=\left.\begin{pmatrix}\dfrac{\partial^2 f}{\partial x_1^2} & \dfrac{\partial^2 f}{\partial x_1 \partial x_2} & \dfrac{\partial^2 f}{\partial x_1 \partial x_3}\\ \dfrac{\partial^2 f}{\partial x_2 \partial x_1} & \dfrac{\partial^2 f}{\partial x_2^2} & \dfrac{\partial^2 f}{\partial x_2 \partial x_3}\\ \dfrac{\partial^2 f}{\partial x_3 \partial x_1} & \dfrac{\partial^2 f}{\partial x_3 \partial x_2} & \dfrac{\partial^2 f}{\partial x_3^2}\end{pmatrix}\right|_{x=x_0},$$

则上述二阶泰勒展开式可简记为

$$f(\boldsymbol{x})=f(\boldsymbol{x}_0)+\mathbf{grad}f(\boldsymbol{x}_0)\Delta\boldsymbol{x}+\frac{1}{2!}(\Delta\boldsymbol{x})^{\mathrm{T}}\boldsymbol{H}(\boldsymbol{x}_0)\Delta\boldsymbol{x}+o(\|\Delta\boldsymbol{x}\|^2).$$

在上式中，称 $\mathbf{grad}f(\boldsymbol{x}_0)$ 为函数 $f(\boldsymbol{x})$ 在 $\boldsymbol{x}=\boldsymbol{x}_0$ 处的梯度，$\boldsymbol{H}(\boldsymbol{x}_0)$ 为 $f(\boldsymbol{x})$ 在 $\boldsymbol{x}=\boldsymbol{x}_0$ 处的黑塞(Hesse)矩阵，它们分别是由 $f(\boldsymbol{x})$ 在 $\boldsymbol{x}=\boldsymbol{x}_0$ 处的一阶偏导数构成的 n 维行向量和二阶偏导数构成的 n 阶实对称矩阵.

与二元函数类似，$f(\boldsymbol{x})$ 在 $\boldsymbol{x}=\boldsymbol{x}_0$ 处取得极值的必要条件是 $\mathbf{grad}f(\boldsymbol{x}_0)=\mathbf{0}$. 当 $\mathbf{grad}f(\boldsymbol{x}_0)=\mathbf{0}$ 时，若 $\Delta\boldsymbol{x}\neq\mathbf{0}$，且 $\|\Delta\boldsymbol{x}\|$ 充分小时，则可略去泰勒展开式中的高阶无穷小量. 于是有

$$f(\boldsymbol{x})-f(\boldsymbol{x}_0)\approx\frac{1}{2!}(\Delta\boldsymbol{x})^{\mathrm{T}}\boldsymbol{H}(\boldsymbol{x}_0)\Delta\boldsymbol{x}.$$

由此可见，$f(\boldsymbol{x}_0)$ 是否为 $f(\boldsymbol{x})$ 的极值，取决于二次型 $(\Delta\boldsymbol{x})^{\mathrm{T}}\boldsymbol{H}(\boldsymbol{x}_0)\Delta\boldsymbol{x}$ 的符号. 因此，由二次型与极值的概念，三元函数取得极值的充分条件可叙述为，当 $\boldsymbol{H}(\boldsymbol{x}_0)$ 为正定矩阵时，$f(\boldsymbol{x}_0)$ 为 $f(\boldsymbol{x})$ 的极小值；当 $\boldsymbol{H}(\boldsymbol{x}_0)$ 为负定矩阵时，$f(\boldsymbol{x}_0)$ 为 $f(\boldsymbol{x})$ 的极大值. 并且还可得知，当 $\boldsymbol{H}(\boldsymbol{x}_0)$ 为半正(负)定矩阵时，$f(\boldsymbol{x}_0)$ 是否为 $f(\boldsymbol{x})$ 的极值需进一步确定；当 $\boldsymbol{H}(\boldsymbol{x}_0)$ 为不定矩阵时，$f(\boldsymbol{x}_0)$ 不是 $f(\boldsymbol{x})$ 的极值.

习题五

1. 求下列矩阵的特征值和特征向量：

(1) $\boldsymbol{A}=\begin{pmatrix}2 & -4\\ -3 & 3\end{pmatrix}$；　(2) $\boldsymbol{A}=\begin{pmatrix}1 & -3 & 3\\ 3 & -5 & 3\\ 6 & -6 & 4\end{pmatrix}$；

(3) $\boldsymbol{A}=\begin{pmatrix}2 & -1 & 2\\ 5 & -3 & 3\\ -1 & 0 & -2\end{pmatrix}$.

2. 已知 $\boldsymbol{\alpha}=\begin{pmatrix}1\\ k\\ 1\end{pmatrix}$ 是 $\boldsymbol{A}=\begin{pmatrix}2 & 1 & 1\\ 1 & 2 & 1\\ 1 & 1 & 2\end{pmatrix}$ 的逆矩阵 $\boldsymbol{A}^{-1}$ 的特征向量，求 k.

3. 设 $\boldsymbol{A}$ 是 n 阶方阵，证明：若 $\boldsymbol{A}^2=\boldsymbol{E}$，则 $\boldsymbol{A}$ 的特征值只能是 -1 或 1.

4. 已知三阶矩阵 $\boldsymbol{A}$ 的特征值为 1，2，3，试求 $\boldsymbol{B}=\frac{1}{2}\boldsymbol{A}^*+3\boldsymbol{E}$ 的特征值.

5. 设方阵 $\boldsymbol{A}$ 与对角矩阵 $\boldsymbol{\Lambda}$ 相似，其中

$$\boldsymbol{A}=\begin{pmatrix}1 & -2 & -4\\ -2 & x & -2\\ -4 & -2 & 1\end{pmatrix},\ \boldsymbol{\Lambda}=\begin{pmatrix}5 & & \\ & y & \\ & & -4\end{pmatrix}.$$

求 x 与 y 的值.

6. 设 $\boldsymbol{A}$ 与 $\boldsymbol{B}$ 都是 n 阶方阵，且 $|\boldsymbol{A}|\neq 0$，证明：$\boldsymbol{AB}$ 与 $\boldsymbol{BA}$ 相似.

7. 设三阶方阵 $\boldsymbol{A}$ 的特征值为 1，0，-1，对应的特征向量依次为 $\boldsymbol{\alpha}_1=(1,2,2)^{\mathrm{T}}$，$\boldsymbol{\alpha}_2=(2,-2,1)^{\mathrm{T}}$，$\boldsymbol{\alpha}_3=(-2,-1,2)^{\mathrm{T}}$，求 $\boldsymbol{A}$ 与 $\boldsymbol{A}^{50}$.

8. 设矩阵 $\boldsymbol{A}=\begin{pmatrix}0&0&1\\x&1&y\\1&0&0\end{pmatrix}$ 有 3 个线性无关的特征向量，求 x 和 y 应满足的条件.

9. 若 n 阶矩阵 $\boldsymbol{A}$ 满足 $\boldsymbol{A}^2=\boldsymbol{A}$，则称 $\boldsymbol{A}$ 为幂等矩阵. 证明：若 $\boldsymbol{A}$ 是幂等矩阵，且 $\boldsymbol{A}\sim\boldsymbol{B}$，则 $\boldsymbol{B}$ 是幂等矩阵.

10. 试用施密特正交化方法将下列向量组正交化：

(1) $\boldsymbol{\alpha}_1=(1,1,1)^{\mathrm{T}}$，$\boldsymbol{\alpha}_2=(1,2,3)^{\mathrm{T}}$，$\boldsymbol{\alpha}_3=(1,4,9)^{\mathrm{T}}$；

(2) $\boldsymbol{\alpha}_1=(1,0,-1,1)^{\mathrm{T}}$，$\boldsymbol{\alpha}_2=(1,-1,0,1)^{\mathrm{T}}$，$\boldsymbol{\alpha}_3=(-1,1,1,0)^{\mathrm{T}}$.

11. 下列矩阵是否为正交矩阵？并说明理由：

(1) $\begin{pmatrix}2&1&0\\-1&1&1\\1&-1&1\end{pmatrix}$；　(2) $\dfrac{1}{\sqrt{2}}\begin{pmatrix}1&0&1&0\\1&0&-1&0\\0&-1&0&1\\0&1&0&1\end{pmatrix}$.

12. 对下列实对称矩阵 $\boldsymbol{A}$，求正交矩阵 $\boldsymbol{Q}$，使 $\boldsymbol{Q}^{-1}\boldsymbol{AQ}$ 为对角矩阵：

(1) $\boldsymbol{A}=\begin{pmatrix}1&-2&0\\-2&2&-2\\0&-2&3\end{pmatrix}$；(2) $\boldsymbol{A}=\begin{pmatrix}2&2&-2\\2&5&-4\\-2&-4&5\end{pmatrix}$.

13. 设三阶实对称矩阵 $\boldsymbol{A}$ 的特征值为 $\lambda_1=-1$，$\lambda_2=1$(二重)，对应于 λ_1 的特征向量 $\boldsymbol{\alpha}_1=(0,1,1)^{\mathrm{T}}$.

(1) 求 $\boldsymbol{A}$ 对应于特征值 $\lambda_2=1$ 的特征向量；

(2) 求矩阵 $\boldsymbol{A}$.

14. 在某国，每年有比例为 p 的农村居民移居城镇，有比例为 q 的城镇居民移居农村，假设该国总人口数不变，且上述人口迁移的规律也不变，把几年后农村人口和城镇人口占总人口的比例依次记为 x_n 和 $y_n(x_n+y_n=1)$.

(1) 求关系式 $\begin{pmatrix}x_{n+1}\\y_{n+1}\end{pmatrix}=\boldsymbol{A}\begin{pmatrix}x_n\\y_n\end{pmatrix}$ 中的矩阵 $\boldsymbol{A}$；

(2) 设目前农村人口与城镇人口相等，即 $\begin{pmatrix}x_0\\y_0\end{pmatrix}=\begin{pmatrix}0.5\\0.5\end{pmatrix}$，求 $\begin{pmatrix}x_n\\y_n\end{pmatrix}$.

15. 写出下列二次型的矩阵：

(1) $f(x_1,x_2,x_3)=2x_1^2-x_2^2+4x_1x_3-2x_2x_3$；

(2) $f(x_1,x_2,x_3,x_4)=2x_1x_2+2x_1x_4+2x_2x_4$；

(3) $f(x_1,x_2,x_3)=(x_1,x_2,x_3)\begin{pmatrix}1&2&3\\4&5&6\\7&8&9\end{pmatrix}\begin{pmatrix}x_1\\x_2\\x_3\end{pmatrix}$.

16. 给定下列矩阵，写出相应的二次型：

(1) $\begin{pmatrix}0&0&1\\0&1&0\\1&0&0\end{pmatrix}$；　(2) $\begin{pmatrix}0&\frac{1}{2}&\frac{1}{2}&\frac{1}{2}\\\frac{1}{2}&0&\frac{1}{2}&\frac{1}{2}\\\frac{1}{2}&\frac{1}{2}&0&\frac{1}{2}\\\frac{1}{2}&\frac{1}{2}&\frac{1}{2}&0\end{pmatrix}$.

17. 设 $f(x_1,x_2,\cdots,x_n)=\boldsymbol{x}^{\mathrm{T}}\boldsymbol{Ax}=\boldsymbol{x}^{\mathrm{T}}B\boldsymbol{x}$，其中 $\boldsymbol{A}$，$\boldsymbol{B}$ 为 n 阶对称矩阵，$\boldsymbol{x}=(x_1,x_2,\cdots,x_n)^{\mathrm{T}}$，证明：$\boldsymbol{A}=\boldsymbol{B}$.

18. 试证下列矩阵 $\boldsymbol{A}$ 与 $\boldsymbol{B}$ 为合同矩阵：

(1) $\boldsymbol{A}=\begin{pmatrix}a_1&0&0\\0&a_2&0\\0&0&a_3\end{pmatrix}$，　$\boldsymbol{B}=\begin{pmatrix}a_2&0&0\\0&a_3&0\\0&0&a_1\end{pmatrix}$；

(2) $\boldsymbol{A}=\begin{pmatrix}0&1&1\\1&2&1\\1&1&0\end{pmatrix}$，　$\boldsymbol{B}=\begin{pmatrix}2&1&1\\1&0&1\\1&1&0\end{pmatrix}$.

19. 求一个正交变换，化下列二次型为标准形：

(1) $f(x_1,x_2,x_3)=2x_1^2+x_2^2-4x_1x_2-4x_2x_3$；

(2) $f(x_1,x_2,x_3)=x_1^2+4x_2^2+4x_3^2-4x_1x_2+4x_1x_3-8x_2x_3$.

20. 用配方法和初等变换化下列二次型为标准形，并写出相应的可逆变换矩阵：

(1) $f(x_1,x_2,x_3)=(x_1+x_2)^2+(x_2-x_3)^2+(x_3+x_1)^2$；

(2) $f(x_1,x_2,x_3)=2x_1x_2+4x_1x_3$.

21. 已知二次型 $f=5x_1^2+5x_2^2+cx_3^2-2x_1x_2+6x_1x_3-6x_2x_3$ 的秩为 2，

(1) 求参数 c 及此二次型矩阵的特征值；

(2) 指出方程 $f=1$ 表示何种二次曲面.

22. 已知二次型 $f=2x_1^2+3x_2^2+3x_3^2+2kx_2x_3(k>0)$，

通过正交变换化为标准形 $f=y_1^2+2y_2^2+5y_3^2$，求参数 k 及所用的正交变换矩阵.

23. 设 n 阶实对称矩阵 $\boldsymbol{A}$ 的特征值是 $\lambda_1,\lambda_2,\cdots,\lambda_n$，若 $\lambda_1\leqslant\lambda_2\leqslant\cdots\leqslant\lambda_n$，证明：对任何 n 维向量 $\boldsymbol{x}$，恒有 $\lambda_1\boldsymbol{x}^{\mathrm{T}}\boldsymbol{x}\leqslant\boldsymbol{x}^{\mathrm{T}}\boldsymbol{A}\boldsymbol{x}\leqslant\lambda_n\boldsymbol{x}^{\mathrm{T}}\boldsymbol{x}$.

24. 判别下列二次型是否为正定二次型：

（1）$f(x_1,x_2,x_3)=5x_1^2+6x_2^2+4x_3^2-4x_1x_2-4x_2x_3$；

（2）$f(x_1,x_2,x_3)=10x_1^2+2x_2^2+x_3^2+8x_1x_2+24x_1x_3-28x_2x_3$.

25. 问 λ 为何值时，二次型

$$f(x_1,x_2,x_3)=2x_1^2+x_2^2+3x_3^2+2\lambda x_1x_2+2x_1x_3$$

是正定二次型？

26. 设 $\boldsymbol{A}$，$\boldsymbol{B}$ 为 n 阶正定矩阵，证明：$\lambda\boldsymbol{A}+\mu\boldsymbol{B}(\lambda,\mu>0)$ 也是正定矩阵.

27. 设 $\boldsymbol{A}$ 为正定矩阵，证明：$\boldsymbol{A}^{\mathrm{T}}$，$\boldsymbol{A}^k(k>0)$，$\boldsymbol{A}^*$ 也是正定矩阵.

28. 设 $\boldsymbol{A}$ 为可逆矩阵，证明：$\boldsymbol{A}^{\mathrm{T}}\boldsymbol{A}$ 为正定矩阵.

29. 设 $\boldsymbol{A}$ 为实对称矩阵，且 $\boldsymbol{A}^3-3\boldsymbol{A}^2+5\boldsymbol{A}-3\boldsymbol{E}=\boldsymbol{O}$，问 $\boldsymbol{A}$ 是否为正定矩阵？

30. 设 $\boldsymbol{A}$ 为 n 阶正定矩阵，证明：$|\boldsymbol{A}+\boldsymbol{E}|>1$.

31. 设 $\boldsymbol{A}$ 为 n 阶实对称矩阵，$\boldsymbol{E}$ 为 n 阶单位矩阵，证明：当正数 t 充分大时，$t\boldsymbol{E}+\boldsymbol{A}$ 是正定矩阵.

第 5 章 Python 程序代码汇总

（1）5.1 节例 1 中第一种 Python 求法的源代码

```
import numpy as np
A=np.matrix([[-2,1,1],[0,2,0],[-4,1,3]])
                                        #创建矩阵 A
print('矩阵 A 的特征值为:',np.linalg.eigvals(A))
```

（2）5.1 节例 1 中第二种 Python 求法的源代码

```
import numpy as np
A=np.matrix([[-2,1,1],[0,2,0],[-4,1,3]])
                                        #创建矩阵 A
A1,A2=np.linalg.eig(A)
print('矩阵 A 的特征值为:',A1)
print('矩阵 A 的特征向量为:\n',A2)
```

（3）5.1 节例 2 中 Python 求法的源代码

```
import numpy as np
A=np.matrix([[-1,1,0],[-4,3,0],[1,0,2]])
                                        #创建矩阵 A
A1,A2=np.linalg.eig(A)
print('矩阵 A 的特征值为:',A1)
print('矩阵 A 的特征向量为:\n',A2)
```

（4）5.3 节例 3 中 Python 求法的源代码

```
import numpy as np
A=np.mat([[0,-1,1],[-1,0,1],[1,1,0]])
A1,A2=np.linalg.eig(A)
print('矩阵 A 的特征值为:',A1)
```

```
print('矩阵A的特征向量为:\n',A2)
#构建矩阵Q
Q=np.mat(A2)
print('矩阵P为:\n',Q)
#构建对角矩阵
D=np.diag(A1)
print('对角矩阵为:\n',D)
```

(5) 5.3 节例 6 中 Python 求法的源代码

```
import numpy as np
A=np.mat([[0.9,0.4],[0.1,0.6]])
A1,A2=np.linalg.eig(A)
print('矩阵A的特征值为:\n',A1)
print('矩阵A的特征向量为:\n',A2)
```

习题参考答案

习　题　一

1. （1）2；（2）ab^2-a^2b；（3）15；（4）$a^2-b^2+c^2+1+2abc$.

2. $k=3$ 或 $k=1$.

3. （1）3；（2）7；（3）$\frac{n(n-1)}{2}$；（4）$n(n-1)$.

4. （1）$i=8$，$j=3$；（2）$i=7$，$j=6$.

5. （1）+；（2）−.

6. （1）$(-1)^{n-1}n!$；（2）$(-1)^{\frac{(n-1)(n-2)}{2}}n!$；（3）$(-1)^{\frac{n(n-1)}{2}}a_{1n}a_{2n,n-1}\cdots a_{n1}$；（4）0；（5）1；（6）0.

7. 略.

8. （1）160；（2）9；（3）27；（4）24.

9. 7.

10. （1）$[x+(n-1)](x-1)^{n-1}$；

（2）$x^n+(-1)^{n+1}y^n$；

（3）$(-1)^{\frac{n(n-1)}{2}}\frac{n^n+n^{n-1}}{2}$.

11. （1）$x_1=1$，$x_2=2$，$x_3=3$，$x_4=-1$；

（2）$x_1=-8$；$x_2=3$，$x_3=6$，$x_4=0$；

（3）$x_1=1$，$x_2=2$，$x_3=1$，$x_4=-1$；

（4）$x_1=\frac{1507}{665}$，$x_2=-\frac{1145}{665}$，$x_3=\frac{703}{665}$，$x_4=-\frac{395}{665}$，$x_5=\frac{212}{665}$；

（5）$x=-a$，$y=b$，$z=c$.

12. $k\neq-1$，$k\neq4$.

13. $\mu=0$，$\lambda=1$.

14. $97\frac{1}{2}$.

习　题　二

1. 用行、列分别表示 A、B 两儿童的策略，矩阵表示儿童 A 的得分，

$$\begin{array}{c} \\ 石头 \\ 剪子 \\ 布 \end{array}\begin{array}{c} \quad 石头 \quad 剪子 \quad 布 \\ \begin{pmatrix} 0 & 1 & -1 \\ -1 & 0 & 1 \\ 1 & -1 & 0 \end{pmatrix}. \end{array}$$

2. （1）$\begin{pmatrix} 3 & 1 & 0 \\ 4 & 3 & 1 \end{pmatrix}$；（2）$\begin{pmatrix} 5 & -3 & -7 \\ 9 & -2 & -17 \end{pmatrix}$.

3. $\boldsymbol{X}=\begin{pmatrix} 2 & -2 \\ -2 & 2 \end{pmatrix}$.

4. $\begin{pmatrix} 10.8 & 15.2 & 4 & 11.2 \\ 13.2 & 5.2 & 21.6 & 7.6 \\ 12 & 8.4 & 15.2 & 6.8 \end{pmatrix}$.

5. （1）$\begin{pmatrix} 4 & 6 \\ 7 & -1 \end{pmatrix}$；（2）$\begin{pmatrix} 5 & 13 \\ 6 & -1 \\ 0 & 4 \end{pmatrix}$；（3）$\begin{pmatrix} 4 & 3 & 2 & 1 \\ 8 & 6 & 4 & 2 \\ 12 & 9 & 6 & 3 \\ 16 & 12 & 8 & 4 \end{pmatrix}$；（4）20；

（5）$\begin{pmatrix} 6 & 1 & -3 \\ 6 & -1 & -2 \\ 8 & -4 & -1 \end{pmatrix}$；（6）3.

6. $\begin{pmatrix} a & b \\ b & a \end{pmatrix}$.

7. （1）$\begin{pmatrix} x_1 \\ x_2 \\ x_3 \end{pmatrix}=\begin{pmatrix} 3 & 0 & -1 \\ 2 & 3 & 1 \\ 0 & 1 & -2 \end{pmatrix}\begin{pmatrix} y_1 \\ y_2 \\ y_3 \end{pmatrix}$，$\begin{pmatrix} y_1 \\ y_2 \\ y_3 \end{pmatrix}=\begin{pmatrix} 1 & 1 \\ 1 & -1 \\ 0 & 1 \end{pmatrix}\begin{pmatrix} z_1 \\ z_2 \end{pmatrix}$；

（2）$\begin{pmatrix} x_1 \\ x_2 \\ x_3 \end{pmatrix}=\begin{pmatrix} 3 & 2 \\ 5 & 0 \\ 1 & -3 \end{pmatrix}\begin{pmatrix} z_1 \\ z_2 \end{pmatrix}$.

8. （1）$\begin{pmatrix} 0 & 0 & 0 \\ 0 & 0 & 0 \\ 0 & 0 & 0 \end{pmatrix}$；（2）$\begin{pmatrix} 8 & 12 & 4 \\ 0 & 8 & 12 \\ 0 & 0 & 8 \end{pmatrix}$；（3）$\begin{pmatrix} a^n & 0 & 0 \\ 0 & b^n & 0 \\ 0 & 0 & c^n \end{pmatrix}$；（4）$\begin{pmatrix} 2^{n-1} & 2^{n-1} \\ 2^{n-1} & 2^{n-1} \end{pmatrix}$.

9. $\begin{pmatrix} 3 & -4 & 5 \\ 18 & 10 & 10 \\ 3 & 4 & 1 \end{pmatrix}$.

10～22. 略.

23. (1) $\begin{pmatrix} 3 & 9 & 4 \\ -2 & -5 & -2 \\ -2 & -7 & -3 \end{pmatrix}$; (2) $\begin{pmatrix} -\frac{1}{4} & -\frac{5}{4} & \frac{3}{4} \\ \frac{1}{4} & -\frac{3}{4} & \frac{1}{4} \\ -\frac{1}{2} & \frac{3}{2} & -\frac{1}{2} \end{pmatrix}$;

(3) $\begin{pmatrix} 22 & -6 & -26 & 17 \\ -17 & 5 & 20 & -13 \\ -1 & 0 & 2 & -1 \\ 4 & -1 & -5 & 3 \end{pmatrix}$; (4) $\begin{pmatrix} \frac{1}{a_1} & & & \\ & \frac{1}{a_2} & & \\ & & \ddots & \\ & & & \frac{1}{a_n} \end{pmatrix}$;

(5) $\begin{pmatrix} & & & \frac{1}{b_n} \\ & & \frac{1}{b_{n-1}} & \\ & \iddots & & \\ \frac{1}{b_1} & & & \end{pmatrix}$; (6) $\begin{pmatrix} 0 & 0 & 0 & \cdots & 0 & \frac{1}{a_n} \\ \frac{1}{a_1} & 0 & 0 & \cdots & 0 & 0 \\ 0 & \frac{1}{a_2} & 0 & \cdots & 0 & 0 \\ \vdots & \vdots & \vdots & & \vdots & \vdots \\ 0 & 0 & 0 & \cdots & \frac{1}{a_{n-1}} & 0 \end{pmatrix}$.

24. (1) $\begin{pmatrix} -7 & -2 & 9 \\ 5 & 1 & -5 \end{pmatrix}$; (2) $\begin{pmatrix} 0 & 1 & 0 \\ -1 & 2 & -1 \end{pmatrix}$; (3) $\begin{pmatrix} 1 & 2 \\ 3 & 4 \end{pmatrix}$; (4) $\begin{pmatrix} 3 & -1 \\ 2 & 0 \\ 1 & -1 \end{pmatrix}$.

25. $\boldsymbol{A}^{-1}=\frac{1}{2}(\boldsymbol{A}-3\boldsymbol{E})$.

26. $\begin{pmatrix} 2731 & 2732 \\ -683 & -684 \end{pmatrix}$.

27. $4\begin{pmatrix} 1 & 1 & 1 \\ 1 & 1 & 1 \\ 1 & 1 & 1 \end{pmatrix}$.

28. 略.

29. $-\frac{16}{27}$.

30. (1) $\begin{pmatrix} 3 & -2 & 5 \\ -2 & 1 & 3 \\ 4 & -1 & 4 \\ -5 & 4 & -1 \end{pmatrix}$; (2) $\begin{pmatrix} a & 0 & ac & 0 \\ 0 & a & 0 & ac \\ 1 & 0 & c+bd & 0 \\ 0 & 1 & 0 & c+bd \end{pmatrix}$.

31. （1）4；（2）6.

32. 略.

33. 略.

34. （1）$\begin{pmatrix} 1 & 1 & 0 & 0 \\ -1 & -2 & 0 & 0 \\ 0 & 0 & 3 & -5 \\ 0 & 0 & 1 & 2 \end{pmatrix}$；（2）$\begin{pmatrix} 3 & 9 & 4 & -5 \\ -2 & 5 & -2 & \frac{5}{2} \\ -2 & -7 & -3 & 4 \\ 0 & 0 & 0 & \frac{1}{2} \end{pmatrix}$.

35. （1）2；（2）2；（3）2；（4）3.

习　题　三

1. （1）$\begin{cases} x_1=\dfrac{10}{7}, \\ x_2=-\dfrac{1}{7}, \\ x_3=-\dfrac{2}{7}; \end{cases}$ （2）无解；（3）$\begin{cases} x_1=-2+c, \\ x_2=3-2c, \\ x_3=c \end{cases}$（$c$ 为任意常数）.

2. $k=-3$ 时有非零解，解为$\begin{cases} x_1=-c, \\ x_2=c, \\ x_3=c \end{cases}$（$c$ 为任意非零常数）.

3. 当 $k=4$ 时无解；$k\neq4$ 时有无穷多个解，解为$\begin{cases} x_1=\dfrac{k-6}{k-4}-(k+4)c, \\ x_2=\dfrac{1}{k-4}+2c, \\ x_3=c, \end{cases}$（$c$ 为任意常数）.

4. 当 $a\neq1$，$b\neq0$ 时有唯一解；$a=1$，$b=\dfrac{1}{2}$时有无穷多个解；其余情形无解.

5. （1）当 $a\neq4$ 时，$\boldsymbol{\beta}$ 可由 $\boldsymbol{\alpha}_1,\boldsymbol{\alpha}_2,\boldsymbol{\alpha}_3$ 唯一线性表示；

   （2）当 $a=-4$，$3b-c\neq1$ 时，$\boldsymbol{\beta}$ 不能由 $\boldsymbol{\alpha}_1,\boldsymbol{\alpha}_2,\boldsymbol{\alpha}_3$ 线性表示；

   （3）当 $a=-4$，$3b-c=1$ 时，$\boldsymbol{\beta}$ 可由 $\boldsymbol{\alpha}_1,\boldsymbol{\alpha}_2,\boldsymbol{\alpha}_3$ 线性表示，且 $\boldsymbol{\beta}=k\boldsymbol{\alpha}_1-(2k+b+1)\boldsymbol{\alpha}_2+(2b+1)\boldsymbol{\alpha}_3$（$k$ 为任意常数）.

6. （1）$\boldsymbol{\xi}=(1,2,1,-3)^{\mathrm{T}}$，$\boldsymbol{x}=k(1,2,1,-3)^{\mathrm{T}}$，$k$ 为任意常数；

   （2）$\boldsymbol{\xi}_1=(0,1,0,4)^{\mathrm{T}}$，$\boldsymbol{\xi}_2=(-4,0,1,-3)^{\mathrm{T}}$，$\boldsymbol{x}=k_1(0,1,0,4)^{\mathrm{T}}+k_2(-4,0,1,-3)^{\mathrm{T}}$，$k_1,k_2$ 为任意常数.

7. $\begin{pmatrix} 1 & 0 \\ 5 & 2 \\ 8 & 1 \\ 0 & 1 \end{pmatrix}$.

8. $\begin{cases} x_1-2x_2+x_3=0, \\ 2x_1-3x_2+x_4=0. \end{cases}$

9. $\boldsymbol{x}=k(-1,1,1,1)^{\mathrm{T}}$($k$ 为任意非零常数).

10. 通解为 $k(1,1,\cdots,1)^{\mathrm{T}}$($k$ 为任意常数).

11. (1) $\boldsymbol{x}=k_1(-9,1,0,11)^{\mathrm{T}}+k_2(-4,0,1,5)^{\mathrm{T}}+(8,0,0,-10)^{\mathrm{T}}$

$=k_1\boldsymbol{\xi}_1+k_2\boldsymbol{\xi}_2+\boldsymbol{\eta}^*$($k_1,k_2$ 为任意常数);

(2) $\boldsymbol{x}=k_1(1,-2,1,0,0)^{\mathrm{T}}+k_2(1,-2,0,1,0)^{\mathrm{T}}+k_3(5,-6,0,0,1)^{\mathrm{T}}+(-16,23,0,0,0)^{\mathrm{T}}$

$=k_1\boldsymbol{\xi}_1+k_2\boldsymbol{\xi}_2+k_3\boldsymbol{\xi}_3+\boldsymbol{\eta}^*$($k_1,k_2,k_3$ 为任意常数).

12. $\boldsymbol{x}=(0,3,0,1)^{\mathrm{T}}+k(1,-2,1,0)^{\mathrm{T}}$,($k$ 为任意常数).

13~15. 略.

*16. (1) 245 万元,90 万元,175 万元;(2) 180 万元,150 万元,180 万元;

(3) $\boldsymbol{A}=\begin{pmatrix} 0.25 & 0.10 & 0.10 \\ 0.20 & 0.20 & 0.10 \\ 0.10 & 0.10 & 0.20 \end{pmatrix}$.

*17. 250 万元,200 万元,320 万元.

习 题 四

1. (1) $(-9,21,-2,8)^{\mathrm{T}}$;(2) $\left(-\frac{11}{2},0,3,4\right)^{\mathrm{T}}$.

2. $\boldsymbol{\alpha}=\left(0,\ -3,\ -2,\ -\frac{1}{3}\right)^{\mathrm{T}}$, $\boldsymbol{\beta}=\left(1,2,2,\frac{4}{3}\right)^{\mathrm{T}}$.

3. (1) $\boldsymbol{\beta}=3\boldsymbol{\alpha}_1+5\boldsymbol{\alpha}_2+7\boldsymbol{\alpha}_3+9\boldsymbol{\alpha}_4$;(2) $\boldsymbol{\beta}=\boldsymbol{\alpha}_1-\boldsymbol{\alpha}_3$.

4. 能, $\boldsymbol{\beta}=2\boldsymbol{\alpha}_1+3\boldsymbol{\alpha}_2+4\boldsymbol{\alpha}_3$.

5. 略.

6. $\boldsymbol{\gamma}_1=4\boldsymbol{\alpha}_1+4\boldsymbol{\alpha}_2-17\boldsymbol{\alpha}_3$, $\boldsymbol{\gamma}_2=23\boldsymbol{\alpha}_2-7\boldsymbol{\alpha}_3$.

7. $\boldsymbol{\alpha}_1=\frac{1}{2}(\boldsymbol{\beta}_1+\boldsymbol{\beta}_2)$, $\boldsymbol{\alpha}_2=\frac{1}{2}(\boldsymbol{\beta}_2+\boldsymbol{\beta}_3)$, $\boldsymbol{\alpha}_3=\frac{1}{2}(\boldsymbol{\beta}_1+\boldsymbol{\beta}_3)$.

8. (1) 相关;(2) 无关.

9. 当 $a=3$ 或 $a=-2$ 时线性相关,否则线性无关.

10~15. 略.

16. (1) 线性相关,秩为 2,$\boldsymbol{\alpha}_1,\boldsymbol{\alpha}_2$ 为一极大无关组,且 $\boldsymbol{\alpha}_3=-3\boldsymbol{\alpha}_1+2\boldsymbol{\alpha}_2$;

(2) 线性相关,秩为 3,$\boldsymbol{\alpha}_1,\boldsymbol{\alpha}_2,\boldsymbol{\alpha}_3$ 为一极大无关组,且 $\boldsymbol{\alpha}_4=2\boldsymbol{\alpha}_1+\boldsymbol{\alpha}_2-\boldsymbol{\alpha}_3$;

(3) 线性无关,秩为 4,$\boldsymbol{\alpha}_1,\boldsymbol{\alpha}_2,\boldsymbol{\alpha}_3,\boldsymbol{\alpha}_4$ 为一个极大无关组.

17. (1) ~(6) 错;(7)、(8) 对.

18. 略.

19. (1) $\begin{pmatrix} 2 & 0 & 5 & 6 \\ 1 & 3 & 3 & 6 \\ -1 & 1 & 2 & 1 \\ 1 & 0 & 1 & 3 \end{pmatrix}$,

$\boldsymbol{\alpha}$ 在 $\boldsymbol{\eta}_1,\boldsymbol{\eta}_2,\boldsymbol{\eta}_3,\boldsymbol{\eta}_4$，下的坐标为$(x_1',x_2',x_3',x_4')$，其中

$$x_1'=\frac{4}{9}x_1+\frac{1}{3}x_2-x_3-\frac{11}{9}x_4,$$

$$x_2'=\frac{1}{27}x_1+\frac{4}{9}x_2-\frac{1}{3}x_3-\frac{23}{27}x_4,$$

$$x_3'=\frac{1}{3}x_1-\frac{2}{3}x_4,$$

$$x_4'=-\frac{7}{27}x_1-\frac{1}{9}x_2+\frac{1}{3}x_3+\frac{26}{27}x_4;$$

(2) $\begin{pmatrix} 1 & 0 & 0 & 1 \\ 1 & 1 & 0 & 1 \\ 0 & 1 & 1 & 1 \\ 0 & 0 & 1 & 0 \end{pmatrix}$, $\left(\frac{3}{13},\frac{5}{13},-\frac{2}{13},-\frac{3}{13}\right)$.

20. $(a,a,a,-a)^{\mathrm{T}}(a\neq 0)$.

*21. (1) $\boldsymbol{\alpha}_1,\boldsymbol{\alpha}_2,\boldsymbol{\alpha}_3$ 为基，维数是 3；(2) $\boldsymbol{\alpha}_1,\boldsymbol{\alpha}_2$ 为基，维数是 2.

习 题 五

1. (1) $\lambda_1=-1$，$\alpha_1=(4,3)^{\mathrm{T}}$；$\lambda_2=6$，$\boldsymbol{\alpha}_2=(-1,1)^{\mathrm{T}}$；

   (2) $\lambda_1=-2$(二重)，$\boldsymbol{\alpha}_1=(1,1,0)^{\mathrm{T}}$，$\boldsymbol{\alpha}_2=(0,1,1)^{\mathrm{T}}$；$\lambda_2=4$，$\boldsymbol{\alpha}_3=(1,1,2)^{\mathrm{T}}$；

   (3) $\lambda=-1$(三重)，$\boldsymbol{\alpha}=(1,1,-1)$.

2. $k=-2$ 或 1.

3. 略.

4. 6，$\frac{9}{2}$，4.

5. $x=4$，$y=5$.

6. 略.

7. $\boldsymbol{A}=\frac{1}{3}\begin{pmatrix} -1 & 0 & 2 \\ 0 & 1 & 2 \\ 2 & 2 & 0 \end{pmatrix}$，$\boldsymbol{A}^{50}=\frac{1}{9}\begin{pmatrix} 5 & 4 & -2 \\ 4 & 5 & 2 \\ -2 & 2 & 8 \end{pmatrix}$.

8. $x+y=0$.

9. 略.

10. (1) $\boldsymbol{\beta}_1=(1,1,1)^{\mathrm{T}}$，$\boldsymbol{\beta}_2=(-1,0,1)^{\mathrm{T}}$，$\boldsymbol{\beta}_3=\frac{1}{3}(1,-2,1)^{\mathrm{T}}$；

（2）$\boldsymbol{\beta}_1=(1,0,-1,1)^{\mathrm{T}}$，$\boldsymbol{\beta}_2=\dfrac{1}{3}(1,-3,2,1)^{\mathrm{T}}$，$\boldsymbol{\beta}_3=\dfrac{1}{5}(-1,3,3,4)^{\mathrm{T}}$.

11.（1）不是；（2）是.

12.（1）$\boldsymbol{Q}=\dfrac{1}{3}\begin{pmatrix}2&2&1\\2&-1&-2\\1&-2&2\end{pmatrix}$，$\boldsymbol{Q}^{-1}\boldsymbol{A}\boldsymbol{Q}=\begin{pmatrix}-1&&\\&2&\\&&5\end{pmatrix}$；

（2）$\boldsymbol{Q}=\dfrac{1}{3}\begin{pmatrix}1&2&-2\\2&1&2\\2&2&1\end{pmatrix}$，$\boldsymbol{Q}^{-1}\boldsymbol{A}\boldsymbol{Q}=\begin{pmatrix}10&&\\&1&\\&&1\end{pmatrix}$.

13.（1）$\boldsymbol{A}$ 的属于 $\lambda_2=1$(二重)的特征向量为 $\boldsymbol{\alpha}_2=(1,0,0)^{\mathrm{T}}$，$\boldsymbol{\alpha}_3=(0,1,-1)^{\mathrm{T}}$；

（2）$\boldsymbol{A}=\begin{pmatrix}1&0&0\\0&0&-1\\0&1&0\end{pmatrix}$.

14.（1）$\boldsymbol{A}=\begin{pmatrix}1-p&q\\p&1-q\end{pmatrix}$；

（2）$\begin{pmatrix}x^n\\y^n\end{pmatrix}=\boldsymbol{A}^n\begin{pmatrix}x_0\\y_0\end{pmatrix}=\dfrac{1}{2(p+q)}\begin{pmatrix}2q+(p-q)r^n\\2p+(q-p)r^n\end{pmatrix}$，其中 $r=1-p-q$.

15.（1）$\begin{pmatrix}2&0&2\\0&-1&-1\\2&-1&0\end{pmatrix}$；（2）$\begin{pmatrix}0&1&0&1\\1&0&0&0\\0&0&0&1\\1&0&1&0\end{pmatrix}$；（3）$\begin{pmatrix}1&3&5\\3&5&7\\5&7&9\end{pmatrix}$.

16.（1）$x_2^2+2x_1x_3$；（2）$x_1x_2+x_1x_3+x_1x_4+x_2x_3+x_2x_4+x_3x_4$.

17. 提示：分别取 $\boldsymbol{x}=\boldsymbol{x}_i=(0,\cdots,0,1,0,\cdots,0)^{\mathrm{T}}$(第 i 个分量为 1)，$\boldsymbol{x}=\boldsymbol{x}_{ij}=(0,\cdots,0,1,0,\cdots,0,1,0,\cdots,0)$(第 i 个和第 j 个分量为 1)，利用定义进行证明.

18. 略.

19.（1）$\boldsymbol{x}=\begin{pmatrix}\frac{2}{3}&\frac{2}{3}&\frac{1}{3}\\\frac{1}{3}&-\frac{2}{3}&\frac{2}{3}\\-\frac{2}{3}&\frac{1}{3}&\frac{2}{3}\end{pmatrix}\boldsymbol{y}$，$f=y_1^2+4y_2^2-2y_3^2$；

（2）$\boldsymbol{x}=\begin{pmatrix}0&\frac{4}{3\sqrt{2}}&\frac{1}{3}\\\frac{1}{\sqrt{2}}&\frac{1}{3\sqrt{2}}&-\frac{2}{3}\\\frac{1}{\sqrt{2}}&-\frac{1}{3\sqrt{2}}&\frac{2}{3}\end{pmatrix}\boldsymbol{y}$，$f=9y_3^2$.

20. (1) $\boldsymbol{C}=\begin{pmatrix}1 & -\frac{1}{2} & -1\\ 0 & 1 & 1\\ 0 & 0 & 1\end{pmatrix}$, $f=2y_1^2+\frac{3}{2}y_2^2$;

(2) $\boldsymbol{C}=\begin{pmatrix}1 & 1 & 0\\ 1 & -1 & -2\\ 0 & 0 & 1\end{pmatrix}$, $f=2y_1^2+2y_2^2$; $\boldsymbol{C}=\begin{pmatrix}1 & -\frac{1}{2} & 0\\ 1 & \frac{1}{2} & -2\\ 0 & 0 & 1\end{pmatrix}$, $f=2y_1^2+\frac{1}{2}y_2^2$.

21. (1) $c=3$, $\lambda_1=0$, $\lambda_2=4$, $\lambda_3=9$;

(2) $f=1$ 表示一个椭圆柱面：$4y_2^2+9y_3^2=1$.

22. $k=2$, $\boldsymbol{Q}=\begin{pmatrix}0 & 1 & 0\\ \frac{1}{\sqrt{2}} & 0 & \frac{1}{\sqrt{2}}\\ -\frac{1}{\sqrt{2}} & 0 & \frac{1}{\sqrt{2}}\end{pmatrix}$.

23. 提示：利用 $\boldsymbol{Ax}=\lambda\boldsymbol{x}$ 或正交变换 $\boldsymbol{x}=\boldsymbol{Qy}$ 证明.

24. (1) 正定；(2) 非正定.

25. $|\lambda|<\sqrt{\frac{5}{3}}$.

26~30. 略.

31. 提示：考察 $t\boldsymbol{E}+\boldsymbol{A}$ 的顺序主子式.

附录　1997—2007年硕士研究生入学考试数学试卷中线性代数试题及参考答案

为了更系统地进行课程总复习及自我检查，我们选编了1997年到2007年硕士研究生入学考试数学试卷中线性代数部分的试题. 分别按填空题、选择题、计算题与证明分类列出，并注明出处.

一、填空题

1. 设

$$\boldsymbol{A}=\begin{pmatrix}1&2&-2\\4&t&3\\3&-1&1\end{pmatrix},$$

$\boldsymbol{B}$ 为三阶非零矩阵，且 $\boldsymbol{AB}=\boldsymbol{O}$，则 $t=$________.（1997年数学一）

2. 已知向量组 $\boldsymbol{\alpha}_1=(1,2,-1,1)$，$\boldsymbol{\alpha}_2=(2,0,t,0)$，$\boldsymbol{\alpha}_3=(0,-4,5,-2)$的秩为2，则 $t=$________.（1997年数学二）

3. 若二次型

$$f(x_1,x_2,x_3)=2x_1^2+x_2^2+x_3^2+2x_1x_2+tx_2x_3$$

是正定的，则 t 的取值范围是________.（1997年数学三）

4. 设 n 阶矩阵

$$\boldsymbol{A}=\begin{pmatrix}0&1&1&\cdots&1&1\\1&0&1&\cdots&1&1\\\vdots&\vdots&\vdots&&\vdots&\vdots\\1&1&1&\cdots&0&1\\1&1&1&\cdots&1&0\end{pmatrix},$$

则 $|\boldsymbol{A}|=$________.（1997年数学四）

5. 设 $\boldsymbol{A}$ 为 n 阶矩阵，$|\boldsymbol{A}|\neq0$，$\boldsymbol{A}^*$ 为 $\boldsymbol{A}$ 的伴随矩阵，$\boldsymbol{E}$ 为 n 阶单位矩阵，若 $\boldsymbol{A}$ 有特征值 λ，则$(\boldsymbol{A}^*)^2+\boldsymbol{E}$ 必有特征值________.（1998年数学一）

6. 设矩阵 $\boldsymbol{A}$，$\boldsymbol{B}$ 满足 $\boldsymbol{A}^*\boldsymbol{BA}=2\boldsymbol{BA}-8\boldsymbol{E}$，其中

$$\boldsymbol{A}=\begin{pmatrix}1&0&0\\0&-2&0\\0&0&1\end{pmatrix},$$

$\boldsymbol{E}$ 为单位矩阵，$\boldsymbol{A}^*$ 为 $\boldsymbol{A}$ 的伴随矩阵，则 $\boldsymbol{B}=$________.

（1998 年数学三、四）

7. 设 $\boldsymbol{A}$，$\boldsymbol{B}$ 均为 n 阶矩阵，$|\boldsymbol{A}|=2$，$|\boldsymbol{B}|=-3$，则 $|2\boldsymbol{A}^*\boldsymbol{B}-1|=$________.

（1998 年数学四）

8. 设 n 阶矩阵 $\boldsymbol{A}$ 的元素全为 1，则 $\boldsymbol{A}$ 的 n 个特征值是________.

（1999 年数学一）

9. 设 $\boldsymbol{A}=\begin{pmatrix}1&0&1\\0&2&0\\1&0&1\end{pmatrix}$，而 $n\geqslant 2$ 为整数，则 $\boldsymbol{A}^n-2\boldsymbol{A}^{n-1}=$________.

（1999 年数学三、四）

10. 已知 $\boldsymbol{AB}-\boldsymbol{B}=\boldsymbol{A}$，其中 $\boldsymbol{B}=\begin{pmatrix}1&-2&0\\2&1&0\\0&0&2\end{pmatrix}$，则 $\boldsymbol{A}=$________.

（1999 年数学四）

11. 已知方程组

$$\begin{pmatrix}1&2&1\\2&3&a+2\\1&a&-2\end{pmatrix}\begin{pmatrix}x_1\\x_2\\x_3\end{pmatrix}=\begin{pmatrix}1\\3\\0\end{pmatrix}$$

无解，则 $a=$________.（2000 年数学一）

12. 设

$$\boldsymbol{A}=\begin{pmatrix}1&0&0&0\\-2&3&0&0\\0&-4&5&0\\0&0&-6&7\end{pmatrix},$$

$\boldsymbol{E}$ 为四阶单位矩阵，且 $\boldsymbol{B}-(\boldsymbol{E}+\boldsymbol{A})^{-1}(\boldsymbol{E}-\boldsymbol{A})$，则 $(\boldsymbol{E}+\boldsymbol{B})^{-1}=$________.

（2000 年数学二）

13. 若四阶矩阵 $\boldsymbol{A}$ 与 $\boldsymbol{B}$ 相似，矩阵 $\boldsymbol{A}$ 的特征值为 $\frac{1}{2}$，$\frac{1}{3}$，$\frac{1}{4}$，$\frac{1}{5}$，则行列式 $|\boldsymbol{B}^{-1}-\boldsymbol{E}|=$________.（2000 年数学三）

14. 设 $\boldsymbol{\alpha}=(1,0,-1)^{\mathrm{T}}$，矩阵 $\boldsymbol{A}=\boldsymbol{\alpha}\boldsymbol{\alpha}^{\mathrm{T}}$，$n$ 为正整数，则 $|a\boldsymbol{E}-\boldsymbol{A}^n|=$________.

（2000 年数学四）

15. 已知四阶矩阵 $\boldsymbol{A}$ 相似于 $\boldsymbol{B}$，$\boldsymbol{A}$ 的特征值为 2，3，4，5，$\boldsymbol{E}$ 为四阶单位矩阵，则 $|\boldsymbol{B}-\boldsymbol{E}|=$________.（2000 年数学四）

16. 设矩阵 $\boldsymbol{A}$ 满足 $\boldsymbol{A}^2+\boldsymbol{A}-4\boldsymbol{E}=\boldsymbol{O}$，其中 $\boldsymbol{E}$ 为单位矩阵，则 $(\boldsymbol{A}-\boldsymbol{E})^{-1}=$________.（2001 年数学一）

17. 设方程$\begin{pmatrix} a & 1 & 1 \\ 1 & a & 1 \\ 1 & 1 & a \end{pmatrix}\begin{pmatrix} x_1 \\ x_2 \\ x_3 \end{pmatrix}=\begin{pmatrix} 1 \\ 1 \\ -2 \end{pmatrix}$有无穷多个解，则 $a=$ ________. （2001 年数学二）

18. 设矩阵

$$\boldsymbol{A}=\begin{pmatrix} k & 1 & 1 & 1 \\ 1 & k & 1 & 1 \\ 1 & 1 & k & 1 \\ 1 & 1 & 1 & k \end{pmatrix},$$

且秩$(\boldsymbol{A})=3$，则 $k=$ ________. （2001 年数学三、四）

19. 设行列式

$$D=\begin{vmatrix} 3 & 0 & 4 & 0 \\ 2 & 2 & 2 & 2 \\ 0 & -7 & 0 & 0 \\ 5 & 3 & -2 & 2 \end{vmatrix},$$

则第 4 行各元素余子式之和的值为________. （2001 年数学四）

20. 已知实二次型 $f(x_1,x_2,x_3)=a(x_1^2+x_2^2+x_3^2)+4x_1x_2+4x_1x_3+4x_2x_3$，经正交变换可化成标准形 $f=6y_1^2$，则 $a=$ ________.

（2002 年数学一）

21. 矩阵$\begin{pmatrix} 0 & -2 & -2 \\ 2 & 2 & -2 \\ -2 & -2 & 2 \end{pmatrix}$的非零特征值是________.

（2002 年数学二）

22. 设三阶矩阵 $\boldsymbol{A}=\begin{pmatrix} 1 & 2 & -2 \\ 2 & 1 & 2 \\ 3 & 0 & 4 \end{pmatrix}$，三维列向量 $\boldsymbol{\alpha}=(a,1,1)^{\mathrm{T}}$. 已知 $\boldsymbol{A\alpha}$ 与 $\boldsymbol{\alpha}$ 线性相关，则 $a=$ ________. （2002 年数学三）

23. 设矩阵 $\boldsymbol{A}=\begin{pmatrix} 1 & -1 \\ 2 & 3 \end{pmatrix}$，$\boldsymbol{B}=\boldsymbol{A}^2-3\boldsymbol{A}+2\boldsymbol{E}$，则 $\boldsymbol{B}^{-1}=$ ________.

（2002 年数学四）

24. 设向量组 $\boldsymbol{\alpha}_1=(a,0,c)$，$\boldsymbol{\alpha}_2=(b,c,0)$，$\boldsymbol{\alpha}_3=(0,a,b)$线性无关，则 a，b，c 必满足关系式________. （2002 年数学四）

25. 从 $\mathbf{R}^2$ 的基 $\boldsymbol{\alpha}_1=\begin{pmatrix} 1 \\ 0 \end{pmatrix}$，$\boldsymbol{\alpha}_2=\begin{pmatrix} 1 \\ -1 \end{pmatrix}$ 到基 $\boldsymbol{\beta}_1=\begin{pmatrix} 1 \\ 1 \end{pmatrix}$，$\boldsymbol{\beta}_2=\begin{pmatrix} 1 \\ 2 \end{pmatrix}$ 的过渡矩阵为________. （2003 年数学一）

26. 设 $\boldsymbol{\alpha}$ 为三维列向量，$\boldsymbol{\alpha}^{\mathrm{T}}$ 是 $\boldsymbol{\alpha}$ 的转置，若

$$\alpha\alpha^{\mathrm{T}}=\begin{pmatrix}1&-1&1\\-1&1&-1\\1&-1&1\end{pmatrix},$$

则 $\alpha^{\mathrm{T}}\alpha=$________.　（2003年数学二）

27. 设三阶方阵 A，B 满足 $A^2B-A-B=E$，其中 E 为三阶单位矩阵，若

$$A=\begin{pmatrix}1&0&1\\0&2&0\\-2&0&1\end{pmatrix},$$

则 $|B|=$________.　（2003年数学二）

28. 设 n 维向量 $\alpha=(a,0,\cdots,0,a)^{\mathrm{T}}$，$a<0$. E 为 n 阶单位矩阵，矩阵

$$A=E-\alpha\alpha^{\mathrm{T}},\ B=E+\frac{1}{a}\alpha\alpha^{\mathrm{T}},$$

其中 A 的逆矩阵为 B，则 $a=$________.　（2003年数学三、四）

29. 设 A，B 均为三阶矩阵，E 是三阶单位矩阵. 已知

$$AB=2A+B,\ B=\begin{pmatrix}2&0&2\\0&4&0\\2&0&2\end{pmatrix},$$

则 $(A-E)^{-1}=$________.　（2003年数学四）

30. 设矩阵 $A=\begin{pmatrix}2&1&0\\1&2&0\\0&0&1\end{pmatrix}$，矩阵 B 满足 $ABA^*=2BA^*+E$，其中 A^* 为 A 的伴随矩阵，E 是单位矩阵，则 $|B|=$________.

（2004年数学一、二）

31. 二次型 $f(x_1,x_2,x_3)=(x_1+x_2)^2-(x_2-x_3)^2+(x_3+x_1)^2$ 的秩为________.　（2004年数学三）

32. 设 $A=\begin{pmatrix}0&-1&0\\1&0&0\\0&0&-1\end{pmatrix}$，$B=P^{-1}AP$，其中 P 为三阶可逆矩阵，则 $B^{2004}-2A^2=$________.　（2004年数学四）

33. 设 $A=(A_{ij})_{3\times3}$ 是实正交矩阵，且 $a_{11}=1$，$b=(1,0,0)^{\mathrm{T}}$，则线性方程组 $Ax=b$ 的解是________.　（2004年数学四）

34. 设 α_1，α_2，α_3 均为三维列向量，记矩阵

$A=(\alpha_1,\ \alpha_2,\ \alpha_3)$，$B=(\alpha_1+\alpha_2+\alpha_3,\ \alpha_1+2\alpha_2+4\alpha_3,\ \alpha_1+3\alpha_2+9\alpha_3)$.

如果 $|A|=1$，那么 $|B|=$________.　（2005年数学一、二、四）

35. 设行向量组 $(2,1,1,1)$，$(2,1,a,a)$，$(3,2,1,a)$，$(4,3,2,1)$

线性相关，且 $a\neq 1$，则 $a=$________.　　　　（2005 年数学三、四）

36. 设矩阵 $\boldsymbol{A}=\begin{pmatrix}2&1\\-1&2\end{pmatrix}$，$\boldsymbol{E}$ 为二阶单位矩阵，矩阵 $\boldsymbol{B}$ 满足 $\boldsymbol{BA}=\boldsymbol{B}+2\boldsymbol{E}$，则 $|\boldsymbol{B}|=$________.　（2006 年数学一、二、三、四）

37. 已知 $\boldsymbol{\alpha}_1,\boldsymbol{\alpha}_2$ 为二维列向量，矩阵 $\boldsymbol{A}=(2\boldsymbol{\alpha}_1+\boldsymbol{\alpha}_2,\boldsymbol{\alpha}_1-\boldsymbol{\alpha}_2)$，$\boldsymbol{B}=(\boldsymbol{\alpha}_1,\boldsymbol{\alpha}_2)$. 若行列式 $|\boldsymbol{A}|=6$，则 $|\boldsymbol{B}|=$________.

（2006 年数学四）

38. 设矩阵 $\boldsymbol{A}=\begin{pmatrix}0&1&0&0\\0&0&1&0\\0&0&0&1\\0&0&0&0\end{pmatrix}$，则 $\boldsymbol{A}^3$ 的秩为________.

（2007 年数学二、三）

二、选择题

1. 设

$$\boldsymbol{\alpha}_1=\begin{pmatrix}a_1\\a_2\\a_3\end{pmatrix},\ \boldsymbol{\alpha}_2=\begin{pmatrix}b_1\\b_2\\b_3\end{pmatrix},\ \boldsymbol{\alpha}_3=\begin{pmatrix}c_1\\c_2\\c_3\end{pmatrix},$$

则三条直线

$$a_ix+b_iy+c_i=0(i=1,2,3)$$

（其中 $a_i^2+b_i^2\neq 0$，$i=1,2,3$）交于一点的充要条件是（　　）.

（A）$\boldsymbol{\alpha}_1,\boldsymbol{\alpha}_2,\boldsymbol{\alpha}_3$ 线性相关

（B）$\boldsymbol{\alpha}_1,\boldsymbol{\alpha}_2,\boldsymbol{\alpha}_3$ 线性无关

（C）秩$(\boldsymbol{\alpha}_1,\boldsymbol{\alpha}_2,\boldsymbol{\alpha}_3)=$秩$(\boldsymbol{\alpha}_1,\boldsymbol{\alpha}_2)$

（D）$\boldsymbol{\alpha}_1,\boldsymbol{\alpha}_2,\boldsymbol{\alpha}_3$ 线性相关，$\boldsymbol{\alpha}_1,\boldsymbol{\alpha}_2$ 线性无关　（1997 年数学一）

2. 设 $\boldsymbol{A},\boldsymbol{B}$ 为同阶可逆矩阵，则（　　）.

（A）$\boldsymbol{AB}=\boldsymbol{BA}$

（B）存在可逆矩阵 $\boldsymbol{P}$，使 $\boldsymbol{P}^{-1}\boldsymbol{AP}=\boldsymbol{B}$

（C）存在可逆矩阵 $\boldsymbol{C}$，使 $\boldsymbol{C}^{\mathrm{T}}\boldsymbol{AC}=\boldsymbol{B}$

（D）存在可逆矩阵 $\boldsymbol{P}$ 和 $\boldsymbol{Q}$，使 $\boldsymbol{PAQ}=\boldsymbol{B}$　（1997 年数学三）

3. 设向量组 $\boldsymbol{\alpha}_1,\boldsymbol{\alpha}_2,\boldsymbol{\alpha}_3$ 线性无关，则下列向量组中线性无关的是（　　）.

（A）$\boldsymbol{\alpha}_1+\boldsymbol{\alpha}_2,\boldsymbol{\alpha}_2+\boldsymbol{\alpha}_3,\boldsymbol{\alpha}_3-\boldsymbol{\alpha}_1$

（B）$\boldsymbol{\alpha}_1+\boldsymbol{\alpha}_2,\boldsymbol{\alpha}_2+\boldsymbol{\alpha}_3,2\boldsymbol{\alpha}_2-\boldsymbol{\alpha}_3$

（C）$\boldsymbol{\alpha}_1+2\boldsymbol{\alpha}_2,2\boldsymbol{\alpha}_2+3\boldsymbol{\alpha}_3,3\boldsymbol{\alpha}_3-\boldsymbol{\alpha}_1$

（D）$\boldsymbol{\alpha}_1+\boldsymbol{\alpha}_2+\boldsymbol{\alpha}_3,2\boldsymbol{\alpha}_1-3\boldsymbol{\alpha}_2+22\boldsymbol{\alpha}_3,3\boldsymbol{\alpha}_1-5\boldsymbol{\alpha}_2-5\boldsymbol{\alpha}_3$

（1997 年数学三、四）

4. 非齐次线性方程组

$$\boldsymbol{Ax}=\boldsymbol{\beta}$$

中未知数的个数为 n，方程的个数为 m，系数矩阵 $\boldsymbol{A}$ 的秩为 r，则(　　).

(A) 当 $r=m$ 时，方程组 $\boldsymbol{Ax}=\boldsymbol{\beta}$ 有解

(B) 当 $r=n$ 时，方程组 $\boldsymbol{Ax}=\boldsymbol{\beta}$ 有唯一解

(C) 当 $m=n$ 时，方程组 $\boldsymbol{Ax}=\boldsymbol{\beta}$ 有唯一解

(D) 当 $r<n$ 时，方程组 $\boldsymbol{Ax}=\boldsymbol{\beta}$ 有无穷多个解(1997 年数学四)

5. 设矩阵 $\begin{pmatrix} a_1 & b_1 & c_1 \\ a_2 & b_2 & c_2 \\ a_3 & b_3 & c_3 \end{pmatrix}$ 是满秩的，则直线

$$\frac{x-a_3}{a_1-a_2}=\frac{y-b_3}{b_1-b_2}=\frac{z-c_3}{c_1-c_2}$$

与直线

$$\frac{x-a_1}{a_2-a_3}=\frac{y-b_1}{b_2-b_3}=\frac{z-c_1}{c_2-c_3}$$

是(　　).

(A) 相交于一点　　(B) 重合

(C) 平行但不重合　　(D) 异面　　(1998 年数学一)

6. 设 $\boldsymbol{A}$ 是任一 $n(n\geqslant 3)$ 阶方阵，$\boldsymbol{A}^*$ 是其伴随矩阵，又 k 为常数，且 $k\neq 0$，± 1，则必有$(k\boldsymbol{A})^*=$(　　).

(A) $k\boldsymbol{A}^*$　　(B) $k^{n-1}\boldsymbol{A}^*$

(C) $k^*\boldsymbol{A}^*$　　(D) $k^{-1}\boldsymbol{A}^*$　　(1998 年数学二)

7. 设 $n(n\geqslant 3)$ 阶矩阵

$$\boldsymbol{A}=\begin{pmatrix} 1 & a & a & \cdots & a \\ a & 1 & a & \cdots & a \\ \vdots & \vdots & \vdots & & \vdots \\ a & a & a & \cdots & 1 \end{pmatrix},$$

若矩阵的秩为 $n-1$，则 a 必为(　　).

(A) 1　　(B) $\dfrac{1}{1-n}$

(C) -1　　(D) $\dfrac{1}{n-1}$　　(1998 年数学三)

8. 齐次线性方程组

$$\begin{cases} \lambda x_1+x_2+\lambda^2 x_3=0, \\ x_1+\lambda x_2+x_3=0, \\ x_1+x_2+\lambda x_3=0 \end{cases}$$

的系数矩阵记为$\boldsymbol{A}$. 若存在三阶矩阵$\boldsymbol{B}\neq\boldsymbol{O}$，使得$\boldsymbol{AB}=\boldsymbol{O}$，则(　　).

(A) $\lambda=-2$，且$|\boldsymbol{B}|=0$　　(B) $\lambda=-2$，且$|\boldsymbol{B}|\neq0$

(C) $\lambda=1$，且$|\boldsymbol{B}|=0$　　(D) $\lambda=1$，且$|\boldsymbol{B}|\neq0$

(1998 年数学三)

9. 若向量组$\boldsymbol{\alpha},\boldsymbol{\beta},\boldsymbol{\gamma}$线性无关，$\boldsymbol{\alpha},\boldsymbol{\beta},\boldsymbol{\delta}$线性相关，则(　　).

(A) $\boldsymbol{\alpha}$必可由$\boldsymbol{\alpha},\boldsymbol{\beta},\boldsymbol{\gamma}$线性表示

(B) $\boldsymbol{\beta}$必不可由$\boldsymbol{\alpha},\boldsymbol{\beta},\boldsymbol{\gamma}$线性表示

(C) $\boldsymbol{\delta}$必可由$\boldsymbol{\alpha},\boldsymbol{\beta},\boldsymbol{\gamma}$线性表示

(D) $\boldsymbol{\delta}$必不可由$\boldsymbol{\alpha},\boldsymbol{\beta},\boldsymbol{\gamma}$线性表示　　(1998 年数学四)

10. 设$\boldsymbol{A}$是$m\times n$矩阵，$\boldsymbol{B}$是$n\times m$矩阵，则(　　).

(A) 当$m>n$时，必有行列式$|\boldsymbol{AB}|\neq0$

(B) 当$m>n$时，必有行列式$|\boldsymbol{AB}|=0$

(C) 当$n>m$时，必有行列式$|\boldsymbol{AB}|\neq0$

(D) 当$n>m$时，必有行列式$|\boldsymbol{AB}|=0$　　(1999 年数学一)

11. 记

$$f(x)=\begin{vmatrix} x-2 & x-1 & x-2 & x-3 \\ 2x-2 & 2x-1 & 2x-2 & 2x-3 \\ 3x-3 & 3x-2 & 4x-5 & 3x-5 \\ 4x & 4x-3 & 5x-7 & 4x-3 \end{vmatrix},$$

则方程$f(x)=0$的根的个数为(　　).

(A) 1　　(B) 2

(C) 3　　(D) 4　　(1999 年数学二)

12. 设向量$\boldsymbol{\beta}$可由向量组$\boldsymbol{\alpha}_1,\boldsymbol{\alpha}_2,\cdots,\boldsymbol{\alpha}_m$线性表示，但不能由向量组(Ⅰ)：$\boldsymbol{\alpha}_1,\boldsymbol{\alpha}_2,\cdots,\boldsymbol{\alpha}_{m-1}$线性表示，记向量组(Ⅱ)：$\boldsymbol{\alpha}_1,\boldsymbol{\alpha}_2,\cdots,\boldsymbol{\alpha}_{m-1},\boldsymbol{\beta}$，则(　　).

(A) $\boldsymbol{\alpha}_m$不能由(Ⅰ)线性表示，也不能由(Ⅱ)线性表示

(B) $\boldsymbol{\alpha}_m$不能由(Ⅰ)线性表示，但可由(Ⅱ)线性表示

(C) $\boldsymbol{\alpha}_m$可由(Ⅰ)线性表示，也可由(Ⅱ)线性表示

(D) $\boldsymbol{\alpha}_m$可由(Ⅰ)线性表示，但不可由(Ⅱ)线性表示

(1999 年数学三、四)

13. 设$\boldsymbol{A},\boldsymbol{B}$为$n$阶矩阵，且$\boldsymbol{A}$与$\boldsymbol{B}$相似，$\boldsymbol{E}$为$n$阶单位矩阵，则(　　).

(A) $\lambda\boldsymbol{E}-\boldsymbol{A}=\lambda\boldsymbol{E}-\boldsymbol{B}$

(B) $\boldsymbol{A}$与$\boldsymbol{B}$有相同的特征值和特征向量

(C) $\boldsymbol{A}$与$\boldsymbol{B}$都相似于一个对角阵

(D) 对任意常数t，$t\boldsymbol{E}-\boldsymbol{A}$与$\boldsymbol{E}-\boldsymbol{B}$相似　　(1999 年数学三)

14. 设n维列向量组$\boldsymbol{\alpha}_1,\cdots,\boldsymbol{\alpha}_m(m<n)$线性无关，则$n$维列向

量组$\boldsymbol{\beta}_1,\cdots,\boldsymbol{\beta}_m$线性无关的充分必要条件为(　　).

(A) 向量组$\boldsymbol{\alpha}_1,\cdots,\boldsymbol{\alpha}_m$可由向量组$\boldsymbol{\beta}_1,\cdots,\boldsymbol{\beta}_m$线性表示

(B) 向量组$\boldsymbol{\beta}_1,\cdots,\boldsymbol{\beta}_m$可由向量组$\boldsymbol{\alpha}_1,\cdots,\boldsymbol{\alpha}_m$线性表示

(C) 向量组$\boldsymbol{\alpha}_1,\cdots,\boldsymbol{\alpha}_m$与向量组$\boldsymbol{\beta}_1,\cdots,\boldsymbol{\beta}_m$等价

(D) 矩阵$\boldsymbol{A}=(\boldsymbol{\alpha}_1,\cdots,\boldsymbol{\alpha}_m)$与矩阵$\boldsymbol{B}=(\boldsymbol{\beta}_1,\cdots,\boldsymbol{\beta}_m)$等价

(2000年数学一)

15. 设$\boldsymbol{A}$为n阶实矩阵，$\boldsymbol{A}^{\mathrm{T}}$是$\boldsymbol{A}$的转置矩阵，则对于线性方程组(Ⅰ)：$\boldsymbol{Ax}=\boldsymbol{0}$，(Ⅱ)：$\boldsymbol{A}^{\mathrm{T}}\boldsymbol{Ax}=\boldsymbol{0}$，必有(　　).

(A) (Ⅱ)的解是(Ⅰ)的解，(Ⅰ)的解也是(Ⅱ)的解

(B) (Ⅱ)的解是(Ⅰ)的解，但(Ⅰ)的解不是(Ⅱ)的解

(C) (Ⅰ)的解不是(Ⅱ)的解，(Ⅱ)的解也不是(Ⅰ)的解

(D) (Ⅰ)的解是(Ⅱ)的解，但(Ⅱ)的解不是(Ⅰ)的解

(2000年数学三)

16. 设$\boldsymbol{\alpha}_1,\boldsymbol{\alpha}_2,\boldsymbol{\alpha}_3$是四元非齐次线性方程组$\boldsymbol{Ax}=\boldsymbol{b}$的三个解向量，且秩$r(\boldsymbol{A})=3$，$\boldsymbol{\alpha}_1=(1,2,3,4)^{\mathrm{T}}$，$\boldsymbol{\alpha}_2+\boldsymbol{\alpha}_3=(0,1,2,3)^{\mathrm{T}}$，$c$表示任意常数，则线性方程组$\boldsymbol{Ax}=\boldsymbol{b}$的通解$\boldsymbol{x}=$(　　).

(A) $\begin{pmatrix}1\\2\\3\\4\end{pmatrix}+c\begin{pmatrix}1\\1\\1\\1\end{pmatrix}$　　(B) $\begin{pmatrix}1\\2\\3\\4\end{pmatrix}+c\begin{pmatrix}0\\1\\2\\3\end{pmatrix}$

(C) $\begin{pmatrix}1\\2\\3\\4\end{pmatrix}+c\begin{pmatrix}2\\3\\4\\5\end{pmatrix}$　　(D) $\begin{pmatrix}1\\2\\3\\4\end{pmatrix}+c\begin{pmatrix}3\\4\\5\\6\end{pmatrix}$　　(2000年数学三、四)

17. 设$\boldsymbol{A}=\begin{pmatrix}1&1&1&1\\1&1&1&1\\1&1&1&1\\1&1&1&1\end{pmatrix}$，$\boldsymbol{B}=\begin{pmatrix}4&0&0&0\\0&0&0&0\\0&0&0&0\\0&0&0&0\end{pmatrix}$，则$\boldsymbol{A}$与$\boldsymbol{B}$(　　).

(A) 合同，且相似　　(B) 合同，但不相似

(C) 不合同，但相似　　(D) 不合同，且不相似

(2001年数学一)

18. 设

$$\boldsymbol{A}=\begin{pmatrix}a_{11}&a_{12}&a_{13}&a_{14}\\a_{21}&a_{22}&a_{23}&a_{24}\\a_{31}&a_{32}&a_{33}&a_{34}\\a_{41}&a_{42}&a_{43}&a_{44}\end{pmatrix},\quad \boldsymbol{B}=\begin{pmatrix}a_{14}&a_{13}&a_{12}&a_{11}\\a_{24}&a_{23}&a_{22}&a_{21}\\a_{34}&a_{33}&a_{32}&a_{31}\\a_{44}&a_{43}&a_{42}&a_{41}\end{pmatrix},$$

$$\boldsymbol{P}_1=\begin{pmatrix}0&0&0&1\\0&1&0&0\\0&0&1&0\\1&0&0&0\end{pmatrix},\ \boldsymbol{P}_2=\begin{pmatrix}1&0&0&0\\0&0&1&0\\0&1&0&0\\0&0&0&1\end{pmatrix},$$

其中 $\boldsymbol{A}$ 可逆，则 $\boldsymbol{B}^{-1}$ 等于(　　).

(A) $\boldsymbol{A}^{-1}\boldsymbol{P}_1\boldsymbol{P}_2$　　(B) $\boldsymbol{P}_1\boldsymbol{A}^{-1}\boldsymbol{P}_2$

(C) $\boldsymbol{P}_1\boldsymbol{P}_2\boldsymbol{A}^{-1}$　　(D) $\boldsymbol{P}_2\boldsymbol{A}^{-1}\boldsymbol{P}_1$　　(2001 年数学三、四)

19. 设 $\boldsymbol{A}$ 是 n 阶矩阵，$\boldsymbol{\alpha}$ 是 n 维列向量，若秩$\begin{pmatrix}\boldsymbol{A}&\boldsymbol{\alpha}\\\boldsymbol{\alpha}^{\mathrm{T}}&0\end{pmatrix}=$秩$(\boldsymbol{A})$，则线性方程组(　　).

(A) $\boldsymbol{Ax}=\boldsymbol{\alpha}$ 必有无穷多解

(B) $\boldsymbol{Ax}=\boldsymbol{\alpha}$ 必有唯一解

(C) $\begin{pmatrix}\boldsymbol{A}&\boldsymbol{\alpha}\\\boldsymbol{\alpha}^{\mathrm{T}}&0\end{pmatrix}\begin{pmatrix}\boldsymbol{x}\\y\end{pmatrix}=\boldsymbol{0}$ 仅有零解

(D) $\begin{pmatrix}\boldsymbol{A}&\boldsymbol{\alpha}\\\boldsymbol{\alpha}^{\mathrm{T}}&0\end{pmatrix}\begin{pmatrix}\boldsymbol{x}\\y\end{pmatrix}=\boldsymbol{0}$ 必有非零解　　(2001 年数学三)

20. 设有三张不同平面的方程 $a_{i1}x+a_{i2}y+a_{i3}z=b_i,i=1,2,3$，它们所组成的线性方程组的系数矩阵与增广矩阵的秩都为 2，则这三张平面可能的位置关系为(　　).

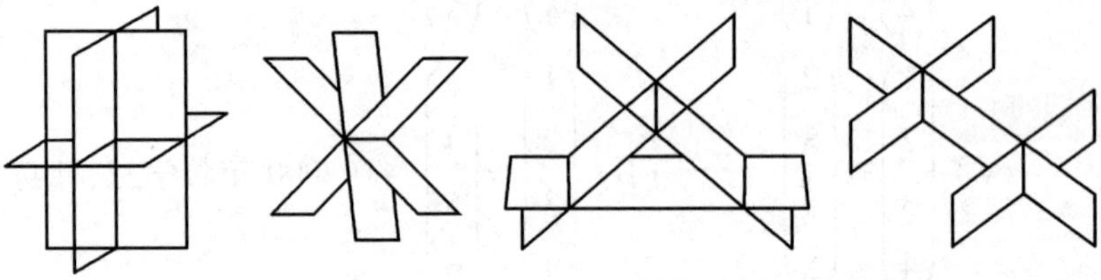

(A)　　(B)　　(C)　　(D)

(2002 年数学一)

21. 设向量组 $\boldsymbol{\alpha}_1,\boldsymbol{\alpha}_2,\boldsymbol{\alpha}_3$ 线性无关，向量 $\boldsymbol{\beta}_1$ 可由 $\boldsymbol{\alpha}_1,\boldsymbol{\alpha}_2,\boldsymbol{\alpha}_3$ 线性表示，而向量 $\boldsymbol{\beta}_2$ 不能由 $\boldsymbol{\alpha}_1,\boldsymbol{\alpha}_2,\boldsymbol{\alpha}_3$ 线性表示，则对于任意常数 k 必有(　　).

(A) $\boldsymbol{\alpha}_1,\boldsymbol{\alpha}_2,\boldsymbol{\alpha}_3,k\boldsymbol{\beta}_1+\boldsymbol{\beta}_2$ 线性无关

(B) $\boldsymbol{\alpha}_1,\boldsymbol{\alpha}_2,\boldsymbol{\alpha}_3,k\boldsymbol{\beta}_1+\boldsymbol{\beta}_2$ 线性相关

(C) $\boldsymbol{\alpha}_1,\boldsymbol{\alpha}_2,\boldsymbol{\alpha}_3,\boldsymbol{\beta}_1+k\boldsymbol{\beta}_2$ 线性无关

(D) $\boldsymbol{\alpha}_1,\boldsymbol{\alpha}_2,\boldsymbol{\alpha}_3,\boldsymbol{\beta}_1+k\boldsymbol{\beta}_2$ 线性相关　　(2002 年数学二)

22. 设 $\boldsymbol{A}$ 是 $m\times n$ 矩阵，$\boldsymbol{B}$ 是 $n\times m$ 矩阵，则线性方程组 $(\boldsymbol{AB})\boldsymbol{x}=\boldsymbol{0}$ (　　).

(A) 当 $n>m$ 时，仅有零解

(B) 当 $n>m$ 时，必有非零解

（C）当 $m>n$ 时，仅有零解

（D）当 $m>n$ 时，必有非零解　　（2002年数学三）

23. 设 $\boldsymbol{A}$ 是 n 阶实对称矩阵，$\boldsymbol{P}$ 是 n 阶可逆矩阵．已知 n 维列向量 $\boldsymbol{\alpha}$ 是 $\boldsymbol{A}$ 的属于特征值 λ 的特征向量，则矩阵 $(\boldsymbol{P}^{-1}\boldsymbol{AP})^{\mathrm{T}}$ 属于特征值 λ 的特征向量是(　　)．

（A）$\boldsymbol{P}^{-1}\boldsymbol{\alpha}$　　（B）$\boldsymbol{P}^{\mathrm{T}}\boldsymbol{\alpha}$

（C）$\boldsymbol{P\alpha}$　　（D）$(\boldsymbol{P}^{-1})^{\mathrm{T}}\boldsymbol{\alpha}$（2002年数学三）

24. 设 $\boldsymbol{A}$，$\boldsymbol{B}$ 为 n 阶矩阵，$\boldsymbol{A}^*$，$\boldsymbol{B}^*$ 分别为 $\boldsymbol{A}$，$\boldsymbol{B}$ 对应的伴随矩阵，分块矩阵 $\boldsymbol{C}=\begin{pmatrix}\boldsymbol{A} & \boldsymbol{O}\\ \boldsymbol{O} & \boldsymbol{B}\end{pmatrix}$，则 $\boldsymbol{C}$ 的伴随矩阵 $\boldsymbol{C}^*=$(　　)．

（A）$\begin{pmatrix}|\boldsymbol{A}|\boldsymbol{A}^* & \boldsymbol{O}\\ \boldsymbol{O} & |\boldsymbol{B}|\boldsymbol{B}^*\end{pmatrix}$　　（B）$\begin{pmatrix}|\boldsymbol{B}|\boldsymbol{B}^* & \boldsymbol{O}\\ \boldsymbol{O} & |\boldsymbol{A}|\boldsymbol{A}^*\end{pmatrix}$

（C）$\begin{pmatrix}|\boldsymbol{A}|\boldsymbol{B}^* & \boldsymbol{O}\\ \boldsymbol{O} & |\boldsymbol{B}|\boldsymbol{A}^*\end{pmatrix}$　　（D）$\begin{pmatrix}|\boldsymbol{B}|\boldsymbol{A}^* & \boldsymbol{O}\\ \boldsymbol{O} & |\boldsymbol{A}|\boldsymbol{B}^*\end{pmatrix}$

（2002年数学四）

25. 设向量组（Ⅰ）：$\boldsymbol{\alpha}_1,\boldsymbol{\alpha}_2,\cdots,\boldsymbol{\alpha}_r$ 可由向量组（Ⅱ）：$\boldsymbol{\beta}_1,\boldsymbol{\beta}_2,\cdots,\boldsymbol{\beta}_s$ 线性表示，则(　　)．

（A）当 $r<s$ 时，向量组(Ⅱ)必线性相关

（B）当 $r>s$ 时，向量组(Ⅱ)必线性相关

（C）当 $r<s$ 时，向量组(Ⅰ)必线性相关

（D）当 $r>s$ 时，向量组(Ⅰ)必线性相关（2003年数学一、二）

26. 设有齐次线性方程组 $\boldsymbol{Ax}=\boldsymbol{0}$ 和 $\boldsymbol{Bx}=\boldsymbol{0}$，其中 $\boldsymbol{A}$，$\boldsymbol{B}$ 均为 $m\times n$ 矩阵，现有四个命题：

① 若 $\boldsymbol{Ax}=\boldsymbol{0}$ 的解均是 $\boldsymbol{Bx}=\boldsymbol{0}$ 的解，则秩($\boldsymbol{A}$)$\geqslant$秩($\boldsymbol{B}$)；

② 若秩($\boldsymbol{A}$)$\geqslant$秩($\boldsymbol{B}$)，则 $\boldsymbol{Ax}=\boldsymbol{0}$ 的解均是 $\boldsymbol{Bx}=\boldsymbol{0}$ 的解；

③ 若 $\boldsymbol{Ax}=\boldsymbol{0}$ 与 $\boldsymbol{Bx}=0$ 同解，则秩($\boldsymbol{A}$)= 秩($\boldsymbol{B}$)；

④ 若秩($\boldsymbol{A}$)= 秩($\boldsymbol{B}$)，则 $\boldsymbol{Ax}=\boldsymbol{0}$ 与 $\boldsymbol{Bx}=\boldsymbol{0}$ 同解.

以上命题中正确的是(　　)．

（A）①②　　（B）①③

（C）②④　　（D）③④　（2003年数学一）

27. 设三阶矩阵 $\boldsymbol{A}=\begin{pmatrix}a & b & b\\ b & a & b\\ b & b & a\end{pmatrix}$，若 $\boldsymbol{A}$ 的伴随矩阵的秩等于1，则必有(　　)．

（A）$a=b$ 或 $a+2b=0$　　（B）$a=b$ 或 $a+2b\neq 0$

（C）$a\neq b$ 且 $a+2b=0$　　（D）$a\neq b$ 且 $a+2b\neq 0$

（2003年数学三）

28. 设 $\boldsymbol{\alpha}_1,\boldsymbol{\alpha}_2,\cdots,\boldsymbol{\alpha}_s$ 均为 n 维向量，下列结论不正确的是(　　).

(A) 若对于任意一组不全为零的数 $k_1,k_2,\cdots,k_s$，都有 $k_1\boldsymbol{\alpha}_1+k_2\boldsymbol{\alpha}_2+\cdots+k_s\boldsymbol{\alpha}_s\neq\mathbf{0}$，则 $\boldsymbol{\alpha}_1,\boldsymbol{\alpha}_2,\cdots,\boldsymbol{\alpha}_s$ 线性无关

(B) 若 $\boldsymbol{\alpha}_1,\boldsymbol{\alpha}_2,\cdots,\boldsymbol{\alpha}_s$ 线性相关，则对于任意一组不全为零的数 $k_1,k_2,\cdots,k_s$，有 $k_1\boldsymbol{\alpha}_1+k_2\boldsymbol{\alpha}_2+\cdots+k_s\boldsymbol{\alpha}_s=\mathbf{0}$

(C) $\boldsymbol{\alpha}_1,\boldsymbol{\alpha}_2,\cdots,\boldsymbol{\alpha}_s$ 线性无关的充分必要条件是此向量组的秩为 s

(D) $\boldsymbol{\alpha}_1,\boldsymbol{\alpha}_2,\cdots,\boldsymbol{\alpha}_s$ 线性无关的必要条件是其中任意两个向量线性无关

(2003 年数学三)

29. 设矩阵 $\boldsymbol{B}=\begin{pmatrix}0&0&1\\0&1&0\\1&0&0\end{pmatrix}$. 已知矩阵 $\boldsymbol{A}$ 相似于 $\boldsymbol{B}$，则秩$(\boldsymbol{A}-2\boldsymbol{E})$与秩$(\boldsymbol{A}-\boldsymbol{E})$的和等于(　　).

(A) 2　　(B) 3

(C) 4　　(D) 5　　(2003 年数学四)

30. 设 $\boldsymbol{A}$ 是三阶方阵，将 $\boldsymbol{A}$ 的第 1 列与第 2 列交换得 $\boldsymbol{B}$，再把 $\boldsymbol{B}$ 的第 2 列加到第 3 列得 $\boldsymbol{C}$，则满足 $\boldsymbol{AQ}=\boldsymbol{C}$ 的可逆矩阵 $\boldsymbol{Q}$ 为(　　).

(A) $\begin{pmatrix}0&1&0\\1&0&0\\1&0&1\end{pmatrix}$　　(B) $\begin{pmatrix}0&1&0\\1&0&1\\0&0&1\end{pmatrix}$

(C) $\begin{pmatrix}0&1&0\\1&0&0\\0&1&1\end{pmatrix}$　　(D) $\begin{pmatrix}0&1&1\\1&0&0\\0&0&1\end{pmatrix}$

(2004 年数学一、二)

31. 设 $\boldsymbol{A}$，$\boldsymbol{B}$ 为满足 $\boldsymbol{AB}=\boldsymbol{O}$ 的任意两个非零矩阵，则必有(　　).

(A) $\boldsymbol{A}$ 的列向量组线性相关，$\boldsymbol{B}$ 的行向量组线性相关

(B) $\boldsymbol{A}$ 的列向量组线性相关，$\boldsymbol{B}$ 的列向量组线性相关

(C) $\boldsymbol{A}$ 的行向量组线性相关，$\boldsymbol{B}$ 的行向量组线性相关

(D) $\boldsymbol{A}$ 的行向量组线性相关，$\boldsymbol{B}$ 的列向量组线性相关

(2004 年数学一)

32. 设 n 阶矩阵 $\boldsymbol{A}$ 与 $\boldsymbol{B}$ 等价，则必有(　　).

(A) 当 $|\boldsymbol{A}|=a(a\neq0)$ 时，$|\boldsymbol{B}|=a$

(B) 当 $|\boldsymbol{A}|=a(a\neq0)$ 时，$|\boldsymbol{B}|=-a$

(C) 当 $|\boldsymbol{A}|\neq0$ 时，$|\boldsymbol{B}|=0$

(D) 当 $|\boldsymbol{A}|=0$ 时，$|\boldsymbol{B}|=0$　　(2004 年数学三、四)

33. 设 n 阶矩阵 $\boldsymbol{A}$ 的伴随矩阵 $\boldsymbol{A}^* \neq \boldsymbol{O}$，若 $\boldsymbol{\xi}_1,\boldsymbol{\xi}_2,\boldsymbol{\xi}_3,\boldsymbol{\xi}_4$ 是非齐次线性方程组 $\boldsymbol{Ax}=\boldsymbol{\beta}$ 的互不相等的解，则对应的齐次线性方程组 $\boldsymbol{Ax}=\boldsymbol{0}$ 的基础解系(　　).

(A) 不存在

(B) 仅含一个非零解向量

(C) 含有两个线性无关的解向量

(D) 含有三个线性无关的解向量　　(2004 年数学三)

34. 设 λ_1，λ_2 是矩阵 $\boldsymbol{A}$ 的两个不同的特征值，对应的特征向量分别为 $\boldsymbol{\alpha}_1,\boldsymbol{\alpha}_2$，则 $\boldsymbol{\alpha}_1,\boldsymbol{A}(\boldsymbol{\alpha}_1+\boldsymbol{\alpha}_2)$ 线性无关的充分必要条件是(　　).

(A) $\lambda_1\neq 0$　　(B) $\lambda_2\neq 0$

(C) $\lambda_1=0$　　(D) $\lambda_2=0$

(2005 年数学一、二、三)

35. 设 $\boldsymbol{A}$ 为 $n(n\geqslant 2)$ 阶可逆矩阵，交换 $\boldsymbol{A}$ 的第 1 行与第 2 行得矩阵 $\boldsymbol{B}$，$\boldsymbol{A}^*$，$\boldsymbol{B}^*$ 分别为 $\boldsymbol{A}$，$\boldsymbol{B}$ 的伴随矩阵，则(　　).

(A) 交换 $\boldsymbol{A}^*$ 的第 1 列与第 2 列得 $\boldsymbol{B}^*$

(B) 交换 $\boldsymbol{A}^*$ 的第 1 行与第 2 行得 $\boldsymbol{B}^*$

(C) 交换 $\boldsymbol{A}^*$ 的第 1 列与第 2 列得 $-\boldsymbol{B}^*$

(D) 交换 $\boldsymbol{A}^*$ 的第 1 行与第 2 行得 $-\boldsymbol{B}^*$　(2005 年数学一、二)

36. 设矩阵 $\boldsymbol{A}=(a_{ij})_{3\times 3}$ 满足 $\boldsymbol{A}^*=\boldsymbol{A}^{\mathrm{T}}$，其中 $\boldsymbol{A}^*$ 为 $\boldsymbol{A}$ 的伴随矩阵，$\boldsymbol{A}^{\mathrm{T}}$ 为 $\boldsymbol{A}$ 的转置矩阵，若 a_{11},a_{12},a_{13} 为三个相等的正数，则 a_{11} 为(　　).

(A) $\dfrac{\sqrt{3}}{3}$　　(B) 3

(C) $\dfrac{1}{3}$　　(D) $\sqrt{3}$　　(2005 年数学三)

37. 设 $\boldsymbol{A}$，$\boldsymbol{B}$，$\boldsymbol{C}$ 均为 n 阶矩阵，$\boldsymbol{E}$ 为 n 阶单位矩阵，若 $\boldsymbol{B}=\boldsymbol{E}+\boldsymbol{AB}$，$\boldsymbol{C}=\boldsymbol{A}+\boldsymbol{CA}$，则 $\boldsymbol{B}-\boldsymbol{C}$ 为(　　).

(A) $\boldsymbol{E}$　　(B) $-\boldsymbol{E}$

(C) $\boldsymbol{A}$　　(D) $-\boldsymbol{A}$　　(2005 年数学四)

38. 设 $\boldsymbol{\alpha}_1,\boldsymbol{\alpha}_2,\cdots,\boldsymbol{\alpha}_s$ 均为 n 维列向量，$\boldsymbol{A}$ 是 $m\times n$ 矩阵，下列选项正确的是(　　).

(A) 若 $\boldsymbol{\alpha}_1,\boldsymbol{\alpha}_2,\cdots,\boldsymbol{\alpha}_s$ 线性相关，则 $\boldsymbol{A\alpha}_1,\boldsymbol{A\alpha}_2,\cdots,\boldsymbol{A\alpha}_s$ 线性相关

(B) 若 $\boldsymbol{\alpha}_1,\boldsymbol{\alpha}_2,\cdots,\boldsymbol{\alpha}_s$ 线性相关，则 $\boldsymbol{A\alpha}_1,\boldsymbol{A\alpha}_2,\cdots,\boldsymbol{A\alpha}_s$ 线性无关

(C) 若 $\boldsymbol{\alpha}_1,\boldsymbol{\alpha}_2,\cdots,\boldsymbol{\alpha}_s$ 线性无关，则 $\boldsymbol{A\alpha}_1,\boldsymbol{A\alpha}_2,\cdots,\boldsymbol{A\alpha}_s$ 线性相关

(D) 若 $\boldsymbol{\alpha}_1,\boldsymbol{\alpha}_2,\cdots,\boldsymbol{\alpha}_s$ 线性无关，则 $\boldsymbol{A\alpha}_1,\boldsymbol{A\alpha}_2,\cdots,\boldsymbol{A\alpha}_s$ 线性无关

(2006 年数学一、二、三)

39. 设 $\boldsymbol{A}$ 为三阶矩阵，将 $\boldsymbol{A}$ 的第 2 行加到第 1 行得 $\boldsymbol{B}$，再将 $\boldsymbol{B}$ 的第 1 列的(-1)倍加到第 2 列得 $\boldsymbol{C}$，记 $\boldsymbol{P}=\begin{pmatrix}1&1&0\\0&1&0\\0&0&1\end{pmatrix}$，则(　　)

(A) $\boldsymbol{C}=\boldsymbol{P}^{-1}\boldsymbol{AP}$　　(B) $\boldsymbol{C}=\boldsymbol{PAP}^{-1}$

(C) $\boldsymbol{C}=\boldsymbol{P}^{\mathrm{T}}\boldsymbol{AP}$　　(D) $\boldsymbol{C}=\boldsymbol{PAP}^{\mathrm{T}}$

(2006 年数学一、二、三、四)

40. 设向量组 $\boldsymbol{\alpha}_1,\boldsymbol{\alpha}_2,\boldsymbol{\alpha}_3$ 线性无关，则下列向量组线性相关的是(　　).

(A) $\boldsymbol{\alpha}_1-\boldsymbol{\alpha}_2,\boldsymbol{\alpha}_2-\boldsymbol{\alpha}_3,\boldsymbol{\alpha}_3-\boldsymbol{\alpha}_1$

(B) $\boldsymbol{\alpha}_1+\boldsymbol{\alpha}_2,\boldsymbol{\alpha}_2+\boldsymbol{\alpha}_3,\boldsymbol{\alpha}_3+\boldsymbol{\alpha}_1$

(C) $\boldsymbol{\alpha}_1-2\boldsymbol{\alpha}_2,\boldsymbol{\alpha}_2-2\boldsymbol{\alpha}_3,\boldsymbol{\alpha}_3-2\boldsymbol{\alpha}_1$

(D) $\boldsymbol{\alpha}_1+2\boldsymbol{\alpha}_2,\boldsymbol{\alpha}_2+2\boldsymbol{\alpha}_3,\boldsymbol{\alpha}_3+2\boldsymbol{\alpha}_1$　(2007 年数学一、二、三、四)

41. 设矩阵 $\boldsymbol{A}=\begin{pmatrix}2&-1&-1\\-1&2&-1\\-1&-1&2\end{pmatrix}$，$\boldsymbol{B}=\begin{pmatrix}1&0&0\\0&1&0\\0&0&0\end{pmatrix}$，则 $\boldsymbol{A}$ 与 $\boldsymbol{B}$(　　).

(A) 合同，且相似　　(B) 合同，但不相似

(C) 不合同，但相似　　(D) 既不合同，又不相似

(2007 年数学一、二、三、四)

三、计算题与证明题

1. 设 $\boldsymbol{A}$ 是 n 阶可逆方阵，将 $\boldsymbol{A}$ 的第 i 行和第 j 行对换后得到的矩阵记为 $\boldsymbol{B}$.

(1) 证明：$\boldsymbol{B}$ 可逆；

(2) 求 $\boldsymbol{AB}^{-1}$.　(1997 年数学一)

2. 设 $\boldsymbol{B}$ 是秩为 2 的 5×4 矩阵，

$$\boldsymbol{\alpha}_1=(1,1,2,3)^{\mathrm{T}},\quad \boldsymbol{\alpha}_2=(-1,1,4,-1)^{\mathrm{T}},\quad \boldsymbol{\alpha}_3=(5,-1,-8,9)^{\mathrm{T}}$$

是齐次线性方程组 $\boldsymbol{Bx}=\boldsymbol{0}$ 的解向量，求 $\boldsymbol{Bx}=\boldsymbol{0}$ 的解空间的一个标准正交基.(1997 年数学一)

3. 已知 $\boldsymbol{\xi}=(1,1,-1)^{\mathrm{T}}$ 是矩阵

$$\boldsymbol{A}=\begin{pmatrix}2&-1&2\\5&a&3\\-1&b&-2\end{pmatrix}$$

的一个特征向量.

(1) 试确定参数 a，b 及特征向量 $\boldsymbol{\xi}$ 所对应的特征值；

(2) 问 $\boldsymbol{A}$ 能否相似于对角矩阵？说明理由. (1997 年数学一)

4. 已知

$$A=\begin{pmatrix}1&1&-1\\0&1&1\\0&0&-1\end{pmatrix},$$

且 $A^2-AB=E$，其中 E 是三阶单位矩阵，求矩阵 B.

（1997年数学二）

5. 问 λ 为何值时，

$$\begin{cases}2x_1+\lambda x_2-x_3=1,\\ \lambda x_1-x_2+x_3=2,\\ 4x_1+5x_2-5x_3=-1\end{cases}$$

无解？有唯一解或有无穷多个解？并在有无穷多个解时，写出方程组的通解.　（1997年数学二）

6. 设 A 是 n 阶非奇异矩阵，α 为 n 维列向量，b 为常数，记分块矩阵

$$P=\begin{pmatrix}E&O\\-\alpha^{\mathrm{T}}A^*&|A|\end{pmatrix},\quad Q=\begin{pmatrix}A&\alpha\\ \alpha^{\mathrm{T}}&b\end{pmatrix},$$

其中 A^* 是矩阵 A 的伴随矩阵，E 为 n 阶单位矩阵.

（1）计算并化简 PQ；

（2）证明：矩阵 Q 可逆的充分必要条件是 $\alpha^{\mathrm{T}}A^{-1}\alpha\neq b$.

（1997年数学三、四）

7. 设三阶实对称矩阵 A 的特征值是1，2，3；矩阵 A 的属于特征值1，2的特征向量分别是

$$\alpha_1=(-1,-1,1)^{\mathrm{T}},\quad \alpha_2=(1,-2,-1)^{\mathrm{T}}.$$

（1）求 A 的属于特征值3的特征向量；

（2）求矩阵 A.　（1997年数学三）

8. 设矩阵 A 与 B 相似，且

$$A=\begin{pmatrix}1&-1&1\\2&4&-2\\-3&-3&a\end{pmatrix},\quad B=\begin{pmatrix}2&0&0\\0&2&0\\0&0&b\end{pmatrix}.$$

（1）求 a，b 的值；

（2）求可逆矩阵 P，使得 $P^{-1}AP=B$.　（1997年数学四）

9. 设 A 是 n 阶矩阵，若存在正整数 k，使线性方程组 $A^kx=0$ 有解向量 α，且 $A^{k-1}\alpha\neq 0$，证明：向量组 $\alpha,A\alpha,\cdots,A^{k-1}\alpha$ 是线性无关的.　（1998年数学一）

10. 已知线性方程组

$$(\mathrm{I})\begin{cases}a_{11}x_1+a_{12}x_2+\cdots+a_{1,2n}x_{2n}=0,\\a_{21}x_1+a_{22}x_2+\cdots+a_{2,2n}x_{2n}=0,\\\quad\vdots\\a_{n1}x_1+a_{n2}x_2+\cdots+a_{n,2n}x_{2n}=0\end{cases}$$

的一个基础解系为 $(b_{11},b_{12},\cdots,b_{1,2n})^{\mathrm{T}}$，$(b_{21},b_{22},\cdots,b_{2,2n})^{\mathrm{T}}$，$\cdots$，$(b_{n1},b_{n2},\cdots,b_{n,2n})^{\mathrm{T}}$.

试写出线性方程组

$$(\mathrm{II})\begin{cases}b_{11}y_1+b_{12}y_2+\cdots+b_{1,2n}y_{2n}=0,\\b_{21}y_1+b_{22}y_2+\cdots+b_{2,2n}y_{2n}=0,\\\quad\vdots\\b_{n1}y_1+b_{n2}y_2+\cdots+b_{n,2n}y_{2n}=0\end{cases}$$

的通解，并说明理由.　　　　（1998 年数学一）

11. 已知二次曲面方程

$$x^2+ay^2+z^2+2bxy+2xz+2yz=4,$$

可以经过正交变换

$$\begin{pmatrix}x\\y\\z\end{pmatrix}=\boldsymbol{P}\begin{pmatrix}\xi\\\eta\\\zeta\end{pmatrix}$$

化为椭圆柱面方程 $\eta^2+4\zeta^2=4$，求 a，b 的值和正交矩阵 $\boldsymbol{P}$.

（1998 年数学一）

12. 设 $(2\boldsymbol{E}-\boldsymbol{C}^{-1}\boldsymbol{B})\boldsymbol{A}^{\mathrm{T}}=\boldsymbol{C}^{-1}$，其中 $\boldsymbol{E}$ 是四阶单位矩阵，$\boldsymbol{A}^{\mathrm{T}}$ 是四阶矩阵 $\boldsymbol{A}$ 的转置矩阵，且

$$\boldsymbol{B}=\begin{pmatrix}1&2&-3&-2\\0&1&2&-3\\0&0&1&2\\0&0&0&1\end{pmatrix},\quad\boldsymbol{C}=\begin{pmatrix}1&2&0&1\\0&1&2&0\\0&0&1&2\\0&0&0&1\end{pmatrix},$$

求 $\boldsymbol{A}$.　　　　（1998 年数学二）

13. 已知

$$\boldsymbol{\alpha}_1=(1,4,0,2)^{\mathrm{T}},\quad\boldsymbol{\alpha}_2=(2,7,1,3)^{\mathrm{T}},$$
$$\boldsymbol{\alpha}_3=(0,1,-1,a)^{\mathrm{T}},\quad\boldsymbol{\beta}=(3,10,b,4)^{\mathrm{T}}.$$

问：(1) a,b 取何值时，$\boldsymbol{\beta}$ 不能由 $\boldsymbol{\alpha}_1,\boldsymbol{\alpha}_2,\boldsymbol{\alpha}_3$ 线性表示？

(2) a,b 取何值时，$\boldsymbol{\beta}$ 可由 $\boldsymbol{\alpha}_1,\boldsymbol{\alpha}_2,\boldsymbol{\alpha}_3$ 线性表示？并写出此表示式.　　　　（1998 年数学二）

14. 设向量

$$\boldsymbol{\alpha}=(a_1,a_2,\cdots,a_n)^{\mathrm{T}},\quad \boldsymbol{\beta}=(b_1,b_2,\cdots,b_n)^{\mathrm{T}}$$

都是非零向量，且满足条件 $\boldsymbol{\alpha}^{\mathrm{T}}\boldsymbol{\beta}=0$，记 n 阶矩阵 $\boldsymbol{A}=\boldsymbol{\alpha}\boldsymbol{\beta}^{\mathrm{T}}$，求：

(1) $\boldsymbol{A}^2$；

(2) 矩阵 $\boldsymbol{A}$ 的特征值和特征向量.　　(1998 年数学三、四)

15. 设矩阵 $\boldsymbol{A}=\begin{pmatrix}1&0&1\\0&2&0\\1&0&1\end{pmatrix}$，矩阵 $\boldsymbol{B}=(k\boldsymbol{E}+\boldsymbol{A})^2$，其中 k 为实数，$\boldsymbol{E}$ 为单位矩阵，求对角阵 $\boldsymbol{\Lambda}$，使 $\boldsymbol{B}$ 与 $\boldsymbol{\Lambda}$ 相似；并求 k 为何值时，$\boldsymbol{B}$ 为正定矩阵.　　(1998 年数学三)

16. 已知下列非齐次线性方程组(Ⅰ)，(Ⅱ)：

$$(\text{Ⅰ})\begin{cases}x_1-x_2-2x_4=-6,\\4x_1-x_2-x_3-x_4=1,\\3x_1-x_2-x_3=3;\end{cases}$$

$$(\text{Ⅱ})\begin{cases}x_1+mx_2-x_3-x_4=-5,\\nx_2-x_3-2x_4=-11,\\x_3-2x_4=-t+1.\end{cases}$$

(1) 求解方程组(Ⅰ)，用其导出组的基础解系表示通解；

(2) 当方程组(Ⅱ)中的参数 m,n,t 为何值时，方程组(Ⅰ)与(Ⅱ)同解？　　(1998 年数学四)

17. 设矩阵

$$\boldsymbol{A}=\begin{pmatrix}a&-1&c\\5&b&3\\1-c&0&-a\end{pmatrix},$$

其行列式 $|\boldsymbol{A}|=-1$，又 $\boldsymbol{A}$ 的伴随矩阵 $\boldsymbol{A}^*$ 有一个特征值 λ_0，它的一个特征向量为

$$\boldsymbol{\alpha}=(-1,-1,1)^{\mathrm{T}},$$

求 a,b,c 和 λ_0 的值.　　(1999 年数学一、三)

18. 设 $\boldsymbol{A}$ 为 m 阶对称矩阵且正定，$\boldsymbol{B}$ 为 $m\times n$ 实矩阵，$\boldsymbol{B}^{\mathrm{T}}$ 为 $\boldsymbol{B}$ 的转置矩阵. 试证：$\boldsymbol{B}^{\mathrm{T}}\boldsymbol{A}\boldsymbol{B}$ 为正定矩阵的充分必要条件是 $\boldsymbol{B}$ 的秩 $R(\boldsymbol{B})=n$.　　(1999 年数学一)

19. 设矩阵

$$\boldsymbol{A}=\begin{pmatrix}1&1&-1\\-1&1&1\\1&-1&1\end{pmatrix},$$

矩阵 $\boldsymbol{X}$ 满足 $\boldsymbol{A}^*\boldsymbol{X}=\boldsymbol{A}^{-1}+2\boldsymbol{X}$，其中 $\boldsymbol{A}^*$ 是 $\boldsymbol{A}$ 的伴随矩阵，求矩阵 $\boldsymbol{X}$.

（1999 年数学二）

20. 设向量组

$$\boldsymbol{\alpha}_1=(1,1,1,3)^{\mathrm{T}},\ \boldsymbol{\alpha}_2=(-1,-3,5,1)^{\mathrm{T}},$$
$$\boldsymbol{\alpha}_3=(3,2,-1,p+2)^{\mathrm{T}},\ \boldsymbol{\alpha}_4=(-2,-6,10,p)^{\mathrm{T}}.$$

（1）问 p 为何值时，该向量组线性无关？并在此时将向量 $\boldsymbol{\alpha}=(4,1,6,10)^{\mathrm{T}}$ 用 $\boldsymbol{\alpha}_1,\boldsymbol{\alpha}_2,\boldsymbol{\alpha}_3,\boldsymbol{\alpha}_4$ 线性表示.

（2）问 p 为何值时，该向量组线性相关？并在此时求它的秩和一个极大线性无关组. （1999 年数学二）

21. 设 $\boldsymbol{A}$ 为 $m\times n$ 实矩阵，$\boldsymbol{E}$ 为 n 阶单位矩阵，已知矩阵 $\boldsymbol{B}=\lambda\boldsymbol{E}+\boldsymbol{A}^{\mathrm{T}}\boldsymbol{A}$. 试证：当 $\lambda>0$ 时，矩阵 $\boldsymbol{B}$ 为正定矩阵.

（1999 年数学三）

22. 已知线性方程组

$$\begin{cases} x_1+x_2+x_3=0, \\ ax_1+bx_2+cx_3=0, \\ a^2x_1+b^2x_2+c^2x_3=0. \end{cases}$$

（1）问 a，b，c 满足何种关系时，方程组仅有零解？

（2）问 a，b，c 满足何种关系时，方程组有无穷多个解？并用基础解系表示全部解. （1999 年数学四）

23. 设矩阵

$$\boldsymbol{A}=\begin{pmatrix} 3 & 2 & -2 \\ -k & -1 & k \\ 4 & 2 & -3 \end{pmatrix}.$$

问当 k 为何值时，存在可逆矩阵 $\boldsymbol{P}$，使得 $\boldsymbol{P}^{-1}\boldsymbol{A}\boldsymbol{P}$ 为对角矩阵？并求出 $\boldsymbol{P}$ 和相应的对角矩阵. （1999 年数学四）

24. 设矩阵 $\boldsymbol{A}$ 的伴随矩阵

$$\boldsymbol{A}^*=\begin{pmatrix} 1 & 0 & 0 & 0 \\ 0 & 1 & 0 & 0 \\ 1 & 0 & 1 & 0 \\ 0 & -3 & 0 & 8 \end{pmatrix},$$

且

$$\boldsymbol{A}\boldsymbol{B}\boldsymbol{A}^{-1}=\boldsymbol{B}\boldsymbol{A}^{-1}+3\boldsymbol{E},$$

其中 $\boldsymbol{E}$ 为四阶单位矩阵，求矩阵 $\boldsymbol{B}$. （2000 年数学一）

25. 某试验性生产线每年一月份进行熟练工与非熟练工的人数统计，然后将$\frac{1}{6}$熟练工支援其他生产部门，其缺额由招收新的非熟练工补齐．新、老非熟练工经过培训及实践至年终考核有$\frac{2}{5}$成为熟练工．设第 n 年一月份统计的熟练工和非熟练工所占百分比分别为 x_n 和 y_n，记成向量$\begin{pmatrix} x_n \\ y_n \end{pmatrix}$.

（1）求$\begin{pmatrix} x_{n+1} \\ y_{n+1} \end{pmatrix}$与$\begin{pmatrix} x_n \\ y_n \end{pmatrix}$的关系式，并写成矩阵形式：$\begin{pmatrix} x_{n+1} \\ y_{n+1} \end{pmatrix}=\boldsymbol{A}\begin{pmatrix} x_n \\ y_n \end{pmatrix}$；

（2）验证：$\boldsymbol{\eta}_1=\begin{pmatrix} 4 \\ 1 \end{pmatrix}$，$\boldsymbol{\eta}_2=\begin{pmatrix} -1 \\ 1 \end{pmatrix}$是 $\boldsymbol{A}$ 的两个线性无关的特征向量，并求出相应的特征值；

（3）当$\begin{pmatrix} x_1 \\ y_1 \end{pmatrix}=\begin{pmatrix} \frac{1}{2} \\ \frac{1}{2} \end{pmatrix}$时，求$\begin{pmatrix} x_{n+1} \\ y_{n+1} \end{pmatrix}$.　　（2000 年数学一）

26. 设$\boldsymbol{\alpha}=\begin{pmatrix} 1 \\ 2 \\ 1 \end{pmatrix}$，$\boldsymbol{\beta}=\begin{pmatrix} 1 \\ \frac{1}{2} \\ 0 \end{pmatrix}$，$\boldsymbol{\gamma}=\begin{pmatrix} 0 \\ 0 \\ 8 \end{pmatrix}$，$\boldsymbol{A}=\boldsymbol{\alpha}\boldsymbol{\beta}^{\mathrm{T}}$，$\boldsymbol{B}=\boldsymbol{\beta}^{\mathrm{T}}\boldsymbol{\alpha}$，其中 $\boldsymbol{\beta}^{\mathrm{T}}$ 是 $\boldsymbol{\beta}$ 的转置，求解方程 $2\boldsymbol{B}^2\boldsymbol{A}^2\boldsymbol{x}=\boldsymbol{A}^4\boldsymbol{x}+\boldsymbol{B}^4\boldsymbol{x}+\boldsymbol{\gamma}$.　　（2000 年数学二）

27. 已知向量组 $\boldsymbol{\beta}_1=\begin{pmatrix} 0 \\ 1 \\ -1 \end{pmatrix}$，$\boldsymbol{\beta}_2=\begin{pmatrix} a \\ 2 \\ 1 \end{pmatrix}$，$\boldsymbol{\beta}_3=\begin{pmatrix} b \\ 1 \\ 0 \end{pmatrix}$与向量组 $\boldsymbol{\alpha}_1=\begin{pmatrix} 1 \\ 2 \\ -3 \end{pmatrix}$，$\boldsymbol{\alpha}_2=\begin{pmatrix} 3 \\ 0 \\ 1 \end{pmatrix}$，$\boldsymbol{\alpha}_3=\begin{pmatrix} 9 \\ 6 \\ -7 \end{pmatrix}$具有相同的秩，且 $\boldsymbol{\beta}_3$ 可由 $\boldsymbol{\alpha}_1,\boldsymbol{\alpha}_2,\boldsymbol{\alpha}_3$ 线性表示，求 a，b 的值.　　（2000 年数学二）

28. 设向量组 $\boldsymbol{\alpha}_1=(a,2,10)^{\mathrm{T}}$，$\boldsymbol{\alpha}_2=(-2,1,5)^{\mathrm{T}}$，$\boldsymbol{\alpha}_3=(-1,1,4)^{\mathrm{T}}$，$\beta=(1,b,c)^{\mathrm{T}}$. 试问：当 a，b，c 满足什么条件时，

（1）$\boldsymbol{\beta}$ 可由 $\boldsymbol{\alpha}_1,\boldsymbol{\alpha}_2,\boldsymbol{\alpha}_3$ 线性表出，且表示唯一？

（2）$\boldsymbol{\beta}$ 不能由 $\boldsymbol{\alpha}_1,\boldsymbol{\alpha}_2,\boldsymbol{\alpha}_3$ 线性表出？

（3）$\boldsymbol{\beta}$ 可由 $\boldsymbol{\alpha}_1,\boldsymbol{\alpha}_2,\boldsymbol{\alpha}_3$ 线性表出，但表示不唯一？并求出一般表达式.　　（2000 年数学三、四）

29. 设有 n 元实二次型

$$f(x_1,x_2,\cdots,x_n)=(x_1+a_1x_2)^2+(x_2+a_2x_3)^2+\cdots+(x_{n-1}+a_{n-1}x_n)^2+(x_n+a_nx_1)^2,$$

其中 $a_i(i=1,2,\cdots,n)$ 为实数. 试问：当 $a_1,a_2,\cdots,a_n$ 满足何种条件时，二次型 $f(x_1,x_2,\cdots,x_n)$ 为正定二次型？ （2000 年数学三）

30. 设矩阵 $\boldsymbol{A}=\begin{pmatrix}1&-1&1\\x&4&y\\-3&-3&5\end{pmatrix}$，已知 $\boldsymbol{A}$ 有三个线性无关的特征向量，$\lambda=2$ 是 $\boldsymbol{A}$ 的二重特征值. 试求可逆矩阵 $\boldsymbol{P}$，使得 $\boldsymbol{P}^{-1}\boldsymbol{AP}$ 为对角矩阵. （2000 年数学四）

31. 设 $\boldsymbol{\alpha}_1,\boldsymbol{\alpha}_2,\cdots,\boldsymbol{\alpha}_s$ 为线性方程组 $\boldsymbol{Ax}=\boldsymbol{0}$ 的一个基础解系，$\boldsymbol{\beta}_1=t_1\boldsymbol{\alpha}_1+t_2\boldsymbol{\alpha}_2$，$\boldsymbol{\beta}_2=t_1\boldsymbol{\alpha}_2+t_2\boldsymbol{\alpha}_3$，$\cdots$，$\boldsymbol{\beta}_s=t_1\boldsymbol{\alpha}_s+t_2\boldsymbol{\alpha}_1$，其中 t_1,t_2 为实常数. 试问：t_1,t_2 满足什么关系时，$\boldsymbol{\beta}_1,\boldsymbol{\beta}_2,\cdots,\boldsymbol{\beta}_s$ 也为 $\boldsymbol{Ax}=\boldsymbol{0}$ 的一个基础解系？ （2001 年数学一）

32. 已知三阶矩阵 $\boldsymbol{A}$ 与三维向量 $\boldsymbol{x}$，使得向量组 $\boldsymbol{x},\boldsymbol{Ax},\boldsymbol{A}^2\boldsymbol{x}$ 线性无关，且满足

$$\boldsymbol{A}^3\boldsymbol{x}=3\boldsymbol{Ax}-2\boldsymbol{A}^2\boldsymbol{x}.$$

（1）记 $\boldsymbol{P}=(\boldsymbol{x},\boldsymbol{Ax},\boldsymbol{A}^2\boldsymbol{x})$，求三阶矩阵 $\boldsymbol{B}$，使 $\boldsymbol{A}=\boldsymbol{PBP}^{-1}$；

（2）计算行列式 $|\boldsymbol{A}+\boldsymbol{E}|$. （2001 年数学一）

33. 已知矩阵 $\boldsymbol{A}=\begin{pmatrix}1&0&0\\1&1&0\\1&1&1\end{pmatrix}$，$\boldsymbol{B}=\begin{pmatrix}0&1&1\\1&0&1\\1&1&0\end{pmatrix}$，且矩阵 $\boldsymbol{X}$ 满足

$$\boldsymbol{AXA}+\boldsymbol{BXB}=\boldsymbol{AXB}+\boldsymbol{BXA}+\boldsymbol{E},$$

其中 $\boldsymbol{E}$ 是三阶单位阵，求 $\boldsymbol{X}$. （2001 年数学二）

34. 已知 $\boldsymbol{\alpha}_1,\boldsymbol{\alpha}_2,\boldsymbol{\alpha}_3,\boldsymbol{\alpha}_4$ 是线性方程组 $\boldsymbol{Ax}=\boldsymbol{0}$ 的一个基础解系，若 $\boldsymbol{\beta}_1=\boldsymbol{\alpha}_1+t\boldsymbol{\alpha}_2$，$\boldsymbol{\beta}_2=\boldsymbol{\alpha}_2+t\boldsymbol{\alpha}_3$，$\boldsymbol{\beta}_3=\boldsymbol{\alpha}_3+t\boldsymbol{\alpha}_4$，$\boldsymbol{\beta}_4=\boldsymbol{\alpha}_4+t\boldsymbol{\alpha}_1$，讨论实数 t 满足什么关系时，$\boldsymbol{\beta}_1,\boldsymbol{\beta}_2,\boldsymbol{\beta}_3,\boldsymbol{\beta}_4$ 也是 $\boldsymbol{Ax}=\boldsymbol{0}$ 的一个基础解系.

（2001 年数学二）

35. 设矩阵 $\boldsymbol{A}=\begin{pmatrix}1&1&a\\1&a&1\\a&1&1\end{pmatrix}$，$\boldsymbol{\beta}=\begin{pmatrix}1\\1\\-2\end{pmatrix}$，已知线性方程组 $\boldsymbol{Ax}=\boldsymbol{\beta}$ 有解但不唯一. 试求：

（1）a 的值；

（2）正交矩阵 $\boldsymbol{Q}$，使 $\boldsymbol{Q}^{\mathrm{T}}\boldsymbol{AQ}$ 为对角矩阵.

（2001 年数学三、四）

36. 设 $\boldsymbol{A}$ 为 n 阶实对称矩阵，秩$(\boldsymbol{A})=n$，A_{ij}是 $\boldsymbol{A}=(a_{ij})_{n\times n}$ 中元素 a_{ij}的代数余子式$(i,j=1,2,\cdots,n)$，二次型

$$f(x_1,x_2,\cdots,x_n)=\sum_{i=1}^{n}\sum_{j=1}^{n}\frac{A_{ij}}{|\boldsymbol{A}|}x_ix_j.$$

(1) 记 $\boldsymbol{x}=(x_1,x_2,\cdots,x_n)$，把 $f(x_1,x_2,\cdots,x_n)=\sum_{i=1}^{n}\sum_{j=1}^{n}\frac{A_{ij}}{|\boldsymbol{A}|}x_ix_j$ 写成矩阵形式，并证明二次型$f(\boldsymbol{x})$的矩阵为 $\boldsymbol{A}^{-1}$；

(2) 二次型 $g(\boldsymbol{x})=\boldsymbol{x}^{\mathrm{T}}\boldsymbol{A}\boldsymbol{x}$ 与$f(\boldsymbol{x})$的规范形是否相同？说明理由.

（2001 年数学三）

37. 设 $\boldsymbol{\alpha}_i=(a_{i1},a_{i2},\cdots,a_{in})^{\mathrm{T}}(i=1,2,\cdots,r;r<n)$是 n 维实向量，且 $\boldsymbol{\alpha}_1,\boldsymbol{\alpha}_2,\cdots,\boldsymbol{\alpha}_r$ 线性无关. 已知$\boldsymbol{\beta}=(b_1,b_2,\cdots,b_n)^{\mathrm{T}}$ 是线性方程组

$$\begin{cases}a_{11}x_1+a_{12}x_2+\cdots+a_{1n}x_n=0,\\a_{21}x_1+a_{22}x_2+\cdots+a_{2n}x_n=0,\\\qquad\vdots\\a_{r1}x_1+a_{r2}x_2+\cdots+a_{rn}x_n=0\end{cases}$$

的非零解向量，试判断向量组 $\boldsymbol{\alpha}_1,\boldsymbol{\alpha}_2,\cdots,\boldsymbol{\alpha}_r,\boldsymbol{\beta}$ 的线性相关性.

（2001 年数学四）

38. 已知四阶方阵 $\boldsymbol{A}=(\boldsymbol{\alpha}_1,\boldsymbol{\alpha}_2,\boldsymbol{\alpha}_3,\boldsymbol{\alpha}_4)$，$\boldsymbol{\alpha}_1,\boldsymbol{\alpha}_2,\boldsymbol{\alpha}_3,\boldsymbol{\alpha}_4$ 均为四维列向量，其中 $\boldsymbol{\alpha}_2,\boldsymbol{\alpha}_3,\boldsymbol{\alpha}_4$ 线性无关，$\boldsymbol{\alpha}_1=2\boldsymbol{\alpha}_2-\boldsymbol{\alpha}_3$. 如果 $\boldsymbol{\beta}=\boldsymbol{\alpha}_1+\boldsymbol{\alpha}_2+\boldsymbol{\alpha}_3+\boldsymbol{\alpha}_4$，求线性方程组 $\boldsymbol{A}\boldsymbol{x}=\boldsymbol{\beta}$ 的通解.　　（2002 年数学一、二）

39. 设 $\boldsymbol{A}$，$\boldsymbol{B}$ 为同阶方阵.

(1) 如果 $\boldsymbol{A}$，$\boldsymbol{B}$ 为相似，试证：$\boldsymbol{A}$，$\boldsymbol{B}$ 的特征多项式相等；

(2) 举一个二阶方阵的例子，说明(1) 的逆命题不成立；

(3) 当 $\boldsymbol{A}$，$\boldsymbol{B}$ 均为实对称矩阵时，试证：(1) 的逆命题成立.

（2002 年数学一）

40. 已知 $\boldsymbol{A}$，$\boldsymbol{B}$ 为三阶矩阵，且满足 $2\boldsymbol{A}^{-1}\boldsymbol{B}=\boldsymbol{B}-4\boldsymbol{E}$，其中 $\boldsymbol{E}$ 是三阶单位矩阵.

(1) 证明：矩阵 $\boldsymbol{A}-2\boldsymbol{E}$ 可逆；

(2) 若 $\boldsymbol{B}=\begin{pmatrix}1&-2&0\\1&2&0\\0&0&2\end{pmatrix}$，求矩阵 $\boldsymbol{A}$.　　（2002 年数学二）

41. 设齐次线性方程组

$$\begin{cases}ax_1+bx_2+bx_3+\cdots+bx_n=0,\\bx_1+ax_2+bx_3+\cdots+bx_n=0,\\\qquad\vdots\\bx_1+bx_2+bx_3+\cdots+ax_n=0.\end{cases}$$

其中 $a\neq 0$，$b\neq 0$，$n\geqslant 2$. 试讨论 a，b 为何值时，方程组仅有零解、有无穷多个解？在有无穷多个解时，求出全部解，并用基础解系表示全部解. （2002 年数学三）

42. 设 $\boldsymbol{A}$ 为三阶实对称矩阵，且满足条件 $\boldsymbol{A}^2+2\boldsymbol{A}=\boldsymbol{O}$，已知 $\boldsymbol{A}$ 的秩 $r(\boldsymbol{A})=2$.

（1）求 $\boldsymbol{A}$ 的全部特征值；

（2）当 k 为何值时，矩阵 $\boldsymbol{A}+k\boldsymbol{E}$ 为正定矩阵，其中 $\boldsymbol{E}$ 为三阶单位矩阵 .（2002 年数学三）

43. 设四元齐次线性方程组（Ⅰ）为

$$\begin{cases}2x_1+3x_2-x_3=0,\\ x_1+2x_2+x_3-x_4=0,\end{cases}$$

且已知另一四元齐次线性方程组（Ⅱ）的一个基础解系为

$$\boldsymbol{\alpha}_1=(2,-1,a+2,1)^{\mathrm{T}},\boldsymbol{\alpha}_2=(-1,2,4,a+8)^{\mathrm{T}}.$$

（1）求方程组（Ⅰ）的一个基础解系；

（2）当 a 为何值时，方程组（Ⅰ）与（Ⅱ）有非零公共解？在有非零公共解时，求出全部非零公共解. （2002 年数学四）

44. 设实对称矩阵 $\boldsymbol{A}=\begin{pmatrix}a&1&1\\1&a&-1\\1&-1&a\end{pmatrix}$，求可逆矩阵 $\boldsymbol{P}$，使 $\boldsymbol{P}^{-1}\boldsymbol{A}\boldsymbol{P}$ 为对角矩阵，并计算行列式 $|\boldsymbol{A}-\boldsymbol{E}|$ 的值.（2002 年数学四）

45. 设矩阵 $\boldsymbol{A}=\begin{pmatrix}3&2&2\\2&3&2\\2&2&3\end{pmatrix}$，$\boldsymbol{P}=\begin{pmatrix}0&1&0\\1&0&1\\0&0&1\end{pmatrix}$，$\boldsymbol{B}=\boldsymbol{P}^{-1}\boldsymbol{A}^*\boldsymbol{P}$，求 $\boldsymbol{B}+2\boldsymbol{E}$ 的特征值与特征向量，其中 $\boldsymbol{A}^*$ 为 $\boldsymbol{A}$ 的伴随矩阵，$\boldsymbol{E}$ 为三阶单位矩阵. （2003 年数学一）

46. 已知平面上三条不同直线的方程分别为

$$l_1:\ ax+2by+3c=0,$$
$$l_2:\ bx+2cy+3a=0,$$
$$l_3:\ cx+2ay+3b=0.$$

试证：这三条直线交于一点的充分必要条件为 $a+b+c=0$.

（2003 年数学一、二）

47. 若矩阵 $\boldsymbol{A}=\begin{pmatrix}2&2&0\\8&2&a\\0&0&6\end{pmatrix}$ 相似于对角矩阵 $\boldsymbol{\Lambda}$，试确定常数 a 的值；并求可逆矩阵 $\boldsymbol{P}$ 使 $\boldsymbol{P}^{-1}\boldsymbol{A}\boldsymbol{P}=\boldsymbol{\Lambda}$. （2003 年数学二）

48. 已知齐次线性方程组

$$\begin{cases}(a_1+b)x_1+a_2x_2+a_3x_3+\cdots+a_nx_n=0,\\ a_1x_1+(a_2+b)x_2+a_3x_3+\cdots+a_nx_n=0,\\ a_1x_1+a_2x_2+(a_3+b)x_3+\cdots+a_nx_n=0,\\ \qquad\vdots\\ a_1x_1+a_2x_2+a_3x_3+\cdots+(a_n+b)x_n=0,\end{cases}$$

其中 $\sum\limits_{i=1}^{n}a_i\neq 0$. 试讨论 $a_1,a_2,\cdots,a_n$ 和 b 满足何种关系时，

（1）方程组仅有零解；

（2）方程组有非零解，在有非零解时，求此方程组的一个基础解系.（2003年数学三）

49. 设二次型

$$f(x_1,x_2,x_3)=\boldsymbol{x}^{\mathrm{T}}\boldsymbol{A}\boldsymbol{x}=ax_1^2+2x_2^2-2x_3^2+2bx_1x_3\ (b>0),$$

其中二次型的矩阵 $\boldsymbol{A}$ 的特征值之和为1，特征值之积为-12.

（1）求 a，b 的值；

（2）利用正交变换将二次型 f 化为标准形，并写出所用的正交变换和对应的正交矩阵.　　（2003年数学三）

50. 设有向量组（Ⅰ）：$\boldsymbol{\alpha}_1=(1,0,2)^{\mathrm{T}}$，$\boldsymbol{\alpha}_2=(1,1,3)^{\mathrm{T}}$，$\boldsymbol{\alpha}_3=(1,-1,a+2)^{\mathrm{T}}$ 和向量组（Ⅱ）：$\boldsymbol{\beta}_1=(1,2,a+3)^{\mathrm{T}}$，$\boldsymbol{\beta}_2=(2,1,a+6)^{\mathrm{T}}$，$\boldsymbol{\beta}_3=(2,1,a+4)^{\mathrm{T}}$. 试问：当 a 为何值时，向量组（Ⅰ）与（Ⅱ）等价？当 a 为何值时，向量组（Ⅰ）与（Ⅱ）不等价？　　（2003年数学四）

51. 设矩阵 $\boldsymbol{A}=\begin{pmatrix}2&1&1\\1&2&1\\1&1&a\end{pmatrix}$ 可逆，向量 $\boldsymbol{\alpha}=\begin{pmatrix}1\\b\\1\end{pmatrix}$ 是矩阵 $\boldsymbol{A}^*$ 的一个特征向量，λ 是 $\boldsymbol{\alpha}$ 对应的特征值，其中 $\boldsymbol{A}^*$ 是矩阵 $\boldsymbol{A}$ 的伴随矩阵，试求 a，b 和 λ 的值.　　（2003年数学四）

52. 设有齐次线性方程组

$$\begin{cases}(1+a)x_1+x_2+\cdots+x_n=0,\\ 2x_1+(2+a)x_2+\cdots+2x_n=0,\\ \qquad\vdots\\ nx_1+nx_2+\cdots+(n+a)x_n=0\end{cases}\quad(n\geqslant 2).$$

试问 a 取何值时，该方程组有非零解？并求出其通解.

（2004年数学一）

53. 设矩阵 $\boldsymbol{A}=\begin{pmatrix}1&2&-3\\-1&4&-3\\1&a&5\end{pmatrix}$ 的特征方程有一个二重根，求 a

的值，并讨论 $\boldsymbol{A}$ 是否可相似对角化. （2004 年数学一、二）

54. 设有齐次线性方程组

$$\begin{cases}(1+a)x_1+x_2+x_3+x_4=0,\\2x_1+(2+a)x_2+2x_3+2x_4=0,\\3x_1+3x_2+(3+a)x_3+3x_4=0,\\4x_1+4x_2+4x_3+(4+a)x_4=0.\end{cases}$$

试问 a 取何值时，该方程组有非零解？并求出其通解.

（2004 年数学二）

55. 设 $\boldsymbol{\alpha}_1=(1,2,0)^{\mathrm{T}}$，$\boldsymbol{\alpha}_2=(1,a+2,-3a)^{\mathrm{T}}$，$\boldsymbol{\alpha}_3=(-1,-b-2,a+2b)^{\mathrm{T}}$，$\boldsymbol{\beta}=(1,3,-3)^{\mathrm{T}}$，试讨论当 a，b 为何值时，

（1）$\boldsymbol{\beta}$ 不能由 $\boldsymbol{\alpha}_1,\boldsymbol{\alpha}_2,\boldsymbol{\alpha}_3$ 线性表示；

（2）$\boldsymbol{\beta}$ 可由 $\boldsymbol{\alpha}_1,\boldsymbol{\alpha}_2,\boldsymbol{\alpha}_3$ 唯一地线性表示，并求出表示式；

（3）$\boldsymbol{\beta}$ 可由 $\boldsymbol{\alpha}_1,\boldsymbol{\alpha}_2,\boldsymbol{\alpha}_3$ 线性表示，但表示式不唯一，并求出表示式. （2004 年数学三）

56. 设 n 阶矩阵

$$\boldsymbol{A}=\begin{pmatrix}1&b&\cdots&b\\b&1&\cdots&b\\\vdots&\vdots&&\vdots\\b&b&\cdots&1\end{pmatrix}$$

（1）求 $\boldsymbol{A}$ 的特征值和特征向量；

（2）求可逆矩阵 $\boldsymbol{P}$，使得 $\boldsymbol{P}^{-1}\boldsymbol{A}\boldsymbol{P}$ 为对角矩阵.

（2004 年数学三）

57. 设线性方程组

$$\begin{cases}x_1+\lambda x_2+ux_3+x_4=0,\\2x_1+x_2+x_3+2x_4=0,\\3x_1+(2+\lambda)x_2+(4+u)x_3+4x_4=1.\end{cases}$$

已知 $(1,-1,1,-1)^{\mathrm{T}}$ 是该方程组的一个解，试求：

（1）方程组的全部解，并用对应的齐次线性方程组的基础解系表示全部解；

（2）该方程组满足 $x_2=x_3$ 的全部解. （2004 年数学四）

58. 设三阶实对称矩阵 $\boldsymbol{A}$ 的秩为 2，$\lambda_1=\lambda_2=6$ 是 $\boldsymbol{A}$ 的二重特征值，若 $\boldsymbol{\alpha}_1=(1,1,0)^{\mathrm{T}}$，$\boldsymbol{\alpha}_2=(2,1,1)^{\mathrm{T}}$，$\boldsymbol{\alpha}_3=(-1,2,-3)^{\mathrm{T}}$ 都是 $\boldsymbol{A}$ 的属于特征值 6 的特征向量.

（1）求 $\boldsymbol{A}$ 的另一特征值和对应的特征向量；

（2）求矩阵 $\boldsymbol{A}$. （2004 年数学四）

59. 已知二次型 $f(x_1,x_2,x_3)=(1-a)x_1^2+(1-a)x_2^2+2x_3^2+2(1+a)x_1x_2$ 的秩为 2.

(1) 求 a 的值;

(2) 求正交变换 $\boldsymbol{X}=\boldsymbol{QY}$, 把 $f(x_1,x_2,x_3)$ 化成标准形;

(3) 求方程 $f(x_1,x_2,x_3)=0$ 的解. (2005年数学一)

60. 已知三阶矩阵 $\boldsymbol{A}$ 的第1行是 (a,b,c), a,b,c,不全为零,矩阵

$$\boldsymbol{B}=\begin{pmatrix}1&2&3\\2&4&6\\3&6&k\end{pmatrix}\quad (k\text{ 为常数})$$

且 $\boldsymbol{AB}=\boldsymbol{O}$, 求线性方程组 $\boldsymbol{Ax}=\boldsymbol{0}$ 的通解. (2005年数学一、二)

61. 确定常数 a, 使向量组 $\boldsymbol{\alpha}_1=(1,1,a)^{\mathrm{T}}$, $\boldsymbol{\alpha}_2=(1,a,1)^{\mathrm{T}}$, $\boldsymbol{\alpha}_3=(a,1,1)^{\mathrm{T}}$ 可由向量组 $\boldsymbol{\beta}_1=(1,1,a)^{\mathrm{T}}$, $\boldsymbol{\beta}_2=(-2,a,4)^{\mathrm{T}}$, $\boldsymbol{\beta}_3=(-2,a,a)^{\mathrm{T}}$ 线性表示, 但向量组 $\boldsymbol{\beta}_1$, $\boldsymbol{\beta}_2$, $\boldsymbol{\beta}_3$ 不能由向量组 $\boldsymbol{\alpha}_1,\boldsymbol{\alpha}_2,\boldsymbol{\alpha}_3$ 线性表示. (2005年数学二)

62. 已知齐次线性方程组

$$(\text{I})\begin{cases}x_1+2x_2+3x_3=0,\\2x_1+3x_2+5x_3=0,\\x_1+x_2+ax_3=0\end{cases}\text{和}(\text{II})\begin{cases}x_1+bx_2+cx_3=0,\\2x_1+bx_2+(c+1)x_3=0\end{cases}$$

同解, 求 a, b, c 的值. (2005年数学三、四)

63. 设 $\boldsymbol{D}=\begin{pmatrix}\boldsymbol{A}&\boldsymbol{C}\\\boldsymbol{C}^{\mathrm{T}}&\boldsymbol{B}\end{pmatrix}$ 为正定矩阵, 其中 $\boldsymbol{A}$, $\boldsymbol{B}$ 分别为 m 阶、n 阶对称矩阵, $\boldsymbol{C}$ 为 $m\times n$ 矩阵.

(1) 计算 $\boldsymbol{P}^{\mathrm{T}}\boldsymbol{DP}$, 其中 $\boldsymbol{P}=\begin{pmatrix}\boldsymbol{E}_m&-\boldsymbol{A}^{-1}\boldsymbol{C}\\\boldsymbol{O}&\boldsymbol{E}_n\end{pmatrix}$;

(2) 利用(1)的结果, 判断矩阵 $\boldsymbol{B}-\boldsymbol{C}^{\mathrm{T}}\boldsymbol{A}^{-1}\boldsymbol{C}$ 是否为正定矩阵, 并证明你的结论. (2005年数学三)

64. 设 $\boldsymbol{A}$ 为三阶矩阵, $\boldsymbol{\alpha}_1,\boldsymbol{\alpha}_2,\boldsymbol{\alpha}_3$ 是线性无关的三维列向量, 且满足

$$\boldsymbol{A\alpha}_1=\boldsymbol{\alpha}_1+\boldsymbol{\alpha}_2+\boldsymbol{\alpha}_3,\ \boldsymbol{A\alpha}_2=2\boldsymbol{\alpha}_2+\boldsymbol{\alpha}_3,\ \boldsymbol{A\alpha}_3=2\boldsymbol{\alpha}_2+3\boldsymbol{\alpha}_3.$$

(1) 求矩阵 $\boldsymbol{B}$, 使得 $\boldsymbol{A}(\boldsymbol{\alpha}_1,\boldsymbol{\alpha}_2,\boldsymbol{\alpha}_3)=(\boldsymbol{\alpha}_1,\boldsymbol{\alpha}_2,\boldsymbol{\alpha}_3)\boldsymbol{B}$;

(2) 求矩阵 $\boldsymbol{A}$ 的特征值;

(3) 求可逆矩阵 $\boldsymbol{P}$, 使得 $\boldsymbol{P}^{-1}\boldsymbol{AP}$ 为对角矩阵.

(2005年数学四)

65. 已知非齐次线性方程组

$$\begin{cases} x_1+x_2+x_3+x_4=-1, \\ 4x_1+3x_2+5x_3-x_4=-1, \\ ax_1+x_2+3x_3+bx_4=1 \end{cases}$$

有三个线性无关的解.

(1) 证明：方程组系数矩阵 $\boldsymbol{A}$ 的秩 $R(\boldsymbol{A})=2$；

(2) 求 a，b 的值及方程组的通解. (2006 年数学一、二)

66. 设四维向量组 $\boldsymbol{\alpha}_1=(1+a,1,1,1)^{\mathrm{T}}$，$\boldsymbol{\alpha}_2=(2,2+a,2,2)^{\mathrm{T}}$，$\boldsymbol{\alpha}_3=(3,3,3+a,3)^{\mathrm{T}}$，$\boldsymbol{\alpha}_4=(4,4,4,4+a)^{\mathrm{T}}$，问 a 为何值时，$\boldsymbol{\alpha}_1,\boldsymbol{\alpha}_2,\boldsymbol{\alpha}_3,\boldsymbol{\alpha}_4$ 线性相关？当 $\boldsymbol{\alpha}_1,\boldsymbol{\alpha}_2,\boldsymbol{\alpha}_3,\boldsymbol{\alpha}_4$ 线性相关时，求其一个极大线性无关组，并将其余向量用该极大线性无关组线性表出.

(2006 年数学三、四)

67. 设三阶实对称矩阵 $\boldsymbol{A}$ 的各行元素之和均为 3，向量 $\boldsymbol{\alpha}_1=(-1,2,-1)^{\mathrm{T}}$，$\boldsymbol{\alpha}_2=(0,-1,1)^{\mathrm{T}}$ 是线性方程组 $\boldsymbol{Ax}=\boldsymbol{0}$ 的两个解.

(1) 求 $\boldsymbol{A}$ 的特征值与特征向量；

(2) 求正交矩阵 $\boldsymbol{Q}$ 和对角矩阵 $\boldsymbol{\Lambda}$，使得 $\boldsymbol{Q}^{\mathrm{T}}\boldsymbol{AQ}=\boldsymbol{\Lambda}$；

(2006 年数学一、二、三、四)

(3) 求 $\boldsymbol{A}$ 及 $\left(\boldsymbol{A}-\dfrac{3}{2}\boldsymbol{E}\right)^6$，其中 $\boldsymbol{E}$ 为三阶单位矩阵.

(2006 年数学三、四)

68. 设线性方程组

$$\begin{cases} x_1+x_2+x_3=0, \\ x_1+2x_2+ax_3=0, \\ x_1+4x_2+a^2x_3=0 \end{cases}$$

与方程

$$x_1+2x_2+x_3=a-1$$

有公共解，求 a 的值及所有公共解.

(2007 年数学一、二、三、四)

69. 设三阶对称矩阵 $\boldsymbol{A}$ 的特征值 $\lambda_1=1$，$\lambda_2=2$，$\lambda_3=-2$，$\boldsymbol{\alpha}_1=(1,-1,1)^{\mathrm{T}}$ 是 $\boldsymbol{A}$ 的属于 λ_1 的一个特征向量，记 $\boldsymbol{B}=\boldsymbol{A}^5-4\boldsymbol{A}^3+\boldsymbol{E}$，其中 $\boldsymbol{E}$ 为三阶单位矩阵.

(1) 验证 $\boldsymbol{\alpha}_1$ 是矩阵 $\boldsymbol{B}$ 的特征向量，并求 $\boldsymbol{B}$ 的全部特征值与特征向量；

(2) 求矩阵 $\boldsymbol{B}$. (2007 年数学一、二、三、四)

参考答案

一、填空题

1. -3；　2. 3；　3. $-\sqrt{2}<t<\sqrt{2}$；　4. $(-1)^{n-1}(n-1)$；

5. $\left(\frac{|\boldsymbol{A}|}{\lambda}\right)^2+1$；　6. $\begin{pmatrix}2&0&0\\0&-4&0\\0&0&2\end{pmatrix}$；　7. $-\frac{2^{2n-1}}{3}$；

8. $\lambda_1=n$，$\lambda_2=\lambda_3=\cdots=\lambda_n=0$；　9. 0；　10. $\begin{pmatrix}1&\frac{1}{2}&0\\-\frac{1}{2}&1&0\\0&0&2\end{pmatrix}$；

11. -1；　12. $\begin{pmatrix}1&0&0&0\\-1&2&0&0\\0&-2&3&0\\0&0&-3&4\end{pmatrix}$；　13. 24；

14. $a^2(a-2^n)$；　15. 24；　16. $\frac{1}{2}(\boldsymbol{A}+2\boldsymbol{E})$；　17. -2；

18. -3；　19. -28；　20. 2；　21. 4；

22. -1；　23. $\begin{pmatrix}0&\frac{1}{2}\\-1&-1\end{pmatrix}$；　24. $abc\neq0$；　25. $\begin{pmatrix}2&3\\-1&-2\end{pmatrix}$；

26. 3；　27. $\frac{1}{2}$；　28. -1；　29. $\begin{pmatrix}0&0&1\\0&1&0\\1&0&0\end{pmatrix}$；

30. $\frac{1}{9}$；　31. 2；　32. $\begin{pmatrix}3&0&0\\0&3&0\\0&0&-1\end{pmatrix}$；　33. $(1,0,0)^{\mathrm{T}}$；

34. 2；　35. $\frac{1}{2}$；　36. 2；　37. -2；　38. 1.

二、选择题

1. D；　2. D；　3. C；　4. A；　5. A；　6. B；　7. B；　8. C；　9. C；　10. B；　11. B；
12. B；　13. D；　14. D；　15. A；　16. C；　17. A；　18. C；　19. D；　20. B；　21. A；
22. D；　23. B；　24. D；　25. D；　26. B；　27. C；　28. B；　29. C；　30. D；　31. A；
32. D；　33. B；　34. B；　35. C；　36. A；　37. A；　38. A；　39. B；　40. A；　41. B.

三、计算题与证明题

1. (1) $|\boldsymbol{B}|=-|\boldsymbol{A}|\neq0$，故 $\boldsymbol{B}$ 可逆；

（2）$\boldsymbol{A}\boldsymbol{B}^{-1}=\boldsymbol{E}_{ij}$，其中 $\boldsymbol{E}_{ij}$ 表示 n 阶单位矩阵对换 i, j 两行后得到的矩阵.

2. $\boldsymbol{\alpha}_1,\boldsymbol{\alpha}_2$ 是 $\boldsymbol{\alpha}_1,\boldsymbol{\alpha}_2,\boldsymbol{\alpha}_3$ 的极大无关组，将 $\boldsymbol{\alpha}_1,\boldsymbol{\alpha}_2$ 标准正交化，得

$$\boldsymbol{\alpha}_1=\left(\frac{1}{\sqrt{15}},\frac{1}{\sqrt{15}},\frac{2}{\sqrt{15}},\frac{3}{\sqrt{15}}\right)^{\mathrm{T}},$$

$$\boldsymbol{\alpha}_2=\left(-\frac{2}{\sqrt{39}},\frac{1}{\sqrt{39}},\frac{5}{\sqrt{39}},-\frac{3}{\sqrt{39}}\right)^{\mathrm{T}}.$$

3. （1）$a=-3$，$b=0$，$\boldsymbol{\xi}$ 所对应的特征值 $\lambda=-1$；

（2）$\boldsymbol{A}$ 不能相似于对角阵.

4. $\boldsymbol{B}=\boldsymbol{A}-\boldsymbol{A}^{-1}=\begin{pmatrix}0&2&1\\0&0&0\\0&0&0\end{pmatrix}$.

5. 当 $\lambda\neq-\frac{4}{5}$ 且 $\lambda\neq1$ 时，方程组有唯一解；当 $\lambda=-\frac{4}{5}$ 时，方程组无解；当 $\lambda=1$ 时，方程组有无穷多个解，其通解为 $\boldsymbol{x}=k(0,1,1)^{\mathrm{T}}+(1,-1,0)^{\mathrm{T}}$，$k$ 为任意常数.

6. （1）$\boldsymbol{P}\boldsymbol{Q}=\begin{pmatrix}\boldsymbol{E}&\boldsymbol{\alpha}\\\boldsymbol{O}&|\boldsymbol{A}|(-\boldsymbol{a}^{\mathrm{T}}\boldsymbol{A}^{-1}\boldsymbol{\alpha}+\boldsymbol{b})\end{pmatrix}$；（2）证明略.

7. （1）$\boldsymbol{\alpha}_3=(1,\ 0,\ 1)^{\mathrm{T}}$；　　（2）$\boldsymbol{A}=\frac{1}{6}\begin{pmatrix}13&-2&5\\-2&10&2\\5&2&13\end{pmatrix}$.

8. （1）$a=5$，$b=6$；　　（2）$\boldsymbol{P}=\begin{pmatrix}1&1&1\\-1&0&-2\\0&1&3\end{pmatrix}$.

9. 提示：由线性无关的定义可证.

10. 通解为 $\boldsymbol{y}=k_1(a_{11},a_{12},\cdots,a_{1,2n})^{\mathrm{T}}+k_2(a_{21},a_{22},\cdots,a_{2,2n})^{\mathrm{T}}+\cdots+k_n(a_{n1},a_{n2},\cdots,a_{n,2n})^{\mathrm{T}}$，其中 k_1，$k_2,\cdots,k_n$ 为任意常数.

11. $a=3$，$b=1$，$\boldsymbol{P}=\begin{pmatrix}\frac{1}{\sqrt{2}}&\frac{1}{\sqrt{3}}&\frac{1}{\sqrt{6}}\\0&-\frac{1}{\sqrt{3}}&\frac{2}{\sqrt{6}}\\-\frac{1}{\sqrt{2}}&\frac{1}{\sqrt{3}}&\frac{1}{\sqrt{6}}\end{pmatrix}$.

12. $\boldsymbol{A}=[(2\boldsymbol{C}-\boldsymbol{B})^{-1}]^{\mathrm{T}}=[(2\boldsymbol{C}-\boldsymbol{B})^{\mathrm{T}}]^{-1}=\begin{pmatrix}1&0&0&0\\-2&1&0&0\\1&-2&1&0\\0&1&-2&1\end{pmatrix}$.

13. （1）$b\neq2$，a 任意；

（2）$b=2$，$a\neq1$ 时，$\boldsymbol{\beta}=-\boldsymbol{\alpha}+2\boldsymbol{\alpha}_2$；

$b=2$，$a=1$ 时，$\boldsymbol{\beta}=-(2k+1)\boldsymbol{\alpha}_1+(k+2)\boldsymbol{\alpha}_2+k\boldsymbol{\alpha}_3$，$k$ 为任意常数.

14. (1) $\boldsymbol{A}^2$ 为 n 阶零矩阵；

(2) $\boldsymbol{A}$ 的特征值全为零，假设 $a_1\neq 0$，$b_1\neq 0$，对应于特征值 $\lambda=0$ 的特征向量为 $\boldsymbol{\alpha}_1=(-b_2,b_1,0,\cdots,0)^{\mathrm{T}}$，$\boldsymbol{\alpha}_2=(-b_3,0,b_1,\cdots,0)^{\mathrm{T}},\cdots,\boldsymbol{\alpha}_{n-1}=(-b_n,0,0,\cdots,b_1)^{\mathrm{T}}$.

15. $\boldsymbol{\Lambda}=\begin{pmatrix}(k+2)^2 & & \\ & (k+2)^2 & \\ & & k^2\end{pmatrix}$，当 $k\neq -2$ 且 $k\neq 0$ 时，$\boldsymbol{B}$ 为正定矩阵.

16. (1) 方程组(Ⅰ)的通解为

$$\boldsymbol{x}=(-2,-4,-5,0)^{\mathrm{T}}+k(1,1,2,1)^{\mathrm{T}},k \text{ 为任意常数；}$$

(2) $m=2$，$n=4$，$t=6$.

17. $a=2$，$b=-3$，$c=2$，$\lambda_0=1$.

18. 写出矩阵 $\boldsymbol{B}^{\mathrm{T}}\boldsymbol{AB}$ 所对应的二次型，利用二次型正定的定义证明；并注意到 $R(\boldsymbol{B})=n$，当且仅当方程组 $\boldsymbol{Bx}=\boldsymbol{0}$ 仅有零解.

19. $\boldsymbol{X}=\dfrac{1}{4}\begin{pmatrix}1&1&0\\0&1&1\\1&0&1\end{pmatrix}$.

20. (1) 当 $p\neq 2$ 时，$\boldsymbol{\alpha}=2\boldsymbol{\alpha}_1+\dfrac{3p-4}{p-2}\boldsymbol{\alpha}_2+\boldsymbol{\alpha}_3+\dfrac{1-p}{p-2}\boldsymbol{\alpha}_4$；

(2) 当 $p=2$ 时，$\boldsymbol{\alpha}_1,\boldsymbol{\alpha}_2,\boldsymbol{\alpha}_3,\boldsymbol{\alpha}_4$ 线性相关，$\boldsymbol{\alpha}_1,\boldsymbol{\alpha}_2,\boldsymbol{\alpha}_3$(或 $\boldsymbol{\alpha}_1,\boldsymbol{\alpha}_3,\boldsymbol{\alpha}_4$)为其一个极大线性无关组.

21. 由于 $\boldsymbol{B}$ 是对称矩阵，写出其所对应的二次型，用二次型正定的定义可证.

22. (1) 当 $a\neq b$，$b\neq c$，$c\neq a$ 时，方程组仅有零解；

(2) 当 $a=b\neq c$ 时，方程组有无穷多个解，全部解为 $\boldsymbol{X}=k_1(1,\ -1,\ 0)^{\mathrm{T}}$，$k_1$ 为任意常数；

当 $a=c\neq b$ 时，方程组有无穷多个解，全部解为 $\boldsymbol{X}=k_2(1,0,-1)^{\mathrm{T}}$，$k_2$ 为任意常数；

当 $b=c\neq a$ 时，方程组有无穷多个解，全部解为 $\boldsymbol{X}=k_3(0,1,-1)^{\mathrm{T}}$，$k_3$ 为任意常数；

当 $a=b=c$ 时，方程组有无穷多个解，全部解为 $\boldsymbol{X}=k_4(0,1,-1)^{\mathrm{T}}+k_5(1,0,-1)^{\mathrm{T}},k_4,k_5$ 为任意常数.

23. 当 $k=0$ 时，令 $\boldsymbol{P}=\begin{pmatrix}1&1&0\\0&0&1\\1&2&1\end{pmatrix}$，则 $\boldsymbol{P}^{-1}\boldsymbol{AP}=\begin{pmatrix}-1&0&0\\0&-1&0\\0&0&-1\end{pmatrix}$.

24. $\boldsymbol{B}=\begin{pmatrix}6&0&0&0\\0&6&0&0\\6&0&6&0\\0&3&0&-1\end{pmatrix}$.

25. (1) $\begin{pmatrix}x_{n+1}\\y_{n+1}\end{pmatrix}=\begin{pmatrix}\dfrac{9}{10}&\dfrac{2}{5}\\\dfrac{1}{10}&\dfrac{3}{5}\end{pmatrix}\begin{pmatrix}x_n\\y_n\end{pmatrix}$，$\boldsymbol{A}=\begin{pmatrix}\dfrac{9}{10}&\dfrac{2}{5}\\\dfrac{1}{10}&\dfrac{3}{5}\end{pmatrix}$；

（2）$\lambda_1=1$，$\lambda_2=\frac{1}{2}$；

（3）$\begin{pmatrix} x_{n+1} \\ y_{n+1} \end{pmatrix}=\boldsymbol{A}^n\begin{pmatrix} \frac{1}{2} \\ \frac{1}{2} \end{pmatrix}=\frac{1}{10}\begin{pmatrix} 8-3\left(\frac{1}{2}\right)^n \\ 2+3\left(\frac{1}{2}\right)^n \end{pmatrix}$.

26. $\boldsymbol{x}=k\begin{pmatrix} 1 \\ 2 \\ 1 \end{pmatrix}+\begin{pmatrix} 0 \\ 0 \\ -\frac{1}{2} \end{pmatrix}$，$k$ 为任意常数.

27. $a=15$，$b=5$.

28. （1）当 $a\neq-4$，b，c 为任意常数时，$\boldsymbol{\beta}$ 可由 $\boldsymbol{\alpha}_1,\boldsymbol{\alpha}_2,\boldsymbol{\alpha}_3$ 唯一线性表示；

（2）当 $a=-4$，$3b-c\neq1$ 时，$\boldsymbol{\beta}$ 不能由 $\boldsymbol{\alpha}_1,\boldsymbol{\alpha}_2,\boldsymbol{\alpha}_3$ 线性表示；

（3）当 $a=-4$，$3b-c=1$ 时，$\boldsymbol{\beta}=t\boldsymbol{\alpha}_1-(2t+b+1)\boldsymbol{\alpha}_2+(2b+1)\boldsymbol{\alpha}_3$，$t$ 为任意常数.

29. $a_1a_2\cdots a_n\neq(-1)^{n+1}$.

30. $\boldsymbol{P}=\begin{pmatrix} 1 & 1 & 1 \\ -1 & 0 & -2 \\ 0 & 1 & 3 \end{pmatrix}$，$\boldsymbol{P}^{-1}\boldsymbol{AP}=\begin{pmatrix} 2 & 0 & 0 \\ 0 & 2 & 0 \\ 0 & 0 & 6 \end{pmatrix}$.

31. 当 $t_1^s+(-1)^{s+1}t_2^s\neq0$ 时，即当 s 为偶数时，$t_1\neq\pm t_2$；当 s 为奇数时，$t_1\neq-t_2$.

32. （1）$\boldsymbol{B}=\begin{pmatrix} 0 & 0 & 0 \\ 1 & 0 & 3 \\ 0 & 1 & -2 \end{pmatrix}$；（2）$|\boldsymbol{A}+\boldsymbol{E}|=-4$.

33. $\boldsymbol{X}=[(\boldsymbol{A}-\boldsymbol{B})^{-1}]^2=\begin{pmatrix} 1 & 2 & 5 \\ 0 & 1 & 2 \\ 0 & 0 & 1 \end{pmatrix}$.

34. $t\neq\pm1$.

35. （1）$a=-2$；

（2）$\boldsymbol{Q}=\begin{pmatrix} \frac{1}{\sqrt{3}} & \frac{1}{\sqrt{2}} & -\frac{1}{\sqrt{6}} \\ \frac{1}{\sqrt{3}} & 0 & \frac{2}{\sqrt{6}} \\ \frac{1}{\sqrt{3}} & -\frac{1}{\sqrt{2}} & -\frac{1}{\sqrt{6}} \end{pmatrix}$，$\boldsymbol{Q}^{\mathrm{T}}\boldsymbol{AQ}=\begin{pmatrix} 3 & 0 & 0 \\ 0 & -3 & 0 \\ 0 & 0 & 0 \end{pmatrix}$.

36. （1）利用 $\boldsymbol{A}^{-1}=\frac{\boldsymbol{A}^*}{|\boldsymbol{A}|}$；

（2）$g(\boldsymbol{x})$ 和 $f(\boldsymbol{x})$ 的规范形相同.

37. 线性无关.

38. 通解为 $\boldsymbol{x}=(1,1,1,1)^{\mathrm{T}}+k(1,-2,1,0)^{\mathrm{T}}$，$k$ 为任意常数.

39.（1）由矩阵相似和特征多项式的定义可证；

（2）可取 $\boldsymbol{A}=\begin{pmatrix}0&1\\0&0\end{pmatrix}$，$\boldsymbol{B}=\begin{pmatrix}0&0\\0&0\end{pmatrix}$；

（3）由矩阵 $\boldsymbol{A}$ 和 $\boldsymbol{B}$ 有相同的特征值，因而相似于同一个对角阵可证.

40.（1）证明略；（2）$\boldsymbol{A}=\begin{pmatrix}0&2&0\\-1&-1&0\\0&0&-2\end{pmatrix}$.

41.（1）当 $a\neq b$ 且 $a\neq(1-n)b$ 时，方程组仅有零解；

（2）当 $a=b$ 时，方程组有无穷多个解，全部解为 $\boldsymbol{X}=c_1(-1,1,0,\cdots,0)^{\mathrm{T}}+c_2(-1,0,1,\cdots,0)^{\mathrm{T}}+\cdots+c_{n-1}(-1,0,0,\cdots,1)^{\mathrm{T}}$，$c_1,c_2,\cdots,c_{n-1}$ 为任意常数；

（3）当 $a=(1-n)b$ 时，方程组有无穷多个解，全部解为 $\boldsymbol{x}=c(1,1,1,\cdots,1)^{\mathrm{T}}$，$c$ 为任意常数.

42.（1）$\lambda_1=\lambda_2=-2$，$\lambda_3=0$；

（2）当 $k>2$ 时，$\boldsymbol{A}+k\boldsymbol{E}$ 为正定矩阵.

43.（1）方程组（Ⅰ）的一个基础解系为 $\boldsymbol{\xi}_1=(5,-3,1,0)^{\mathrm{T}}$，$\boldsymbol{\xi}_2=(-3,2,0,1)^{\mathrm{T}}$；

（2）当 $a=-1$ 时，方程组（Ⅰ）与（Ⅱ）有非零公共解，全部非零公共解为

$$\boldsymbol{x}=k_1(2,-1,1,1)^{\mathrm{T}}+k_2(-1,2,4,7)^{\mathrm{T}},$$

k_1，k_2 为不全为零的任意常数.

44. $\boldsymbol{P}=\begin{pmatrix}1&1&-1\\1&0&1\\0&1&1\end{pmatrix}$，$\boldsymbol{P}^{-1}\boldsymbol{A}\boldsymbol{P}=\begin{pmatrix}a+1&&\\&a+1&\\&&a-2\end{pmatrix}$，$|\boldsymbol{A}-\boldsymbol{E}|=a^2(a-3)$.

45. $\boldsymbol{B}+2\boldsymbol{E}=\begin{pmatrix}9&0&0\\-2&7&-4\\-2&-2&5\end{pmatrix}$，特征值为 $\lambda_1=\lambda_2=9$，$\lambda_3=3$；

当 $\lambda_1=\lambda_2=9$ 时，对应的线性无关的特征向量为

$$\boldsymbol{\eta}_1=\begin{pmatrix}-1\\1\\0\end{pmatrix},\quad \boldsymbol{\eta}_2=\begin{pmatrix}-2\\0\\1\end{pmatrix};$$

当 $\lambda_3=3$ 时，对应的一个特征向量为

$$\boldsymbol{\eta}_3=\begin{pmatrix}0\\1\\1\end{pmatrix}.$$

46. 提示：必要性：三直线交于一点，则线性方程组

$$\begin{cases}ax+2by=-3c,\\bx+2cy=-3a,\\cx+2ay=-3b\end{cases}$$

有唯一解，$R(\boldsymbol{A})=R(\overline{\boldsymbol{A}})=2$，$|\overline{\boldsymbol{A}}|=0$. 由于

$$
\begin{aligned}
|\overline{\boldsymbol{A}}| &= \begin{vmatrix} a & 2b & -3c \\ b & 2c & -3a \\ c & 2a & -3b \end{vmatrix} \\
&=6(a+b+c)[a^2+b^2+c^2-ab-ac-bc] \\
&=3(a+b+c)[(a-b)^2+(b-c)^2+(c-a)^2] \\
&=0,
\end{aligned}
$$

得 $a+b+c=0$.

充分性：由 $a+b+c=0$，则 $|\overline{\boldsymbol{A}}|=0$，故 $R(\overline{\boldsymbol{A}})<3$. 由于

$$\begin{vmatrix} a & 2b \\ b & 2c \end{vmatrix}=2(ac-b^2)=-2\left[\left(a+\frac{1}{2}b\right)^2+\frac{3}{4}b^2\right]\neq 0,$$

故 $R(\boldsymbol{A})=R(\overline{\boldsymbol{A}})=2$，方程组有唯一解.

47. $a=0$，$\boldsymbol{P}=\begin{pmatrix} 0 & 1 & 1 \\ 0 & 2 & -2 \\ 1 & 0 & 0 \end{pmatrix}$，$\boldsymbol{P}^{-1}\boldsymbol{AP}=\begin{pmatrix} 6 & & \\ & 6 & \\ & & -2 \end{pmatrix}$.

48. (1) $|\boldsymbol{A}|=b^{n-1}\left(b+\sum_{i=1}^{n}a_i\right)$，当 $b\neq 0$ 且 $b+\sum_{i=1}^{n}a_i\neq 0$ 时，秩$(\boldsymbol{A})=n$，方程组仅有零解；

(2) 当 $b=0$ 时，原方程组的同解方程组为 $a_1x_1+a_2x_2+\cdots+a_nx_n=0$，由 $\sum_{i=1}^{n}a_i\neq 0$ 可知，$a_i(i=1,2,\cdots,n)$不全为零. 设 $a_1\neq 0$，得原方程组的一个基础解系为

$$\boldsymbol{\alpha}_1=\left(-\frac{a_2}{a_1},1,0,\cdots,0\right)^{\mathrm{T}},$$

$$\boldsymbol{\alpha}_2=\left(-\frac{a_3}{a_1},0,1,\cdots,0\right)^{\mathrm{T}},$$

$$\vdots$$

$$\boldsymbol{\alpha}_{n-1}=\left(-\frac{a_n}{a_1},0,0,\cdots,1\right)^{\mathrm{T}}.$$

当 $b=-\sum_{i=1}^{n}a_i$ 时，有 $b\neq 0$，原方程组的一个基础解系为 $\boldsymbol{\alpha}=(1,1,1,\cdots,1)^{\mathrm{T}}$.

49. (1) $a=1$，$b=2$；

(2) 正交矩阵 $\boldsymbol{Q}=\begin{pmatrix} \frac{2}{\sqrt{5}} & 0 & \frac{1}{\sqrt{5}} \\ 0 & 1 & 0 \\ \frac{1}{\sqrt{5}} & 0 & -\frac{2}{\sqrt{5}} \end{pmatrix}$，正交变换 $\boldsymbol{x}=\boldsymbol{Qy}$，二次型的标准形为 $f=2y_1^2+2y_2^2-3y_3^2$.

50. (1) 当 $a\neq -1$ 时，向量组(Ⅰ)与(Ⅱ)等价.

(2) 当 $a=-1$ 时，向量组(Ⅰ)与(Ⅱ)不等价.

51. $a=2$，$b=1$，$\lambda=1$ 或 $a=2$，$b=-2$，$\lambda=4$.

52. 当 $a=0$ 时，通解，$\boldsymbol{x}=k_1(-1,1,0,\cdots,0)^{\mathrm{T}}+k_2(-1,0,1,\cdots,0)^{\mathrm{T}}+\cdots+k_{n-1}(-1,0,0,\cdots,1)^{\mathrm{T}}$，其中 $k_1,\cdots,k_{n-1}$ 为任意常数；当 $a=-\dfrac{n(n+1)}{2}$ 时，通解 $\boldsymbol{x}=k(1,2,\cdots,n)^{\mathrm{T}}$，其中 k 为任意常数.

53. 当 $a=-2$ 时，$\boldsymbol{A}$ 可相似对角化；当 $a=-\dfrac{2}{3}$ 时，$\boldsymbol{A}$ 不可相似对角化.

54. 当 $a=0$ 时，其通解为 $\boldsymbol{x}=k_1(-1,1,0,0)^{\mathrm{T}}+k_2(-1,0,1,0)^{\mathrm{T}}+k_3(-1,0,0,1)^{\mathrm{T}}$，其中 k_1,k_2,k_3 为任意常数；当 $a=-10$ 时，其通解为 $\boldsymbol{x}=k(1,2,3,4)^{\mathrm{T}}$，其中 k 为任意常数.

55. （1）$a=0$，b 为任意常数；

（2）$a\neq 0$ 且 $a\neq b$ 时，$\boldsymbol{\beta}=\left(1-\dfrac{1}{a}\right)\boldsymbol{\alpha}_1+\dfrac{1}{a}\boldsymbol{\alpha}_2$；

（3）$a=b\neq 0$ 时，$\boldsymbol{\beta}=\left(1-\dfrac{1}{a}\right)\boldsymbol{\alpha}_1+\left(\dfrac{1}{a}+c\right)\boldsymbol{\alpha}_2+c\boldsymbol{\alpha}_3$.

56. （1）当 $b\neq 0$ 时，$\boldsymbol{A}$ 的特征值 $\lambda_1=1+(n-1)b$，$\lambda_2=\cdots=\lambda_n=1-b$. 与 λ_1 对应的全部特征向量为 $k(1,1,\cdots,1)^{\mathrm{T}}$（$k$ 为任意非零常数），与 $\lambda_2,\cdots,\lambda_n$ 对应的全部特征向量为 $k_2(1,-1,0,\cdots,0)^{\mathrm{T}}+k_3(1,0,-1,\cdots,0)^{\mathrm{T}}+\cdots+k_n(1,0,0,\cdots,-1)^{\mathrm{T}}$（$k_2,\cdots,k_n$ 是不全为零的常数）；

当 $b=0$ 时，特征值 $\lambda_1=\cdots=\lambda_n=1$，任意非零列向量均为特征向量.

（2）当 $b\neq 0$ 时，$\boldsymbol{A}$ 有 n 个线性无关的特征向量，令 $\boldsymbol{P}=(\boldsymbol{\xi}_1,\boldsymbol{\xi}_2,\cdots,\boldsymbol{\xi}_n)$，则 $\boldsymbol{P}^{-1}\boldsymbol{AP}=\mathbf{diag}\{1+(n-1)b,1-b,\cdots,1-b\}$；

当 $b=0$ 时，$\boldsymbol{A}=\boldsymbol{E}$，对任意可逆矩阵 $\boldsymbol{P}$，均有 $\boldsymbol{P}^{-1}\boldsymbol{AP}=\boldsymbol{E}$.

57. （1）当 $\lambda\neq\dfrac{1}{2}$ 时，全部解为 $\boldsymbol{x}=(-1,0,0,1)^{\mathrm{T}}+k(-2,1,-1,2)^{\mathrm{T}}$，$k$ 为任意常数；

当 $\lambda=\dfrac{1}{2}$ 时，全部解为 $\boldsymbol{x}=(-1,0,0,1)^{\mathrm{T}}+k_1(1,-3,1,0)^{\mathrm{T}}+k_2(-1,-2,0,2)^{\mathrm{T}}$，$k_1,k_2$ 为任意常数.

（2）当 $\lambda\neq\dfrac{1}{2}$ 时，方程组的解为 $\boldsymbol{x}=(-1,0,0,1)^{\mathrm{T}}$；

当 $\lambda=\dfrac{1}{2}$ 时，全部解为 $\boldsymbol{x}=(-1,0,0,1)^{\mathrm{T}}+k_1(3,1,1,-4)^{\mathrm{T}}$，其中 k_1 为任意常数.

58. （1）$\lambda_3=0$，对应的特征向量 $k(-1,1,1)^{\mathrm{T}}$，k 为不为零的任意常数；

（2）$\begin{pmatrix}4 & 2 & 2\\ 2 & 4 & -2\\ 2 & -2 & 4\end{pmatrix}$.

59. （1）$a=0$；

（2）$\boldsymbol{Q}=\begin{pmatrix}\dfrac{1}{\sqrt{2}} & 0 & \dfrac{1}{\sqrt{2}}\\ \dfrac{1}{\sqrt{2}} & 0 & -\dfrac{1}{\sqrt{2}}\\ 0 & 1 & 0\end{pmatrix}$，$f(x_1,x_2,x_3)=2y_1^2+2y_2^2$；

（3）$\boldsymbol{x}=k(1,-1,0)^{\mathrm{T}}$，其中 k 为任意常数.

60. 当 $k\neq9$ 时，通解为 $\boldsymbol{x}=c_1(1,2,3)^{\mathrm{T}}+c_2(3,6,k)^{\mathrm{T}}$，其中 c_1，c_2 为任意常数；当 $k=9$ 时，通解为 $\boldsymbol{x}=c(1,2,3)^{\mathrm{T}}$，$c$ 为任意常数，或 $\boldsymbol{x}=c_1(-b,a,0)^{\mathrm{T}}+c_2(-c,0,a)^{\mathrm{T}}$，其中 c_1，c_2 为任意常数.

61. $a=1$.

62. $a=2$，$b=1$，$c=2$.

63. （1）$\begin{pmatrix}\boldsymbol{A} & \boldsymbol{O}\\ \boldsymbol{O} & \boldsymbol{B}-\boldsymbol{C}^{\mathrm{T}}\boldsymbol{A}^{-1}\boldsymbol{C}\end{pmatrix}$；（2）是.

64. （1）$\begin{pmatrix}1&0&0\\1&2&2\\1&1&3\end{pmatrix}$；

（2）$\lambda_1=\lambda_2=1$，$\lambda_3=4$；

（3）$\boldsymbol{P}=(-\boldsymbol{\alpha}_1+\boldsymbol{\alpha}_2,-2\boldsymbol{\alpha}_1+\boldsymbol{\alpha}_3,\boldsymbol{\alpha}_2+\boldsymbol{\alpha}_3)$.

65. （1）证明略；

（2）$a=2$，$b=-3$，$x=\begin{pmatrix}2\\-3\\0\\0\end{pmatrix}+k_1\begin{pmatrix}-2\\1\\1\\0\end{pmatrix}+k_2\begin{pmatrix}4\\-5\\0\\1\end{pmatrix}$，其中 k_1，k_2 为任意常数.

66. $a=0$ 或 $a=-10$ 时，$\boldsymbol{\alpha}_1,\boldsymbol{\alpha}_2,\boldsymbol{\alpha}_3,\boldsymbol{\alpha}_4$ 线性相关；$\boldsymbol{\alpha}_2,\boldsymbol{\alpha}_3,\boldsymbol{\alpha}_4$ 为 $\boldsymbol{\alpha}_1,\boldsymbol{\alpha}_2,\boldsymbol{\alpha}_3,\boldsymbol{\alpha}_4$ 的一个极大线性无关组，且 $\boldsymbol{\alpha}_1=-\boldsymbol{\alpha}_2-\boldsymbol{\alpha}_3-\boldsymbol{\alpha}_4$.

67. （1）$\boldsymbol{A}$ 的特征值为 $0,0,3$，属于特征值 0 的全体特征向量为 $k_1\boldsymbol{\alpha}_1+k_2\boldsymbol{\alpha}_2$（$k_1,k_2$ 不全为零），属于特征值 3 的全体特征向量为 $k_3\boldsymbol{\alpha}_3$（$k_3\neq0$）；

（2）$\boldsymbol{Q}=(\boldsymbol{\beta}_1,\boldsymbol{\beta}_2,\boldsymbol{\beta}_3)=\begin{pmatrix}-\frac{1}{\sqrt6} & -\frac{1}{\sqrt2} & \frac{1}{\sqrt3}\\ \frac{2}{\sqrt6} & 0 & \frac{1}{\sqrt3}\\ \frac{1}{\sqrt6} & \frac{1}{\sqrt2} & \frac{1}{\sqrt3}\end{pmatrix}$，$\boldsymbol{\Lambda}=\begin{pmatrix}0&&\\&0&\\&&3\end{pmatrix}$；

（3）$\boldsymbol{A}=\begin{pmatrix}1&1&1\\1&1&1\\1&1&1\end{pmatrix}$，$\boldsymbol{A}-\frac{3}{2}\boldsymbol{E}=\boldsymbol{Q}\left(\boldsymbol{\Lambda}-\frac{3}{2}\boldsymbol{E}\right)\boldsymbol{Q}^{\mathrm{T}}$，所以

$$\left(\boldsymbol{A}-\frac{3}{2}\boldsymbol{E}\right)^6=\boldsymbol{Q}\left(\boldsymbol{\Lambda}-\frac{3}{2}\boldsymbol{E}\right)^6\boldsymbol{Q}^{\mathrm{T}}=\left(\frac{3}{2}\right)^6\boldsymbol{E}.$$

68. 当 $a=1$ 时，全部公共解为 $k\begin{pmatrix}1\\0\\-1\end{pmatrix}$，$k$ 为任意常数；

当 $a=2$ 时，有唯一公共解为 $x=\begin{pmatrix}x_1\\x_2\\x_3\end{pmatrix}=\begin{pmatrix}0\\1\\-1\end{pmatrix}$.

69. (1) $\boldsymbol{B}$ 的 3 个特征值为-2，1(二重)，对应的特征向量分别为

$$k_1\begin{pmatrix}1\\-1\\1\end{pmatrix},\ k_2\begin{pmatrix}1\\1\\0\end{pmatrix}+k_3\begin{pmatrix}-1\\0\\1\end{pmatrix},$$

其中 $k_1\neq0$，是不为零的任意常数，k_2，k_3 是不同时为零的任意常数.

(2) $\boldsymbol{B}=\begin{pmatrix}0&1&-1\\1&0&1\\-1&1&0\end{pmatrix}$.

参考文献

[1] 李建平. 线性代数[M]. 上海：复旦大学出版社，2009.

[2] 李尚志. 线性代数[M]. 北京：高等教育出版社，2006.

[3] 段复建. 线性代数[M]. 北京：科学出版社，2010.

[4] 朱砾，周勇. 线性代数[M]. 北京：科学出版社，2006.